国家改革和发展示范学校建设项目
课程改革实践教材
全国土木类专业实用型规划教材

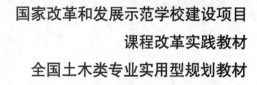

建筑材料

JIANZHU CAILIAO

主　编　郭秋兰

副主编　张美香　李瑞明　宋庆德

孙　博

编　者　陈国华　刘莹　徐理

哈尔滨工业大学出版社
HARBIN INSTITUTE OF TECHNOLOGY PRESS

内 容 简 介

本书为职业技术院校土木类专业新编系列教材之一,全书共分 12 个项目,主要介绍了建筑材料的基本性质,气硬性胶凝材料、水泥、混凝土、建筑砂浆、墙体材料、木材、建筑钢材、建筑防水材料、建筑装饰材料与保温隔热材料、新型建筑材料等常用建筑材料的含义、基本组成、技术性质要求及相关材料实验等内容。每个项目配有项目目标、技术点睛、案例实解、基础同步、实训提升等内容,有利于开阔创新理念和合理选材。本书以目前土木类专业应用型人才培养目的为基点,结合土木类相关注册考试和传统五大员考试知识,以满足市场需求为根本目的。

本书可供各级职业技术院校土木类专业的学生使用,也可供从事建筑工程行业的技术人员使用和参考。

图书在版编目(CIP)数据

建筑材料/郭秋兰主编.—哈尔滨:哈尔滨工业大学出版
社,2015.3

全国土木类专业实用型规划教材
ISBN 978-7-5603-5163-6

Ⅰ.①建… Ⅱ.①郭… Ⅲ.①建筑材料—高等学校—教材 Ⅳ.①TU5

中国版本图书馆 CIP 数据核字(2015)第 006676 号

责任编辑 何波玲
出版发行 哈尔滨工业大学出版社
社   址 哈尔滨市南岗区复华四道街 10 号 邮编 150006
传   真 0451 - 86414749
网   址 http://hitpress.hit.edu.cn
印   刷 天津市蓟县宏图印务有限公司
开   本 850mm×1168mm 1/16 印张 14 字数 401 千字
版   次 2015 年 3 月第 1 版 2015 年 3 月第 1 次印刷
书   号 ISBN 978-7-5603-5163-6
定   价 32.00 元

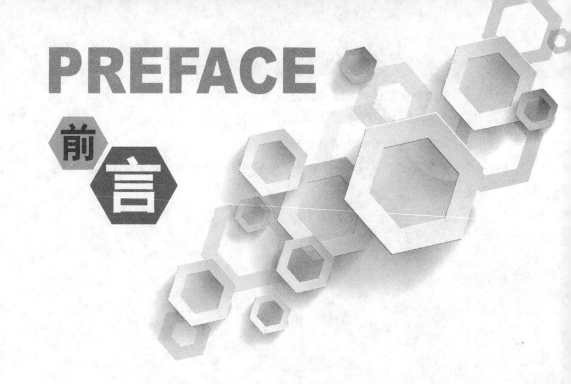

PREFACE 前言

本书基于国家改革和发展示范学校建设项目课程改革，按照国家教育部颁布的职业教育的相关教学大纲要求，结合新规范、新标准编写而成。本着教学中"必需""实用"的原则，以满足市场需求的应用型人才为准则，凸显职教特色，从建筑材料的基本性质出发，主要阐述了气硬性胶凝材料、水泥、混凝土、建筑砂浆、墙体材料、木材、建筑钢材、建筑防水材料、建筑装饰与保温隔热材料、新型建筑材料等常用建筑材料的含义、基本组成、技术性质要求及相关材料实验等内容。本书突出各类建筑材料的技术性质与应用的讲解，特别重视对于学生动手能力、创新能力及其他综合素质的培养。

本书在内容版块的设计上，各项目加设了"项目目标""课时建议""案例实解""技术点睛""基础同步"和"实训提升"，供教师组织教学和指导学生自主学习使用，不同专业师生在使用时，可根据教学的特点和需要加以取舍。

本教材建议教学课时安排如下：

序号	内容	建议课时
1	绪论	2 课时
2	项目 1　建筑材料的基本性质	4 课时
3	项目 2　气硬性胶凝材料	5 课时
4	项目 3　水泥	6 课时
5	项目 4　混凝土	12 课时
6	项目 5　建筑砂浆	5 课时
7	项目 6　墙体材料	5 课时
8	项目 7　木材	3 课时
9	项目 8　建筑钢材	6 课时
10	项目 9　建筑防水材料	6 课时
11	项目 10　建筑装饰材料与保温隔热材料	6 课时
12	项目 11　新型建筑材料	2 课时
13	项目 12　建筑材料实验	20 课时
	合计	82 课时

本书由郭秋兰任主编。具体分工如下：绪论、项目1、项目9、项目10、项目12由郭秋兰编写，项目2、项目3、项目11由孙博编写，项目4～项目6由张美香编写，项目7、项目8由李瑞明编写，宋庆德、陈国华、刘莹、徐理和张小义协助资料整理工作。

由于编者水平所限，书中难免存在不足之处，敬请广大师生与读者批评指正，以便修订时改进。

编　者

目录

CONTENTS

绪 论

项目目标 >>>>>>

【知识目标】
1.了解建筑材料的含义及其对发展建筑业的作用。
2.掌握建筑材料的分类及其应用的技术标准。

【技能目标】
掌握材料标准的表达方式。

【课时建议】
2 课时

0.1　建筑材料及其分类

0.1.1　建筑材料的概念

建筑材料是指建筑物或构筑物所用材料及制品的总称。广义的建筑材料包括构成建筑物本身的材料(木材、钢材、混凝土、砖、防水材料等)、配套设施的设备和器材(给水排水、供电、采暖通风、通信信息、供燃气及楼宇控制等)以及在建筑施工的过程中必须要消耗的材料(脚手架、模板、板桩等)材料。

本书中建筑材料是指狭义的建筑材料,是指建造构筑物或建筑物地基、基础、梁、板、柱、墙体、屋面、地面以及装饰工程等所用的材料,即构成建构筑物本身的材料。

0.1.2　建筑材料的分类

按照化学成分不同,将建筑材料分为无机材料、有机材料和复合材料3大类,见表0.1。

表 0.1　建筑材料分类(按化学成分)

分类			举例
无机材料	金属材料	黑色金属	铁、碳钢、非合金钢、不锈钢、合金钢等
		有色金属	铝、铜、锌及其合金
	非金属材料	天然石材	砂、石及石材制品
		烧结制品	砖、瓦、陶、瓷制品
		熔融制品	玻璃、玻璃纤维、岩棉、矿棉
		胶凝材料	石灰、石膏、水玻璃、水泥
		硅酸盐制品	混凝土、砂浆、各种硅酸盐制品、蒸养砖、砌块
有机材料	植物材料		植物纤维、竹材、木材及其制品
	合成高分子材料		塑料、涂料、胶黏剂、合成橡胶等
	沥青材料		石油沥青、煤沥青、沥青制品
复合材料	无机有机复合材料		塑料颗粒保温砂浆、聚合物混凝土、沥青混凝土等
	金属非金属复合材料		钢纤维混凝土、铝塑板、涂塑钢板

按使用功能将建筑材料分为结构材料、围护材料和功能材料3大类,见表0.2。

(1)结构材料

结构材料是指构成建筑物受力构件和结构所用的材料,如梁、板、柱、基础、框架等构件或结构使用的材料。结构材料要求具有足够的强度和耐久性。

(2)围护材料

围护材料是指用于建筑物围护结构的材料,如墙体、门窗、屋面等部位使用的材料。围护材料不仅要求具有一定的强度和耐久性,还要求具有保温隔热等性能。

(3)功能材料

功能材料是指担负建筑物使用过程中所必需的具有建筑功能的材料,如防水材料、绝热材料、吸声隔音材料、密封材料和各种装饰材料等。

表 0.2　建筑材料分类(按使用功能)

分类	用途	材料
结构材料	梁、板、柱、基础、框架等构件	砖、预应力钢筋混凝土、钢筋混凝土、木材等
围护材料	内外承重墙	石材、空心砖、多孔砖、普通砖、混凝土、各类砌块、混凝土板材、石膏板、金属板、复合墙板等
功能材料	防水材料	沥青制品、橡胶、合成高分子防水材料、防水涂料等
	绝热材料	玻璃棉、矿棉及制品、膨胀蛭石及制品、膨胀珍珠岩、加气混凝土等
	吸声材料	微孔硅酸钙、木丝板、泡沫塑料等
	装饰材料及其他功能性材料	石材、建筑陶瓷、建筑锦砖、玻璃及制品、涂料、木材、塑料制品、金属等

0.2　我国建筑材料发展简史

建筑材料是随着人类社会生产力和科学技术水平的提高而逐步发展起来的,通常反映当代文化、科技发展特征,是人类物质文明的重要标志之一。

为了适应我国经济建设和社会发展的需要,建材工业正向轻质、高强、多功能的高性能建筑材料和绿色建筑材料方向发展。

高性能建筑材料是指性能、质量更加优异,轻质、高强、多功能和更加耐久、更富装饰效果的材料,是便于机械化施工和更有利于提高施工生产效率的材料。

绿色建筑材料是指采用清洁生产技术,不用或少用天然资源和能源,大量使用工农业或城市固态废弃物生产的无毒害、无污染、无放射性、达到使用周期后可回收利用、有利于环境保护和人体健康的建筑材料。

绿色建筑材料具有以下特性:

①以相对较低的资源和能源消耗、环境污染为代价生产高性能传统建筑材料,如具有高强、防水、保温、隔热、隔声等功能的高质量水泥。

②能大幅度地降低建筑能耗的建材制品,如空心砖、多孔砖等新型墙体材料。

③具有更高的使用效率和优异的材料性能,从而能降低材料的消耗,如轻质高强混凝土。

④具有改善居室生态环境和保健功能的建筑材料,如抗调温、调湿等多功能砂浆等。

⑤能大量利用工业废弃物的建筑材料,如利用高炉工业废渣的矿渣水泥材料。

建筑材料是建筑工程的物质基础,建筑材料的性能、质量和价格,直接关系到建筑产品的适用性、安全性、经济性和美观性。

总之,建筑材料决定建筑的结构形式和建筑施工的方法,新型建筑材料的出现可以促进建筑形式的变化、结构设计方法的改进和施工技术的革新。

0.3　建筑材料的技术标准

建筑材料的技术标准主要有产品技术标准和工程建设标准两类。

建筑材料的产品技术标准是指为保证建筑材料产品的使用性,对产品必须达到的某些或全部要求所制定的标准,即建筑材料生产、使用和流通单位检验,确定产品质量是否合格的技术文件。其主要内容有产品规格、分类、技术要求、检验方法、验收规则、包装及标志、运输与储存等。

工程建设标准是指对工程建设中的勘察、规划、设计、施工、安装、验收等需要协调统一的事项所制定的标准,其中结构设计规范、施工及验收规范中有与建筑材料的选用相关的内容。

我国建筑材料的产品技术标准分为国家标准、行业标准、地方标准、企业标准等,分别由相应的标准化管理部门批准并颁布。对强制性国家标准,任何技术或产品不得低于其规定的要求;对推荐性国家标准,也可以执行其他标准要求;地方标准或企业标准所规定的技术标准的要求应高于国家标准。

我国国家质量技术监督局是国家标准化管理的最高机构。

建筑材料各级标准均有相应的代号,见表0.3。

表 0.3　建筑材料技术标准

标准种类	代号	表示内容	表示方法
国家标准	GB GB/T	国家强制性标准 国家推荐性标准	由标准名称、部门代号、标准编号、颁布年份等组成,例如:《硅酸盐水泥、普通硅酸盐水泥》(GB 175—1999)、《普通混凝土拌合物性能试验方法》(GB/T 50080—2002)、《普通混凝土配合比设计规程》(JGJ 55—2011)
行业标准	SD	水电工程行业标准	由标准名称、部门代号编号、颁布年份等组成,例如:江西省地方性标准《建筑工程资料编制规程》(DB 36—J002—2007)
地方标准	DB DB/T	地方强制性标准 地方推荐性标准	
企业标准	QB	适用于本企业	

工程中可能涉及的其他技术标准有:国际标准,代号为 ISO;美国材料与试验协会标准,代号为 ASTM;日本工业标准,代号为 JIS;德国工业标准,代号为 DIN;欧洲标准,代号为 EN;英国标准,代号为 BS;法国标准,代号为 NF 等。

0.4　建筑材料课程的要求及学习方法

本课程是一门重要的专业基础课,主要讲述常用建筑材料的生产、品种、规格、技术性能、质量标准、试验检测方法、储运保管和在工程中的应用与合理选材等方面的知识。

本课程要求通过学习,在理解材料共性的基础上掌握其材料的个性,在理解材料性能形成的内在原因基础上掌握其性能的影响因素,学生在今后的实际工作中能够正确地鉴别、选择、管理建筑材料,并具备在工程中正确地合理选材的能力,同时也为学习相关的后续专业课程奠定基础。本课程的任务是使学习者具有建筑材料的基础知识和在实践中合理选择使用建筑材料的能力,并掌握主要材料试验的基本技能。试验课的教学内容的任务是验证基本理论,掌握试验方法,培养科学研究能力和严谨缜密的科学态度。

本课程在学习上,要特别注意实践和认知环节的学习。学生要把所学的理论知识落实到材料的检测、验收、选用等实践操作技能上,在完成理论学习的同时,随时到工地或实验室穿插对材料的认知实习,并完成课程所要求的建筑材料实验。

 基础同步

一、填空题

1. ASTM 是_____技术标准。

2._____、_____和_____等建筑材料是按使用功能分类的。

3. 地方标准可分为_____和_____两大类。

4. 我国国家标准可分为_____和_____标准等。

5. 有机材料可分为_____和_____两大类。

二、选择题

1. 以下不属于有机材料的是（　　）。

A. 塑料　　　　　　　　B. 砖　　　　　　　　C. 涂料　　　　　　　　D. 沥青

2. 以下不属于我国技术标准的是（　　）。

A. 国家推荐性标准　　　　　　　　　　B. 企业标准

C. 地方推荐性标准　　　　　　　　　　D. 企业推荐性标准

3. 以下属于功能性材料的是（　　）。

A. 柱　　　　　　B. 空心砖　　　　　　C. 复合板材　　　　　　D. 钢筋混凝土

4. 下列不属于国外标准的是（　　）。

A. JIS　　　　　　B. ASTM　　　　　　C. JGJ 55—2011　　　　　　D. DIN

5. 以下对《普通混凝土配合比设计规程》(JGJ 55—2011)表述不正确的是（　　）。

A. 颁布年份为 2011　　　　　　　　B. 属于行业标准

C. 普通混凝土配合比设计　　　　　　D. 标准编号为 2055 号

三、判断题

1. 国家推荐性标准是我国技术标准的一种。　　　　　　　　　　　　（　　）

2. 装饰材料壁纸属于功能性材料的一种。　　　　　　　　　　　　　（　　）

3. 钢材是无机材料。　　　　　　　　　　　　　　　　　　　　　　（　　）

4. 沥青既是有机材料，又是结构性材料。　　　　　　　　　　　　　（　　）

5. JG 代表中国部委标准。　　　　　　　　　　　　　　　　　　　　（　　）

四、简答题

1. 建筑材料按使用功能分为哪几类？分别包括哪些主要材料？

2. 为什么要制定建筑产品标准？

3. 简述 DBJ 07—214—1993 标准的含义。

4. 简述材料选用与周边环境、材料的作用之间的关系。

5. 简述建筑材料在建筑工程中的作用。

项目 **1** 建筑材料的基本性质

项目目标 »»»»»

【知识目标】

1. 熟悉本课程中常见建筑材料的各项物理性质的含义及表达方式。
2. 了解建筑材料的组成与结构以及其与材料性质的关系。

【技能目标】

1. 掌握材料的性质、孔隙率及孔隙特征对材料性能的影响。
2. 在工程中较熟练地判断与应用材料。

【课时建议】

4 课时

1.1　材料的基本物理性质

材料的基本物理性质包括 3 个方面:与质量有关的物理性质,即密度、表观密度、体积密度与堆积密度;与体积有关的物理性质,即密实度与孔隙率、填充率与孔隙率;与水有关的物理性质,即亲水性与憎水性、吸水性与吸湿性、耐水性、抗渗性、抗冻性。

1.1.1　与质量有关的性质

材料与质量有关的物理性质都与材料的体积组成及结构特征息息相关。

1.材料的体积组成

自然界的材料,由于其孔隙的结构特征不同,导致其基本的物理性能指标稍有差别。含孔材料体积构成示意图如图 1.1 所示。

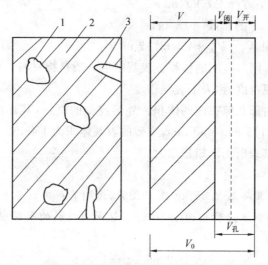

图 1.1　含孔材料体积构成示意图
1—封闭孔隙;2—固体体积;3—开口孔隙

材料内部含有大量的孔隙 $V_{孔}$,分为封闭孔隙 $V_{闭}$ 和开口孔隙 $V_{开}$,如图 1.1 所示。对于堆积在一起的散粒颗粒材料而言,颗粒间还存在空隙 $V_{空}$。因此,材料的总体积由 3 大部分组成,即固体体积 V、孔隙体积 $V_{孔}$ 及空隙体积 $V_{空}$。材料在不同状态下的单位体积不同,其密度也不同。

材料的总体积=材料固体物质所占体积 V + 孔隙体积 $V_{孔}$ + 空隙体积 $V_{空}$

孔隙体积 $V_{孔}$ =自身封闭的孔隙体积 $V_{闭}$ + 与外界连通的(开口)孔隙体积 $V_{开}$

2.密度

密度(ρ)是指材料在绝对密实状态下单位体积的质量。其计算式为

$$\rho=\frac{m}{V} \tag{1.1}$$

式中　ρ——实际密度,g/cm^3 或 kg/m^3;

　　　m——材料在干燥状态下的质量,g 或 kg;

　　　V——材料的绝对密实体积,cm^3 或 m^3。

绝对密实状态下的体积是指不包括孔隙在内的体积,即材料固体物质的体积 V。在建筑材料中,大多数的材料都含有孔隙,如砖、石材等;而少部分的材料其体积接近绝对密实状态下的体积,如钢材、玻璃、金属等。

技 术 点 睛:::

不同材料的体积测定

较密实的、不规则的散状材料如砂、石等,直接采用排水法测定其绝对密实状态下的体积的近似值。

含有孔隙的材料,一般采用排液法(密度瓶法)测定其实际体积即绝对密实状态下的体积,测定时应把材料磨细至粒径小于 0.2 mm 的细粉,以排除其孔隙。

::::::::::::::::::::::::::::::::::::::

3. 表观密度

表观密度(ρ')是指材料在包含内部闭口孔隙下单位体积的质量。其计算式为

$$\rho' = \frac{m}{V_b} \tag{1.2}$$

式中　ρ'——材料的表观密度,g/cm³ 或 kg/m³;

　　　m——材料在干燥状态下的质量,g 或 kg;

　　　V_b——材料的表观体积,$V_b = V_闭 + V$,cm³ 或 m³。

材料的表观体积是指包含闭口孔隙的体积。表观密度一般是指材料长期在空气中干燥状态下的表观密度。在烘干状态下的表观密度,称为干表观密度。

表观体积是指包含材料内部孔隙在内的体积。外形规则的材料,其几何体积为表观体积。如标准黏性土砖的尺寸为 240 mm×115 mm×53 mm,则砖的表观体积为 1 462 800 mm³。而外形不规则的材料,采用排液法测定,测试前其表面用薄蜡层密封。

【案例实解】

有一个 1.5 L 的容器,平装碎石 2.55 kg 正好装满,为测其碎石的表观密度,将所有碎石倒入一个 7.78 L 的量器中,向量器中加满水后称重为 9.36 kg。试求该材料的表观密度。

解:该材料的表观密度为

$$\rho' = \frac{m}{V_b} = \frac{2.55 \text{ kg}}{[7.78 - (9.36 - 2.55)] \times 10^{-3} \text{ m}^3} = 2\ 630 \text{ kg/m}^3$$

答:该材料的表观密度为 2 630 kg/m³。

4. 体积密度

体积密度(ρ_0)是指材料在自然状态下单位体积的质量。其计算式为

$$\rho_0 = \frac{m}{V_0} \tag{1.3}$$

式中　ρ_0——材料的体积密度,g/cm³ 或 kg/m³;

　　　m——材料在干燥状态下的质量,g 或 kg;

　　　V_0——材料在自然状态下的体积,$V_0 = V + V_孔$,cm³ 或 m³。

体积密度一般以干燥状态下的测定值为准。

5. 堆积密度

堆积密度(ρ_0')是指粉状、颗粒状或纤维状材料在自然堆积状态下单位体积的质量。其计算式为

$$\rho_0' = \frac{m}{V_0'} \tag{1.4}$$

式中　ρ_0'——材料的堆积密度,g/cm³ 或 kg/m³;

m——材料在干燥状态下的质量，g 或 kg；

V_0'——材料的堆积体积，$V_0'=V+V_孔+V_空=V_0+V_空$，cm³ 或 m³。

堆积体积是指包含材料内部孔隙和颗粒间的空隙在内的体积。

砂子、石子等散粒材料的堆积体积，是指在特定条件下所填充的容量筒的容积。材料的堆积体积包含颗粒之间或纤维之间的空隙。

【案例实解】

有一个 1.5 L 的容器，平装碎石 2.55 kg 正好装满。试求该材料的堆积密度。

解：该材料的堆积密度为

$$\rho_0'=\frac{m}{V_0'}=\frac{2.55\ kg}{1.5\ L}=1\ 700\ kg/m^3$$

答：该材料的堆积密度为 1 700 kg/m³。

常用建筑材料的密度、体积密度、堆积密度和孔隙率见表 1.1。

表 1.1　常用建筑材料的密度、体积密度、堆积密度和孔隙率

材料	密度 ρ/(g·cm⁻³)	体积密度 ρ_0/(kg·m⁻³)	堆积密度 ρ_0'/(kg·m⁻³)	孔隙率/%
石灰岩	2.60	1 800～2 600	—	—
花岗岩	2.60～2.90	2 500～2 800	—	0.5～3.0
碎石(石灰岩)	2.60	—	1 400～1 700	—
砂	2.60	—	1 450～1 650	—
黏土	2.60	—	1 600～1 800	—
普通黏土砖	2.50～2.80	1 600～1 800	—	20～40
黏土空心砖	2.50	1 000～1 400	—	—
水泥	3.10	—	1 200～1 300	—
普通混凝土	—	2 100～2 600	—	5～20
木材	1.55	400～800	—	55～75
钢材	7.85	7 850	—	0
泡沫塑料	—	20～50	—	—
玻璃	2.55	—	—	—

1.1.2　与体积有关的性质

1. 密实度与孔隙率

密实度(D)是指材料体积内被固体物质所充实的程度，也就是固体物质的体积占总体积的比例。密实度反映材料的致密程度。其计算式为

$$D=\frac{V}{V_0}=\frac{\frac{m}{\rho}}{\frac{m}{\rho_0}}\times100\%=\frac{\rho_0}{\rho}\times100\%\qquad(1.5)$$

式中　D——材料的密实度，%；

ρ——材料的密度；

ρ_0——材料的体积密度；

m——材料在干燥状态下的质量,g 或 kg。

孔隙率(P)是指材料体积内,孔隙体积占材料总体积的百分率即孔隙体积所占的比例。其计算式为

$$P=\frac{V_0-V}{V_0}\times100\%=(1-\frac{V}{V_0})\times100\%=(1-\frac{\rho_0}{\rho})\times100\% \tag{1.6}$$

式中　P——材料的孔隙率,%;

　　　ρ——材料的密度;

　　　ρ_0——材料的体积密度。

孔隙率与密实度的关系为

$$P+D=1$$

【案例实解】

已知某种普通石子 $\rho_0=1\,700\ \text{kg/m}^3$,$\rho=2.63\ \text{g/cm}^3$。求其密实度和孔隙率。

解:依已知条件可求其密实度为

$$D=(\rho_0\div\rho)\times100\%=(1\,700\div2\,630)\times100\%=64.6\%$$

其孔隙率为

$$P=(1-\rho_0\div\rho)\times100\%=(1-0.646)\times100\%=35.4\%$$

对于含有孔隙的固体材料,密实度均小于1。几种常用材料的孔隙率见表1.1。

材料的密实度和孔隙率是从不同方面反映材料的密实程度,通常采用孔隙率表示。

技 术 点 睛

材料的孔隙体积对性能的影响

根据材料内部孔隙构造的不同,孔隙分为连通的和封闭的两种。连通的孔隙会影响到材料与水有关性质的改变,如常见的毛细孔。封闭的孔隙会影响到材料的保温隔热性能及耐久性。

2.填充率与空隙率

填充率(D')是指散粒材料在某容器的堆积体积中,被其颗粒填充的程度。其计算式为

$$D'=\frac{V_0}{V_0'}\times100\%=\frac{\rho_0'}{\rho_0}\times100\% \tag{1.7}$$

式中　D'——散粒材料的填充率,%;

　　　ρ_0——散粒材料的体积密度;

　　　ρ_0'——散粒材料的堆积密度。

空隙率(P')是指散粒材料在某容器的堆积体积中,颗粒之间的空隙体积占堆积体积的百分率。其计算式为

$$P'=\frac{V_0'-V_0}{V_0'}\times100\%=\left(1-\frac{V_0}{V_0'}\right)\times100\%=\left(1-\frac{\rho_0'}{\rho_0}\right)\times100\%=1-D' \tag{1.8}$$

式中　P'——散粒材料的空隙率,%;

　　　ρ_0——散粒材料的体积密度;

　　　ρ_0'——散粒材料的堆积密度。

空隙率反映了散状颗粒、粉状颗粒间相互填充的紧密程度。在配置混凝土时,空隙率可作为控制混凝土骨料级配与计算含砂率的依据。

1.1.3　与水有关的性质

1. 亲水性与憎水性

材料在空气中与水接触时,根据材料表面被水润湿的情况,分为亲水性材料和憎水性材料两类。

当材料分子与水分子间的相互作用力大于水分子间的相互作用力时,材料表面就会被水所润湿。此时在材料、水和空气的 3 相交点处,沿水滴表面所引切线与材料表面所成的夹角 $\theta \leqslant 90°$(图 1.2(a)),这种材料属于亲水性材料。

如果材料分子与水分子间的相互作用力小于水分子间的相互作用力,则表示材料不能被水润湿。此时,润湿角 $90° < \theta < 180°$(图 1.2(b)),这种材料称为憎水性材料。

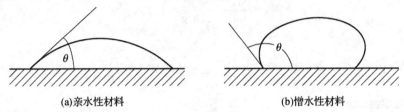

(a)亲水性材料　　　　　　　　　　(b)憎水性材料

图 1.2　材料的润湿示意图

亲水性材料:大多数建筑材料,如石材、砖瓦、陶器、混凝土、木材等;依据其含水情况分为干燥、气干、饱和面干及湿润状态 4 种基本状态。

憎水性材料:沥青、石蜡和某些高分子材料等;可用于防水材料和亲水性材料的表面处理。

2. 吸水性

吸水性是指材料在浸水状态下吸入水分的能力。吸水性的大小用吸水率表示。

吸水率是指材料浸水后在规定时间内吸入水的质量(或体积)占材料干燥质量(或干燥时体积)的百分比,有质量吸水率和体积吸水率之分。

质量吸水率是指材料吸水饱和时,其所吸收的水分的质量占材料干燥时的质量百分率。其计算式为

$$W_{质} = \frac{m_{湿} - m_{干}}{m_{干}} \times 100\% \tag{1.9}$$

式中　$W_{质}$——质量吸水率,%;

　　　$m_{干}$——材料在干燥状态下的质量,g 或 kg;

　　　$m_{湿}$——材料在浸水饱和状态下的质量,g 或 kg。

体积吸水率是指材料体积内被水充实的程度。其计算式为

$$W_{体} = \frac{V_{水}}{V_0} \times 100\% = \frac{m_{湿} - m_{干}}{V_0} \times \frac{1}{\rho_{水}} \times 100\% \tag{1.10}$$

式中　$W_{体}$——体积吸水率,%;

　　　$m_{干}$——材料在干燥状态下的质量,g 或 kg;

　　　$m_{湿}$——材料在浸水饱和状态下的质量,g 或 kg;

　　　V_0——材料在自然状态下的体积,cm^3 或 m^3。

质量吸水率与体积吸水率的关系为

$$W_{体} = W_{质} \, \rho_0 \, \frac{1}{\rho_{水}} \tag{1.11}$$

式中　ρ_0——材料的体积密度。

材料吸水率的大小与材料的孔隙率及孔隙构造特征有关。一般来说,孔隙率越大,吸水率也越大。

【案例实解】

已知某种石材干试样,质量为 256 g,把它浸入水中,吸水饱和后排出水的体积为 115 cm³,将其取出擦干表面,再次放入水中排出水的体积为 118 cm³,试样体积无膨胀。求其质量吸水率和体积吸水率。

解:依已知条件可求其体积密度为

$$\rho_0 = \frac{m}{V_0} = \frac{256 \text{ g}}{118 \text{ cm}^3} = 2.17 \text{ g/cm}^3$$

$$m_{水} = 118 \text{ g} - 115 \text{ g} = 3 \text{ g}$$

质量吸水率为

$$W_{质} = \frac{m_{水}}{m} = \frac{3 \text{ g}}{256 \text{ g}} = 1.2\%$$

体积吸水率为

$$W_{体} = \frac{W_{质}\rho_0}{\rho_{水}} = \frac{1.2\% \times 2.17}{1} = 2.6\% \text{ 或 } W_{体} = \frac{3 \text{ cm}^3}{118 \text{ cm}^3} = 2.6\%$$

技 术 点 睛

材料的孔隙及吸水性对性能的影响

一般孔隙率越大,吸水性越强。封闭的孔隙,水分不易进入;粗大开口的孔隙,水分不易存留,其体积吸水率常小于孔隙率,用质量吸水率表示其吸水性。一般没有特别说明,材料的吸水率都指其质量吸水率。

轻质材料具有很多开口而微小的孔隙,其质量吸水率超过 100%,用体积吸水率表示其吸水性,如木材、加气混凝土等。

吸水对材料有不良影响,随吸水率增大,其体积密度、导热性增大,体积膨胀,强度及抗冻性降低。

3. 吸湿性

材料在潮湿的空气中吸收空气中水分的性质称为吸湿性。吸湿性的大小用含水率表示。

含水率为材料所含水的质量占材料干燥质量的百分比。其计算式为

$$W_{含} = \frac{m_{含} - m_{干}}{m_{干}} \times 100\% \tag{1.12}$$

式中　$W_{含}$——材料的含水率,%;

　　　$m_{干}$——材料在干燥状态下的质量,g 或 kg;

　　　$m_{含}$——材料在自然状态下含水时的质量,g 或 kg。

影响含水率的因素有材料本身的特性、周围环境的湿度和温度。

材料的含水率是随环境而变化的,而吸水率是指材料吸水达到饱和状态时的含水率,是个定值。

4. 耐水性

材料在长期饱和水作用下不被破坏,其强度也不显著降低的性质称为耐水性。材料的耐水性用软化系数表示。其计算式为

$$K_{软} = \frac{f_{饱}}{f_{干}} \tag{1.13}$$

式中　$K_{软}$——材料的软化系数;

　　　$f_{饱}$——材料在饱和状态下的抗压强度,MPa;

　　　$f_{干}$——材料在干燥状态下的抗压强度,MPa。

软化系数 $K_软$ 的大小,表明材料浸水后的强度降低的程度,其值为 0～1。$K_软$ 值越小,强度降低越多,耐水性越差。常位于水中或受潮严重的重要结构物的材料,$K_软 \geqslant 0.85$;耐水的材料,$K_软 \geqslant 0.80$;受潮较轻的或次要的结构物的材料,$K_软 \geqslant 0.75$。一般不同的材料,$K_软$ 值相差很大,如黏土的 $K_软 = 0$,金属的 $K_软 = 1$。

【案例实解】

某石材在气干、绝干、水饱和情况下测得的抗压强度分别为 174 MPa、178 MPa、155 MPa。求该石材的软化系数,并判断该石材可否用于水下工程。

解:依已知条件可求得该石材的软化系数为

$$K_软 = \frac{f_饱}{f_干} = \frac{155 \text{ MPa}}{178 \text{ MPa}} = 0.87$$

由于该石材的软化系数为 0.87,大于 0.85,故该石材可用于水下工程。

5. 抗渗性

抗渗性是指材料在压力水作用下抵抗水渗透的性质。

材料的抗渗性用渗透系数 K 或抗渗等级 P_n 表示。抗渗等级 P_n 是以规定的试件,在标准试验方法下所能承受的最大水压来确定的。

K 的计算式为

$$K = \frac{Qd}{AtH} \tag{1.14}$$

式中　K——渗透系数,cm/h;

Q——渗水量,mL;

d——试件厚度,cm;

A——渗水面积,cm²;

t——渗水时间,h;

H——静水压力水头,cm。

技术点睛

抗渗等级的含义

某防水混凝土的抗渗等级为 P_9,表示该混凝土试件经标准养护 28 d 后,按照规定的试验方法在 0.9 MPa 压力水的作用下无渗透现象。

抗渗性的影响因素有孔隙率及孔隙特征。材料的孔隙率越大,连通孔隙越多,其抗渗性越差;而绝对密实的材料、只有闭口孔隙或极细孔隙的材料,实际上是不透水的。K 越小的材料,其抗渗性越好。

6. 抗冻性

抗冻性是指材料在吸水饱和状态下,能经受多次冻结和融化作用(冻融循环)而不被破坏,强度也无显著降低的性能。

抗冻性的表示方法常用抗冻等级 F_n 表示。n 表示材料试件经 n 次冻融循环试验后,质量损失不超过 5%,抗压强度降低不超过 25%。n 值越大,抗冻等级越高,说明抗冻性能越好。

材料的冻融破坏,主要是由于材料孔隙中的水分结成冰造成的。当材料的孔隙充满水时,由于水结成冰体积膨胀,孔隙壁表面受到很大的压力,孔壁产生拉应力,当拉应力超过材料的抗拉强度时,孔壁将发生局部开裂,随着冻融次数的增加,材料破坏越加严重。

影响材料抗冻性的因素有材料的密实度、强度、孔隙构造特征、耐水性、吸水饱和程度以及外界条件等。

现实工程中材料抗冻性的选择是根据结构物的种类、使用条件决定的。水工混凝土要求抗冻等级为 $F_{500} \sim F_{1\,000}$;用在桥梁和道路上的混凝土要求抗冻等级为 F_{50}、F_{100} 或 F_{200};烧结普通砖、轻混凝土、陶瓷砖等墙体材料,一般要求抗冻等级为 F_{15} 和 F_{25}。

技 术 点 睛

我国东北地区给水管的布置要求

东北地区冬天温度很低,为了避免给水管的胀裂,常采用地下埋设(在地下水位线上),采用抗冻性管道,尽量避免架空布置,否则应采取在外面包裹保温措施。

1.2 材料的力学性质

材料的力学性质主要是指材料在外荷载作用下,抵抗破坏和变形能力的性质。它对建筑物的正常使用、安全使用是至关重要的。

1.2.1 材料的强度与强度等级

1. 材料的强度

材料在外力(荷载)作用下抵抗破坏的最大能力,称为强度。

当材料承受外力作用时,内部就产生应力。随着外力逐渐增加,应力也相应增大。直至材料内部质点间的作用力不能再抵抗这种应力时,材料即被破坏,此时的极限应力值就是材料的强度。

根据外力作用方式的不同,材料强度分为抗拉、抗压、抗剪和抗弯(抗折)强度,材料受力示意图如图1.3所示。

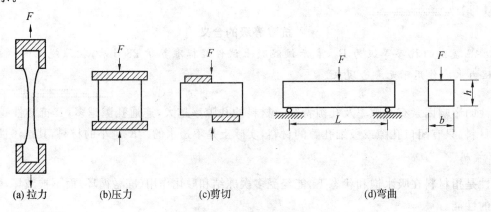

(a)拉力   (b)压力   (c)剪切   (d)弯曲

图 1.3 材料受力示意图

按照国家标准规定的试验方法,将制作好的试件安放在材料试验机上,施加外力(荷载),直至破坏,根据试件尺寸和破坏时的荷载值,计算材料的强度。在实验室常采用破坏试验法测试材料的强度。

材料的抗拉、抗压和抗剪强度的计算式为

$$f = \frac{F}{A} \tag{1.15}$$

式中 f ——材料的抗拉、抗压、抗剪强度,MPa;

F——破坏荷载,N;

A——受荷载面面积,mm^2。

材料的抗弯强度(也称抗折强度)与材料受力情况、截面形状以及支承条件有关。通常是将矩形截面的条形试件放在两个支点上,中间作用一集中荷载。

材料的抗弯强度的计算式为

$$f=\frac{3FL}{2bh^2}$$

(1.16)

式中　f——材料的抗弯强度,MPa;

F——破坏荷载,N;

L——试件两支点的间距,mm;

b,h——试件矩形截面的宽和高,mm。

材料的强度与它的组成和结构有关。一般材料孔隙率越大,强度越低。另外,不同的受力形式或不同的受力方向,材料的强度也不相同。

技术点睛

影响材料强度的因素

影响材料强度的测定值的因素一般有试件的形状和大小、材料的含水状况、材料的表面状况、外界的环境温度和试验的加荷速度。

一般情况下,棱柱体试件的强度小于同样尺度的正方体的强度,试件大的强度小于试件小的强度;含有水分的试件强度小于干燥试件的强度;表面摩擦力大的试件的强度大于表面摩擦力小的试件的强度;一般试验时,加荷速度越快,所测试件的强度越高;外界温度升高,强度将降低,如沥青混凝土。但钢材在温度下降到某一负温时,其强度会突然下降很多。

2.材料的强度等级

对以力学性质为主要性能指标的材料,通常按其强度值的大小划分为若干个强度等级或强度标号,便于工程上设计和施工选用。如普通硅酸盐水泥按7 d、28 d的抗压强度划分为42.5、52.5、62.5等强度等级。

脆性材料如水泥、混凝土、砖、砂浆等主要以抗压强度划分强度等级,而塑性材料如钢材主要以抗拉强度划分强度等级,强度等级是人为划分的,是不连续的。

当不同材料的强度进行比较时,常采用比强度这一指标。比强度是反映材料单位体积质量的强度,其值等于材料的强度与其体积密度的比值,是衡量材料轻质高强性能的指标。工程上,优质的结构材料,要求具有较高的比强度。

1.2.2 材料的塑性和弹性

1.材料的塑性

材料在外力作用下产生变形,若除去外力后仍保持变形后的形状和尺寸,并且不产生裂缝的性质称为塑性。不能消失(恢复)的变形称为塑性变形。

2.材料的弹性

材料在外力作用下产生变形,若除去外力后变形随即消失并能完全恢复原来形状的性质,称为弹性。这种可恢复的变形称为弹性变形。

弹性模量 E 是指应力与应变的比值,其计算公式为

$$E=\frac{\sigma}{\varepsilon}$$

(1.17)

式中　E——材料的弹性模量,MPa;

　　　σ——材料的应力,MPa;

　　　ε——材料的应变。

E 是衡量材料抵抗变形能力的一个指标,E 越大,材料越不易变形。

材料的弹性变形曲线如图 1.4 所示。材料的塑性变形曲线如图 1.5 所示。

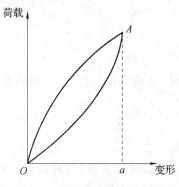

图 1.4　材料的弹性变形曲线

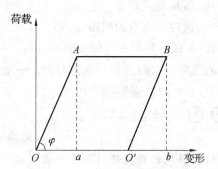

图 1.5　材料的塑性变形曲线

在建筑材料中,没有纯弹性材料。一部分材料在受力不大的情况下,只产生弹性变形,当外力超过一定限度后,便产生塑性变形,如低碳钢。

有的材料如混凝土,在受力时弹性变形和塑性变形同时产生,当取消外力后,弹性变形恢复,而塑形变形不能恢复,这种材料称为弹塑性体,其变形为弹塑性变形,如图 1.6 所示。

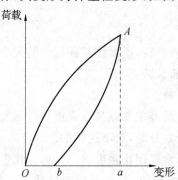

图 1.6　材料的弹塑性变形曲线

1.2.3　材料的脆性和韧性

1. 材料的脆性

材料在外力作用下,当外力达到一定限度后,材料无显著的塑性变形而突然断裂的性质称为脆性。在常温、静荷载下具有脆性的材料称为脆性材料,如混凝土、砖、石、陶瓷等。

脆性材料的抗压强度常比抗拉强度高很多倍,对抵抗冲击、承受振动荷载非常不利。

2. 材料的韧性

在冲击、振动荷载作用下,材料能够吸收较大的能量,同时也能产生一定的变形而不致破坏的性质称为韧性或冲击韧性。韧性材料如建筑钢材、木材、塑料等。路面、桥梁等受冲击、振动荷载及有抗震要

求的结构工程中要求考虑材料的韧性。

材料的韧性是用冲击试验来测试的,以试件破坏时单位面积所消耗的功表示。其计算公式为

$$\alpha_k = \frac{A_K}{A}$$
(1.18)

式中　α_k——材料的冲击韧性,J/mm^2;

　　　A_K——试件破坏时所消耗的功,J;

　　　A——试件受力面积,mm^2。

基础同步

一、填空题

1. 材料的质量与其自然状态下的体积比称为材料的_____。

2. 材料的抗冻性分为_____和_____两大类。

3. 材料的抗渗性是指材料抵抗_____渗透的性质。材料抗渗性的好坏主要与材料的_____和_____有关。

4. 材料的表观体积是由_____和_____组成。

5. 比强度是按_____计算的材料强度指标,其值等于材料的_____与其_____之比,它是评价材料_____的指标。

二、选择题

1. 材料在水中吸收水分的性质称为(　　)。

A. 吸水性　　　　　B. 吸湿性　　　　　C. 耐水性　　　　　D. 渗透性

2. 衡量材料轻质高强性能的重要指标是(　　)。

A. 密度　　　　　B. 表观密度　　　　　C. 强度　　　　　D. 比强度

3. 材料的抗渗标号为 P_{10},说明该材料所能承受的最大水压力为(　　)。

A. 10 MPa　　　　B. 0.1 MPa　　　　C. 100 MPa　　　　D. 0.01 MPa

4. 含水率为 10% 的砂 100 kg,将其干燥后的质量是(　　)kg。

A. 90　　　　　B. 90.9　　　　　C. 89　　　　　D. 99

5. 对于同一种材料,当材料内部只含闭口孔隙时,各种密度的关系是(　　)。

A. 密度>堆积密度>体积密度　　　　B. 密度>体积密度>堆积密度

C. 堆积密度>密度>体积密度　　　　D. 表观密度>体积密度>密度

三、判断题

1. 材料的密度与表观密度越接近,则材料越密实。　　　　　　　　　　　　(　　)

2. 材料在自然状态下的密度称为绝对密度。　　　　　　　　　　　　　　(　　)

3. 钢材是弹塑性体。　　　　　　　　　　　　　　　　　　　　　　　(　　)

4. 木材是憎水性材料。　　　　　　　　　　　　　　　　　　　　　　(　　)

5. 材料的导热性和孔隙无关。　　　　　　　　　　　　　　　　　　　(　　)

四、简答题

1. 什么叫建筑材料的表观密度?

2. 简述材料的孔隙及其结构特征与强度和耐久性的关系。

3. 材料的孔隙率越大,材料的抗冻性是否越差?

4. 简述材料的耐久性与孔隙的关系,能否认为材料的耐久性越高,其应用价值越好?

5. 简述在潮湿环境建筑工程中建筑材料的选用原则。

 实训提升

1. 某砖在干燥状态下的抗压强度 f_0 为 25 MPa，在吸水饱和状态下抗压强度 f_1 为 18 MPa。请问此砖是否适合用于潮湿环境的建筑物？

2. 有一石材干试样，质量为 256 g，把它浸入水中，吸水饱和后排出水的体积为 115 cm³，将其取出后擦干表面，再次放入水中排出水的体积为 118 cm³，试样体积无膨胀。求此石材的体积密度、表观密度、质量吸水率和体积吸水率。

项目 **2** 气硬性胶凝材料

【知识目标】

1. 了解 3 种胶凝材料的水化、凝结、硬化的规律及技术性质。
2. 掌握影响胶凝材料的因素及应用。

【技能目标】

能掌握 3 种胶凝材料的工程选用。

【课时建议】

5 课时

2.1 石 膏

2.1.1 石膏的品种

石膏是以 $CaSO_4$ 为主要成分的气硬性胶凝材料,在土木工程中的应用已有很长的历史。

建筑中使用最多的石膏品种是建筑石膏,其次是模型石膏,此外,还有高强度石膏、无水石膏和地板石膏。生产石膏的原料主要是天然二水石膏,又称为软石膏或生石膏,是指含两个结晶水的硫酸钙。生产石膏的主要工序是加热与磨细。加热温度和方式不同,可生产不同性质的石膏。

(1)建筑石膏

建筑石膏是指将天然二水石膏等原料在 107~170 ℃的温度下煅烧成熟石膏,再经磨细而成的白色粉状物,其主要成分为 β 型半水石膏。建筑石膏主要用于室内工程。

(2)模型石膏

模型石膏是指煅烧二水石膏生成的熟石膏,且其中杂质含量少,磨得比建筑石膏细。它比建筑石膏凝结快,强度高,主要用于制作模型、雕塑等。

(3)高强度石膏

将二水石膏放在压蒸锅内,在 $1.313×10^3$ Pa(124 ℃)下蒸炼生成的 α 型半水石膏称为高强度石膏。这种石膏硬化后具有较高的密实度和强度。高强度石膏适用于强度要求高的抹灰工程、装饰制品和石膏板。掺入防水剂后,其制品可用于湿度较高的环境中,也可加入有机溶液中配成黏结剂使用。

(4)无水石膏

将天然二水石膏加热至 400~750 ℃时,石膏将完全失去水分,成为不溶性硬石膏,将其与适量激发剂混合磨细后即为无水石膏。无水石膏适宜于室内使用,主要用以制作石膏板或其他制品,也可用作室内抹灰。

2.1.2 建筑石膏的特性与应用

1.建筑石膏的特性

(1)凝结时间短

建筑石膏凝结硬化快,一般初凝时间不小于 6 min,终凝时间不超过 30 min,在室内自然干燥状态下,达到完全硬化需一周。

技 术 点 睛

建筑石膏凝结时间的调整

建筑石膏凝结时间可按要求进行调整,若要延缓凝结时间,可掺入缓凝剂,以降低半水石膏的溶解度和溶解速度,如亚硫酸盐酒精废液、硼砂或用石灰活化的骨胶、皮胶和蛋白胶等;若要加速建筑石膏的凝结,则可掺入促凝剂,增加半水石膏的溶解度和溶解速度,如氯化钠、硅氟酸钠、硫酸钠和硫酸镁等。

(2)热膨胀性

建筑石膏在硬化过程中略有膨胀,硬化时不出现裂缝,不掺加填料而单独使用。

(3)孔隙率大

建筑石膏硬化后孔隙率可达 50%~60%,因此建筑石膏制品质轻,隔热、吸声性好,但孔隙率大,使石膏制品的强度低、吸水率大。

（4）耐水性差

建筑石膏制品软化系数小（0.2～0.3），耐水性差，吸水后受冻，不宜用于室外。

（5）抗火性好

建筑石膏硬化后遇火时，其中的结晶水脱出既能形成水蒸气帷幕，阻止火势的蔓延，又能吸收热量，生成的无水石膏为良好的绝热缘体。

（6）塑性变形大

建筑石膏及其制品有明显的塑性变形性能，因此一般不用于承重构件。

2.建筑石膏的应用

建筑石膏硬化后具有很好的绝热吸声性能和较好的防火性能；颜色洁白，可用于室内粉刷施工，如加入颜料可使制品具有各种色彩，制作装饰制品，如多孔石膏制品和石膏板等。建筑石膏不宜用于室外工程和 65 ℃以上的高温工程。

2.1.3　建筑石膏的储存与保管

建筑石膏在运输、储存时不得受潮和混入杂物，不同等级的应分别储运，不得混杂；自生产日起算，储存期为 3 个月，3 个月后重新进行质量检验，以确定等级。

2.2　石　灰

2.2.1　石灰的生产与品种

1.石灰的生产

石灰是以碳酸钙为主要成分，用石灰岩烧制而成的。它是建筑上使用较早的一种胶凝材料。将主要成分为碳酸钙的天然岩石，在适当温度下煅烧，所得以氧化钙为主要成分的产品即为石灰，又称为生石灰。其化学反应式为

$$CaCO_3 \xrightarrow{900\ ℃} CaO+CO_2\uparrow \tag{2.1}$$

为了加速分解过程，石灰窑内煅烧温度通常为 1 000～1 100 ℃。由于石灰石原料的尺寸大，若煅烧温度过低、煅烧时间不足或煅烧时窑中温度分布不匀等都将导致碳酸钙不能完全分解，将生成欠火石灰。欠火石灰使用时，产浆量较低，质量较差，降低了石灰的利用率。若煅烧温度过高，将生成颜色较深、密度较大的过火石灰，使用时影响工程质量。

生石灰呈白色或灰色块状，为便于使用，块状生石灰常须加工成生石灰粉、消石灰粉或石灰膏。生石灰粉是由块状生石灰磨细而得到的细粉，其主要成分是 CaO；消石灰粉是块状生石灰用适量水熟化而得到的粉末，又称为熟石灰，其主要成分是 $Ca(OH)_2$；石灰膏是块状生石灰用较多的水（为生石灰体积的 3～4 倍）熟化而得到的膏状物，也称为石灰浆，其主要成分也是 $Ca(OH)_2$。

2.石灰的品种

通常情况下，建筑工程中所使用的生石灰原料中，除主要成分碳酸钙外，常含有碳酸镁。在煅烧过程中碳酸镁分解成氧化镁，存在于石灰中。此外还有主要成分为氢氧化钙的熟石灰（消石灰）和含有过量水的熟石灰即石灰膏。根据氧化镁含量不同，石灰可分为钙质石灰（$\omega(MgO)\leqslant5\%$）和镁质石灰

（$\omega(MgO)>5\%$）。消石灰粉又可分为钙质消石灰粉（$\omega(MgO)\leq4\%$）、镁质消石灰粉（$4\%<\omega(MgO)<24\%$）和白云石消石灰粉（$24\%\leq\omega(MgO)<30\%$）。

2.2.2 石灰的熟化与硬化

1.石灰的熟化

石灰的熟化，又称为消化或消解，是指生石灰（氧化钙）与水反应生成氢氧化钙（又称为熟石灰或消石灰）的过程。生石灰的熟化反应如下：

$$CaO+H_2O \xrightarrow{\hspace{1cm}} Ca(OH)_2+64.9\ kJ \tag{2.2}$$

反应生成的产物氢氧化钙称为熟石灰或消石灰。石灰熟化过程会放出大量的热，体积膨胀 $1\sim1.25$ 倍。煅烧良好、氧化钙含量高的生石灰不但熟化快、放热量多，而且体积增大也较多，因此产浆量较高。

石灰中一般都含有过火石灰，过火石灰熟化速度极慢。当石灰抹灰层中含有这种颗粒时，由于它能吸收空气中的水分继续熟化，体积膨胀，致使墙面隆起、开裂，严重影响施工质量。为了消除这种危害，生石灰在使用前应进行陈伏。陈伏是指石灰乳（或石灰膏）在储灰坑中放置 14 d 以上，以使过火石灰得到充分熟化的过程。

技 术 点 睛 ....

石灰陈伏的要求

石灰陈伏期间，为防止与空气中的二氧化碳发生碳化反应，石灰膏表面应包有一层水分，使其与空气隔绝。

2.石灰的硬化

石灰浆在空气中的硬化包含干燥、结晶和碳化 3 个交错进行的过程。

干燥时，石灰膏中的游离水分部分蒸发掉或被砌体吸收，在浆体内的孔隙网中产生毛细管压力，使石灰颗粒更加紧密而获得强度。同时，由于干燥失水，氢氧化钙从过饱和溶液中结晶析出，晶体颗粒相互靠拢粘紧，强度随之提高。但析出的晶体数量少，强度增长也不大。

在大气环境中，石灰膏体表面的氢氧化钙与空气中的二氧化碳反应生成碳酸钙，并释放出水分，即发生碳化。其反应式为

$$Ca(OH)_2+CO_2+H_2O \xrightarrow{\hspace{1cm}} CaCO_3+2H_2O \tag{2.3}$$

碳化过程是从膏体表层开始逐渐深入到内部，但由于空气中的二氧化碳含量很低，表层生成的碳酸钙结晶层结构较致密，阻碍了二氧化碳的深入，也影响了内部水分的蒸发，所以碳化过程在长时间内只发生于表面。氢氧化钙的结晶作用则主要发生在内部，因此，碳化过程十分缓慢。

2.2.3 石灰的特性与应用

1.石灰的性质

（1）保水性和可塑性好

生石灰熟化为石灰浆时，能形成极细小的呈胶体状态的氢氧化钙颗粒，表面形成一层厚的水膜，颗粒间的摩擦力较小，这使得石灰浆具有良好的保水性与可塑性，使用时易铺摊成均匀的薄层。因此，在水泥砂浆中掺入石灰膏，能使其可塑性和保水性显著提高。

（2）凝结硬化慢，强度低

从石灰浆体的硬化过程中可以看出，由于空气中的二氧化碳较难进入其内部，所以碳化缓慢，硬化后的强度也不高，石灰砂浆（胶砂比为 1∶3）28 d 的抗压强度通常只有 0.2～0.5 MPa。

（3）耐水性差

从石灰浆体硬化过程可以看出，石灰浆的主要成分是氢氧化钙，由于氢氧化钙微溶于水，所以石灰受潮后溶解，强度更低，在水中还会溃散，所以石灰不宜用于潮湿的环境中。

（4）干燥收缩大

石灰在硬化过程中，由于蒸发大量的自由水而引起显著的收缩，所以除调配成石灰乳作薄层涂刷外，不宜单独使用，常掺入砂、纸筋和麻刀等以减少收缩。

（5）吸湿性强

生石灰极易吸收空气中的水分而水化成熟石灰，所以生石灰长期存放在密闭条件下，并应防潮、防水。此外，生石灰是良好的干燥剂。

2. 石灰的应用

石灰在土木工程中应用范围很广，主要用途如下：

（1）抹制灰浆、砂浆

用石灰膏和砂或麻刀、纸筋配制成的石灰砂浆、麻刀灰、纸筋灰用作墙面、顶棚的抹面砂浆。用石灰膏和水泥、砂配制成的水泥石灰混合砂浆用于墙体砌筑工程和抹灰工程。

（2）拌制灰土（石灰土）

灰土由熟石灰与黏性土按一定比例拌和均匀，夯实而成。

（3）硅酸盐制品的主要原料

将磨细的生石灰粉与天然砂配合均匀，加水搅拌，再经陈伏、加压成型和压蒸处理就可制得密实或多孔的硅酸盐制品，如灰砂砖、硅酸盐砌体等墙体材料。

（4）石灰碳化制品的主要原料

碳化石灰板是指将磨细的生石灰掺入 30%～40%（体积分数）的短玻璃纤维，加水搅拌，振动成型，然后利用石灰窑的废气碳化而成的空心板。它能锯、能钉，宜用作非承重内隔墙板、天花板等。

石灰在建筑上除以上用途外，还可用来配制无熟料水泥和多种硅酸盐制品。

【案例实解】

某工程室内抹面采用了石灰水泥混合砂浆，经干燥硬化后，墙面出现了表面开裂及局部脱落现象。试分析上述现象产生的原因。

分析：出现上述现象主要是由于存在过火石灰未能充分熟化而引起的。在砌筑或抹面工程中，石灰必须充分熟化后，才能使用。若有未熟化的颗粒，正常石灰硬化后过火石灰继续发生反应，产生体积膨胀，就会出现上述现象。

【案例实解】

某工程在配制石灰砂浆时，使用了潮湿且长期暴露于空气中的生石灰粉，施工完毕后发现建筑的内墙所抹砂浆出现大面积脱落。试分析上述现象产生的原因。

分析：由于石灰在潮湿环境中吸收了水分，转变成消石灰，又和空气中的二氧化碳发生反应生成碳酸钙，因此，失去了胶凝性，从而导致了墙体抹灰的大面积脱落。

2.2.4 石灰的储存与保管

鉴于石灰的性质,它必须在干燥的条件下储存和运输。石灰在存放过程中,极易吸收空气中的水分和二氧化碳,自行熟化失去活性,胶凝性明显降低。因此,过期石灰应重新检验其有效成分含量。磨细生石灰应分类、分等级储存在干燥的仓库内,但储存期一般不超过一个月。此外,生石灰受潮熟化要放出大量的热,且体积膨胀,故储存和运输生石灰时,要注意安全,不应与易燃、易爆及液体物品共存、同运,以免发生火灾,引起爆炸。

2.3 水玻璃

2.3.1 水玻璃的组成

水玻璃俗称泡花碱,是一种能溶于水的硅酸盐,由不同比例的碱金属和二氧化硅所组成。其分子式为 $Na_2O \cdot nSiO_2$(或 $K_2O \cdot nSiO_2$),式中的系数 n 称为水玻璃模数,是水玻璃中的二氧化硅和碱金属氧化物的物质量比,一般为 $1.5 \sim 3.5$。模数越大,固体水玻璃越难溶于水。水玻璃的浓度越高,模数越高,则水玻璃的密度和黏度越大,硬化速度越快,硬化后的黏结力与强度、耐热性与耐酸性就越高。水玻璃的浓度一般用密度来表示,通常为 $1.3 \sim 1.5 \text{ g/cm}^3$,模数为 $2.6 \sim 3.0$。

2.3.2 水玻璃的硬化

水玻璃吸收空气中的二氧化碳,析出二氧化硅凝胶,并逐渐干燥而硬化,其反应式为

$$Na_2O \cdot nSiO_2 + CO_2 + mH_2O \xrightarrow{1\,300 \sim 1\,400\,℃} Na_2CO_3 + nSiO_2 \cdot mH_2O \qquad (2.4)$$

上述硬化过程缓慢,为加速硬化,可掺入适量固化剂,如氟硅酸钠或氯化钙。氟硅酸钠为白色粉状固体,有腐蚀性,适宜掺量为水玻璃质量的 $12\% \sim 15\%$。若用量过多,会引起凝结过速,施工困难,且硬化渗水性大,强度也不高;用量过少,硬化速度缓慢,强度降低,水玻璃未完全水化而耐水性差。

2.3.3 水玻璃的特性与应用

1. 特性

(1)黏结力强,强度较高

水玻璃具有较强的黏结力,其模数越大,黏结力越强。同一模数的水玻璃溶液,其浓度越大,密度越大,黏度越大,黏结力越强。

(2)耐酸能力强

水玻璃硬化时析出的硅酸凝胶,能抵抗多数无机酸、有机酸的腐蚀,具有很强的耐酸腐蚀性。

(3)耐热性好

由于硬化水玻璃在高温作业下脱水、干燥并逐渐形成 SiO_2 空间网状骨架,具有良好的耐热性,高温下不分解,强度不降低,甚至有所增加。

2.应用

(1)涂刷建筑材料表面,可提高抗风化能力

对黏土砖、硅酸盐制品及水泥混凝土等多孔材料用浸渍法或涂刷法处理时,可使其密实度和强度提高,但不能用以涂刷或浸渍石膏制品。

(2)加固地基

将液体水玻璃和氯化钙溶液轮流交替向地层压入,反应生成的硅酸凝胶将土壤颗粒包裹并填实其孔隙。硅酸胶体为一种吸水膨胀的条状凝胶,因吸收地下水而经常处于膨胀状态,阻止水分的渗透而使土壤固结。

(3)配制快凝防水剂

以水玻璃为基料,加入两种、三种或四种矾配制成二矾、三矾或四矾快凝防水剂。这种防水剂凝结迅速,一般不超过 1 min,工程上利用其速凝作用和黏附性,掺入水泥浆、砂浆或混凝土中,以作修补、堵漏、抢修及表面处理之用。因为其凝结迅速,不宜配制水泥防水砂浆,用作屋面或地面的刚性防水层。

(4)配制耐热砂浆、耐热混凝土或耐酸混凝土

配制耐热砂浆、耐热混凝土或耐酸混凝土以水玻璃为胶凝材料,氟硅酸钠为促凝剂,耐热或耐酸粗细骨料按一定比例配置而成。水玻璃耐热混凝土的极限使用温度在 1 200 ℃以下。水玻璃耐酸混凝土一般用于储酸槽、酸洗槽、耐酸地坪及耐酸器材等。

一、填空题

1.过火石灰造成的主要危害有_____和_____。

2.石灰的特性有可塑性_____、硬化_____、硬化时体积_____和耐水性_____等。

3.建筑石膏具有以下特性:凝结硬化_____、孔隙率_____、表观密度_____、强度_____、凝结硬化时体积_____、防火性能_____等。

4.二水石膏在不同温度和压力作用下,可生成不溶性硬石膏、_____、_____、_____和高强石膏。

二、选择题

1.建筑石膏凝结硬化时,最主要的特点是(　　)。

A.体积膨胀大　　　B.体积收缩大　　　C.放出大量的热　　　D.凝结硬化快

2.石灰在消解(熟化)过程中(　　)。

A.体积明显缩小　　　　　　　　　B.放出大量热量

C.体积不变　　　　　　　　　　　D.与 $Ca(OH)_2$ 作用形成 $CaCO_3$

3.为了保持石灰的质量,应使石灰储存在(　　)。

A.潮湿的空气中　　　　　　　　　B.干燥的环境中

C.水中　　　　　　　　　　　　　D.蒸汽的环境中

4.石膏制品具有较好的(　　)。

A.耐水性　　　　　B.抗冻性　　　　　C.加工性　　　　　D.导热性

5.生石灰的分子式是(　　)。

A.$CaCO_3$　　　　B.$Ca(OH)_2$　　　　C.CaO　　　　D.$CaCO_3$

三、判断题

1. 水硬性胶凝材料不但能在空气中硬化，而且能在水中硬化。 （　　）

2. 建筑石膏最突出的技术性质是凝结硬化快，且在硬化时体积略有膨胀。 （　　）

3. 石灰陈伏是为了降低熟化时的放热量。 （　　）

4. 石灰硬化时收缩值大，一般不宜单独使用。 （　　）

5. 水玻璃的模数 n 值越大，则其在水中的溶解度越大。 （　　）

四、简答题

1. 色彩绚丽的大理石特别是红色的大理石用作室外墙柱装饰，为何过一段时间后会逐渐变色、褪色？

2. 建筑石膏制品为何一般不适用于室外？

3. 在天然石材、黏土砖、混凝土和硅酸盐制品表面涂一层水玻璃，可提高制品表面的密实性和抗风化能力。水玻璃是否也可涂于石膏制品表面？为什么？

1. 某住宅楼的内墙使用石灰砂浆抹面，交付使用后在墙面个别部位发现了鼓包、麻点等缺陷。试分析上述现象产生的原因，如何防治？

2. 某工地要使用一种生石灰粉，现取试样，应如何判断该石灰的品质？

项目 3　水 泥

【知识目标】

1. 了解硅酸盐水泥的定义,熟料矿物的主要成分及其水化特性。
2. 了解混合材料的定义及分类。
3. 掌握硅酸盐水泥的特点及应用。
4. 了解掺混合材料的硅酸盐水泥和其他水泥的特性及应用。
5. 掌握水泥的储存、运输及保管。

【技能目标】

掌握硅酸盐类水泥的性能,能够根据工程要求及所处环境选择水泥品种。

【课时建议】

6 课时

3.1 硅酸盐水泥

凡由硅酸盐水泥熟料、0%～5%(质量分数)的石灰石或粒化高炉矿渣、适量石膏磨细制成的水硬性胶凝材料,称为硅酸盐水泥。硅酸盐水泥分两种类型,不掺加混合材料的称为Ⅰ型硅酸盐水泥,代号P·Ⅰ;掺加不超过水泥质量5%的石灰石或粒化高炉矿渣混合材料的称为Ⅱ型硅酸盐水泥,代号为P·Ⅱ。

3.1.1 硅酸盐水泥的生产及品种

生产硅酸盐水泥的原料主要是石灰石、黏土和铁矿石粉。其生产工艺可概括为"两磨一烧"。即:

①将原材料按适当的比例混合,粉磨成生料。

②煅烧生料,使之部分熔融而形成熟料。

③将熟料与适量石膏共同磨细而成Ⅰ型硅酸盐水泥。由熟料、适量石膏和小于水泥质量5%的混合材料共同磨细而成P·Ⅱ型硅酸盐水泥。其生产工艺流程如图3.1所示。

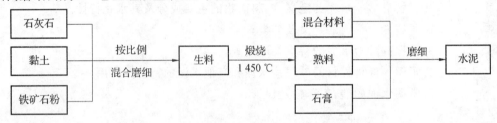

图3.1 硅酸盐水泥的生产工艺流程

生料在煅烧过程中,各种原料分解成氧化钙、氧化硅、氧化铝和氧化铁。在更高的温度下,氧化钙、氧化铝和氧化铁结合,形成以硅酸钙为主要矿物成分的熟料矿物。

3.1.2 硅酸盐水泥的水化及凝结硬化

1.硅酸盐水泥的水化

硅酸盐水泥遇水后,其熟料矿物立即与水发生水化反应,生成一系列新的化合物,并放出一定的热量。其化学反应式如下:

$$3CaO \cdot SiO_2 + 6H_2O = 3CaO \cdot 2SiO_2 \cdot 3H_2O + 3Ca(OH)_2$$
$$2CaO \cdot SiO_2 + 4H_2O = 3CaO \cdot 2SiO_2 \cdot 3H_2O + Ca(OH)_2$$
$$3CaO \cdot Al_2O_3 + 6H_2O = 3CaO \cdot Al_2O_3 \cdot 6H_2O$$
$$3CaO \cdot Al_2O_3 \cdot 6H_2O + 3(CaSO_4 \cdot 2H_2O) + 19H_2O = 3CaO \cdot Al_2O_3 \cdot 3CaSO_4 \cdot 31H_2O$$

纯水泥熟料磨细后,凝结时间很短,不便使用。为调节水泥的凝结时间,掺入适量的石膏,这些石膏与反应最快的铝酸三钙的水化产物作用生成难溶的水化硫铝酸钙针状晶体(钙矾石,AFt)。

综上所述,硅酸盐熟料中不同的矿物成分与水作用时,不仅水化产物种类有所不同,而且水化特性也各不相同,它们对水泥凝结硬化速度、水化热及强度等的影响也不相同。水泥熟料主要矿物组成及其单独水化时所表现的特性见表3.1。

表 3.1 水泥熟料主要矿物组成及其水化特性

		硅酸三钙	硅酸二钙	铝酸三钙	铁铝酸四钙
化学式		$3CaO \cdot SiO_2$	$2CaO \cdot SiO_2$	$3CaO \cdot Al_2O_3$	$4CaO \cdot Al_2O_3 \cdot Fe_2O_3$
简写		C_3S	C_2S	C_3A	C_3AF
质量分数/%		50~60	15~37	7~15	10~18
凝结硬化速度		快	慢	最快	快
水化时放热量		多	少	最多	中
强度	高低	最大	大	小	小
	发展	快	慢	最快	较快
抗化学侵蚀性		较小	最大	小	大
干燥收缩		中	中	大	小

2.硅酸盐水泥的凝结硬化

水泥加水拌和后,立即发生水化反应,生成各种水化产物,随着时间推延,水泥浆的塑性逐渐失去,而成为具有一定强度的固体,这一过程称为水泥的凝结硬化。

水泥凝结和硬化过程的机理比较复杂,一般解释是:水泥与水拌和后,熟料颗粒表面迅速与水发生反应,因为水化物生成的速度大于水化物向溶液扩散的速度,于是生成的水化产物在水泥颗粒表面堆积,这层水化物称为凝胶膜层,这就构成了最初的凝胶结构。之后,由于水分不断渗入凝胶膜层内进行水化反应,使凝胶膜层向内增厚;同时,通过凝胶膜层向外扩散的水化物聚集于凝胶膜层外侧使凝胶膜层向外增厚。由于水分渗入膜层内部的速度大于水化物通过膜层向外扩散的速度,因而产生穿透压力,膜层内部水化物的饱和溶液向外渗出造成膜层破裂。膜层的破裂,使水泥与水迅速而广泛地接触,反应又加速,生成较多量的水化物,它们相互接触连接,到一定程度浆体完全失去可塑性,建立起充满全部间隙的网状结构,并在网状结构内不断充实水化物,这时为终凝,之后浆体逐渐产生强度而进入硬化阶段。

技 术 点 睛

水泥的凝结时间

水泥的凝结时间按《水泥标准稠度用水量、凝结时间、安定性检验方法》(GB/T 1346—2011)用标准维卡仪测试。按照我国标准规定:硅酸盐水泥初凝时间不得早于 45 min,终凝时间不得迟于 6.5 h。凡初凝时间不符合规定的水泥为废品,终凝时间不符合规定的水泥为不合格品。

3.1.3 硅酸盐水泥的特性与应用

1.硅酸盐水泥的特性

(1)凝结硬化快,强度高

由于硅酸盐水泥中的 C_3S 和 C_3A 含量较高,使硅酸盐水泥水化凝结速度加快,早期强度发展也快。

(2)水化热高

硅酸盐水泥中的 C_3S 和 C_3A 含量较高,其水泥早期放热大,放热速率快,其 3 d 内的水化放热量大约占其放热总量的 50%。

(3)抗冻性能好

硅酸盐水泥拌合物不易发生泌水现象,硬化后的水泥石较密实,所以抗冻性好。

(4)耐腐蚀能力差

由于硅酸盐水泥中有大量的 $Ca(OH)_2$ 及水化氯酸三钙,容易受到软水、酸类和一些盐类的侵蚀。

(5)耐高温性能差

硅酸盐水泥在温度为 250 ℃时,水化物开始脱水,水泥石强度下降,当受热温度达到 700 ℃以上时会遭到破坏。

2.硅酸盐水泥的应用

硅酸盐水泥适用于重要结构的高强混凝土及预应力混凝土工程、早期强度要求高的工程及冬季施工的工程,以及严寒地区、遭受反复冻融的工程及干湿交替的部位,但不宜用于海水和有侵蚀性介质存在的工程、大体积混凝土和高温环境的工程。

3.1.4　硅酸盐水泥的腐蚀与储存

1.硅酸盐水泥的腐蚀

在正常使用条件下,水泥石具有较好的耐久性,但在某些腐蚀性介质作用下,水泥石的结构逐渐遭到破坏,强度下降以致全部溃裂,这种现象称为水泥石的腐蚀。

(1)软水侵蚀(溶出性侵蚀)

水泥石长期接触软水时,会使水泥石中的氢氧化钙不断被溶出,当水泥石中游离的氢氧化钙减少到一定程度时,水泥石中的其他含钙矿物也可能分解和溶出,从而导致水泥石结构的强度降低,甚至破坏。当水泥石处于软水环境中时,特别是处于流动的软水环境中时,水泥被软水侵蚀的速度更快。

(2)一般酸的腐蚀

工程结构处于各种酸性介质中时,酸性介质易与水泥石中的氢氧化钙反应,其反应产物可能溶于水而流失,或发生体积膨胀造成结构物的局部被胀裂,破坏了水泥石的结构。

(3)碳酸的腐蚀

雨水及地下水中常溶有较多的二氧化碳,形成了碳酸。碳酸先与水泥石中的氢氧化钙反应,中和后使水泥石碳化,形成了碳酸钙,碳酸钙再与碳酸反应生成可溶性的碳酸氢钙,并随水流失,从而破坏了水泥石的结构。

(4)硫酸盐的腐蚀(膨胀性侵蚀)

当环境中含有硫酸盐的水渗入到水泥石结构中时,会与水泥石中的氢氧化钙反应生成石膏,石膏再与水泥石中的水化铝酸钙反应生成钙矾石,产生 1.5 倍的体积膨胀,这种膨胀必然导致脆性水泥石结构的开裂。由于钙矾石微观为针状晶体,人们常称其为水泥杆菌。当水中硫酸盐浓度较高时,硫酸钙还会在孔隙中直接结晶成二水石膏,体积膨胀,引起膨胀应力,导致水泥石破坏。

(5)镁盐的腐蚀

海水及地下水中常含有大量的镁盐,主要是硫酸镁和氯化镁。它们与水泥石中的氢氧化钙起复分解反应,反应式如下:

$$MgCl_2 + Ca(OH)_2 = CaCl_2 + Mg(OH)_2$$

$$MgSO_4 + Ca(OH)_2 + 2H_2O = CaSO_4 \cdot 2H_2O + Mg(OH)_2$$

硫酸镁对水泥石起镁盐腐蚀和硫酸盐腐蚀的双重腐蚀作用。

(6)强碱的腐蚀

碱类溶液如果浓度不大时一般是无害的,但铝酸盐含量较高的硅酸盐水泥遇到强碱(如氢氧化钠)作用后也会破坏。氢氧化钠与水泥熟料中未水化的铝酸盐作用,生成易溶的铝酸钠。其反应式如下:

$$3CaO \cdot Al_2O_3 + 6NaOH = 3Na_2O \cdot Al_2O_3 + 3Ca(OH)_2$$

当水泥石被氢氧化钠浸透后又在空气中干燥,与空气中的二氧化碳作用生成碳酸钠,碳酸钠在水泥石毛细孔中结晶沉积,会使水泥石胀裂。其反应式如下:

$$2NaOH+CO_2 \Longrightarrow Na_2CO_3+H_2O$$

(7)防止水泥石腐蚀的措施

①根据环境特点,合理选择水泥品种。如处于软水环境的工程,常选用掺混合材料的矿渣水泥、火山灰水泥或粉煤灰水泥,因为这些水泥的水泥石中氢氧化钙含量低,对软水侵蚀的抵抗能力强。

②提高水泥石的致密度,降低水泥石的孔隙率。通过减小水灰比,掺加外加剂,采用机械搅拌和机械振捣,可以提高水泥石的密实度。

③在水泥石的表面涂抹或铺设保护层,隔断水泥石和外界的腐蚀性介质的接触。例如,可在水泥石表面涂抹耐腐蚀的涂料,如水玻璃、沥青、环氧树脂等;或在水泥石的表面铺建筑陶瓷、致密的天然石材等。

2.硅酸盐水泥的储存

硅酸盐水泥在储存和运输过程中,应按不同品种、不同强度等级及出厂日期分别储运,不得混杂,要注意防潮、防水。水泥的有效储存期是3个月。一般水泥在储存3个月后,强度降低10%~20%,6个月后降低15%~30%。存放超过6个月的水泥必须经过检验后才能使用。

技术点睛

袋装水泥的表示

袋装水泥每袋净含量为50 kg,且应不少于标志质量的99%;随机抽取20袋总质量(含包装袋)应不少于1 000 kg。其他包装形式由供需双方协商确定。水泥包装袋应符合GB 9774—2010的规定,即水泥包装袋上应清楚标明执行标准、水泥品种、代号、强度等级、生产者名称、生产许可证标志(QS)及编号、出厂编号、包装日期、净含量。包装袋两侧应根据水泥的品种采用不同的颜色印刷水泥名称和强度等级,硅酸盐水泥和普通硅酸盐水泥采用红色;矿渣硅酸盐水泥采用绿色;火山灰质硅酸盐水泥、粉煤灰硅酸盐水泥和复合硅酸盐水泥采用黑色或蓝色。散装发运时应提交与袋装标志相同内容的卡片。

3.2　掺混合材料的硅酸盐水泥

为了改善硅酸盐水泥的某些性能,调节水泥的标号,增加产量和降低成本,扩大水泥的使用范围,在实际生产过程中,通过在熟料中掺加适量的混合材料,并与石膏共同磨细得到的水硬性胶凝材料,称为掺混合料的硅酸盐水泥。掺混合材料的硅酸盐水泥有普通硅酸盐水泥、矿渣硅酸盐水泥、火山灰质硅酸盐水泥、粉煤灰硅酸盐水泥、复合硅酸盐水泥等。

3.2.1　掺混合材料的硅酸盐水泥品种

1.普通硅酸盐水泥

普通硅酸盐水泥是由硅酸盐水泥熟料、5%~20%(质量分数)的混合材料及适量石膏磨细制成的水硬性胶凝材料,简称普通水泥,代号为P·O。掺混合材料时,最大掺量不得超过15%(质量分数),其中允许用不超过水泥质量5%的窑灰或不超过水泥质量10%的非活性混合材料来代替;掺非活性混合材料时,最大掺量不得超过水泥质量的10%。

国标中对普通硅酸盐水泥的技术要求为:

(1)细度

用比表面积表示细度,根据规定应小于 300 m^2/kg。

(2)凝结时间

初凝时间不小于 45 min,终凝时间不大于 600 min。

(3)强度

普通硅酸盐水泥分为 32.5、32.5R、42.5、42.5R、52.5、52.5R 共 6 个强度等级,其中带"R"者为早强型水泥。

(4)烧失量

普通硅酸盐水泥中的烧失量不得大于 5.0%。

普通硅酸盐水泥的体积安定性及氧化镁、三氧化硫、碱含量、氯离子等技术要求与硅酸盐水泥相同。

2.矿渣硅酸盐水泥

凡由硅酸盐水泥熟料和粒化高炉矿渣、适量石膏磨细制成的水硬性胶凝材料称为矿渣硅酸盐水泥(简称矿渣水泥),代号为 P·S。水泥中粒化高炉矿渣掺量按质量分数计为 20%～70%。允许用石灰石、窑灰、粉煤灰和火山灰质混合材料中的一种材料代替矿渣,代替数量不得超过水泥质量的 8%,替代后水泥中粒化高炉矿渣不得少于 20%(质量分数)。

矿渣水泥在应用上与普通硅酸盐水泥相比,其主要特点及适应范围如下:

①在施工时要严格控制混凝土用水量,并尽量排除混凝土表面泌水,加强养护工作,否则,不但强度会过早停止发展,而且产生较大干缩,导致开裂。

②适用于地下或水中工程,以及经常受较高水压的工程。特别适用于要求耐淡水侵蚀和耐硫酸盐侵蚀的水工或海工建筑。

③因水化热较低,适用于大体积混凝土工程。

④最适用于蒸汽养护的预制构件。矿渣水泥经蒸汽养护后,不但能获得较好的力学性能,而且浆体结构的微孔变细,能改善制品构件的抗裂性和抗冻性。

⑤适用于受热(200 ℃以下)的混凝土工程。

但矿渣水泥不适用于早期强度要求较高、受冻融或干湿交替环境中的混凝土工程;对低温环境中混凝土工程,如果不能采取加热保温或加速硬化等措施,也不宜使用。

3.火山灰质硅酸盐水泥

凡由硅酸盐水泥熟料和火山灰质混合材料、适量石膏磨细制成的水硬性胶凝材料称为火山灰质硅酸盐水泥(简称火山灰水泥),代号为 P·P。水泥中火山灰质混合材料掺加量按质量分数计为 20%～50%。

火山灰质水泥的技术性质与矿渣水泥比较接近,主要适用范围如下:

①最适宜用在地下或水中工程,特别是要求抗渗性、抗硫酸盐侵蚀的工程中。

②可以与普通水泥一样用在地面工程,但用软质混合材料的火山灰水泥,由于干缩变形较大,因此不宜用于干燥地区或高温车间。

③适宜用蒸汽养护生产混凝土预制构件。

④由于水化热较低,所以宜用于大体积混凝土工程。

但是,火山灰水泥不适用于早期强度要求高、耐磨性要求较高的混凝土工程,其抗冻性较差,不宜用于受冻部位。

4.粉煤灰硅酸盐水泥

凡由硅酸盐水泥熟料、粉煤灰和适量石膏磨细制成的水硬性胶凝材料,称为粉煤灰硅酸盐水泥,代号 P·F。水泥中粉煤灰的掺量按质量分数计为 20%～40%。允许掺加不超过混合材总质量的1/3的粒化高炉矿渣,此时混合材总掺量可达 50%。

粉煤灰水泥除使用于地面工程外,还非常适用于大体积混凝土以及水中结构工程等。

粉煤灰水泥的缺点是泌水较快,易引起失水裂缝,因此在混凝土凝结期间宜适当增加抹面次数,在硬化期应加强养护。

5.复合硅酸盐水泥

凡由硅酸盐水泥熟料、两种或两种以上规定的混合材料及适量石膏磨细制成的水硬性胶凝材料,称为复合硅酸盐水泥,简称复合水泥,代号为 P·C。水泥中混合材料总掺量按质量百分比应大于 20%,不超过 50%。水泥中允许用不超过 8%(质量分数)的窑灰代替部分混合材料;掺矿渣时混合材料掺量不得与矿渣硅酸盐水泥重复。

3.2.2 掺混合材料的硅酸盐水泥的特性与应用

掺混合材料的硅酸盐水泥与硅酸盐水泥相比,又有其自身的特点。

1.矿渣硅酸盐水泥、火山灰质硅酸盐水泥、粉煤灰硅酸盐水泥的共性特点与应用

①凝结硬化慢、早期强度低和后期强度增长快。因为水泥中熟料比例较低,而混合材料的二次水化较慢,所以其早期强度低,后期二次水化的产物不断增多,水泥强度发展较快,达到甚至超过同等级的硅酸盐水泥。因此,这 3 种水泥不宜用于早期强度要求高的工程、冬季施工工程和预应力混凝土等工程,且应加强早期养护。

②温度敏感性高,适宜高温湿热养护。这 3 种水泥在低温下消化速率和强度发展较慢,而在高温养护时水化速率大大提高,强度增长加快,可得到较高的早期强度和后期强度,因此适合采用高温湿热养护,如蒸汽养护。

③水化热低,适合大体积混凝土工程。由于熟料用量少,水化放热量大的矿物 C_3S 和 C_3A 较少,水泥的水化热大大降低,适合于大体积混凝土工程,如大型基础和水坝等。适当调整组成比例就可生产出大坝专用的低热水泥品种。

④耐腐蚀性能强。由于熟料用量少,水化生成的 $Ca(OH)_2$ 少,且二次水化还要消耗大量的 $Ca(OH)_2$,使水泥石中易腐蚀的成分减少,水泥石的耐软水腐蚀、耐硫酸腐蚀等能力大大提高,可用于有耐腐蚀性要求的工程中。

⑤抗冻性差,耐磨性差。由于加入较多的混合材料,水泥的需水性增加,用水量较多,易形成较多的毛细孔或粗大孔隙,且水泥早期强度较低,使抗冻性和耐磨性下降,因此不宜用于严寒地区水位升降范围内的混凝土工程和有耐磨性要求的工程。

⑥抗碳化能力差。由于水化产物中 $Ca(OH)_2$ 少,水泥石的碱度较低,遇到有碳化的环境时,表面碳化较快,碳化深度较深,对钢筋的保护不利。若碳化达到钢筋表面,会导致钢筋锈蚀,使钢筋混凝土产生顺筋裂缝,降低耐久性。不过,在一般环境中,这 3 种水泥对钢筋都具有良好的保护作用。

2.矿渣硅酸盐水泥、火山灰质硅酸盐水泥及粉煤灰硅酸盐水泥的个别特性

(1)矿渣硅酸盐水泥

矿渣硅酸盐水泥具有较强的耐热性。它可用于温度不高于200℃的混凝土工程,如轧钢、铸造、锻造和热处理等高温车间及热工窑炉的基础等;也可用于温度达到300～400℃的热体通道等耐热工程。矿渣硅酸盐水泥的保水性差,易泌水,抗渗性差,干燥收缩较大,易在表面产生较多的细微裂缝,影响其强度和耐久性。

(2)火山灰质硅酸盐水泥

火山灰质硅酸盐水泥具有较好的抗渗性和耐水性,优先用于有抗渗性要求的工程。火山灰质硅酸盐水泥的干燥收缩比矿渣水泥更加显著,在长期干燥的环境中,易形成细微裂缝,影响水泥石的强度和耐久性。因此,火山灰质硅酸盐水泥施工时要加强养护,较长时间保持潮湿状态,而且不用于干热环境中。

(3)粉煤灰硅酸盐水泥

粉煤灰硅酸盐水泥的干缩性较小,甚至优于硅酸盐水泥和普通水泥,具有较好的抗裂性。由于粉煤灰吸水性差,水泥易泌水,形成较多的连通孔隙,干燥时易产生细微裂缝,抗渗性较差,因此不宜用于干燥环境和抗渗要求高的工程。

3.复合硅酸盐水泥的特性与应用

复合硅酸盐水泥的早期强度接近于普通水泥,性能略优于其他掺混合材料的水泥,适用范围较广。它掺加了两种或两种以上的混合材料,有利于发挥各种材料的优点,为充分利用混合材料生产水泥,扩大水泥应用范围,提供了广阔的途径。

3.3 其他品种水泥

在实际施工中,往往会遇到一些有特殊要求的工程,如紧急抢修工程、耐热耐酸工程等,对于这些工程,需要采用其他品种的水泥,如快硬性硅酸盐水泥、膨胀水泥和自应力水泥等。

3.3.1 快硬性硅酸盐水泥

凡以硅酸盐水泥熟料和适量石膏磨细制成的,以3 d抗压强度表示标号的水硬性胶凝材料,称为快硬硅酸盐水泥(简称快硬水泥)。

快硬性硅酸盐水泥的制造方法与硅酸盐水泥基本相同,只是适当提高了熟料中的铝酸三钙和硅酸三钙的含量,并适量多掺加石膏,同时提高水泥的粉磨细度。一般快硬性硅酸盐水泥的比表面积为300～450 m²/kg,无收缩快硬硅性酸盐水泥的比表面积达400～500 m²/kg。

快硬性硅酸盐水泥的初凝时间不得早于45 min ,终凝时间不得迟于10 h;氧化镁含量不得超过5.0%(质量分数),如水泥经压蒸安定性试验合格,允许放宽到6.0%(质量分数);三氧化硫含量不得超过4.0%(质量分数)。

3.3.2 膨胀水泥及自应力水泥

膨胀水泥是指在水化和硬化过程中产生体积膨胀的水泥。一般硅酸盐水泥在空气中硬化时,体积会发生收缩,收缩会使水泥石结构产生微裂缝,降低水泥石结构的密实性,影响结构的抗渗性、抗冻性、抗腐蚀性等。膨胀水泥在硬化过程中体积不会发生收缩,还略有膨胀,可以解决由于收缩带来的不利后果。

膨胀水泥中膨胀组分含量较多,膨胀值较大,在膨胀过程中又受到限制时(如钢筋限制),则水泥本身会受到压应力。该压力是依靠水泥自身水化而产生的,称为自应力,其中自应力值大于 2 MPa 的称为自应力水泥。

膨胀水泥适用于配制补偿收缩混凝土,用于构件的接缝及管道接头、混凝土结构的加固和修补、防渗堵漏工程、机器底座及地脚螺丝的固定等。自应力水泥适用于制造需要低预应力值的构件,如钢筋混凝土压力管、墙板和楼板等。

一、填空题

1.硅酸盐水泥的主要水化产物是_____、_____、_____、_____和_____。

2.生产硅酸盐水泥时,掺入的石膏作用是_____。

3.引起硅酸盐水泥体积安定性不良的因素是_____、_____和_____。

4.引起硅酸盐水泥腐蚀的内因是_____和_____。

5.矿渣水泥与硅酸盐水泥相比,其早期强度_____,后期强度_____,水化热_____,抗蚀性_____,抗冻性_____。

二、选择题

1.硅酸盐水泥熟料中,含量最多的是( )。

A. C_3S B. C_2S C. C_3A D. C_4AF

2.下列选项中,属于普通水泥的特性是( )。

A. 凝结硬化慢   B. 凝结硬化较快

C. 抗冻性差   D. 泌水性大

3.有抗渗要求的混凝土应优先选用( )。

A. 硅酸盐水泥   B. 矿渣水泥

C. 火山灰水泥   D. 复合水泥

4.硅酸盐水泥的终凝时间不得长于( )。

A. 6.5 h   B. 7.5 h   C. 8.5 h   D. 10 h

5.有硫酸盐侵入的地下室维护墙结构的抗渗混凝土宜选用( )。

A. 普通水泥   B. 矿渣水泥

C. 火山灰水泥   D. 粉煤灰水泥

三、判断题

1.初凝时间不符合规定的硅酸盐水泥为废品。 ( )

2.对早期强度要求比较高的工程一般使用矿渣水泥、火山灰水泥和粉煤灰水泥。 ( )

3.同为42.5R强度等级的硅酸盐水泥与矿渣硅酸盐水泥早期强度相同。 ( )

4.水泥浆的水灰比越大,水化速度越快,凝结越快。 ( )

5.硅酸盐水泥与矿渣水泥相比,前者的泌水性较大。 ( )

四、简答题

1. 为什么不宜用低强度等级水泥配制高强度等级的混凝土？

2. 掺混合材料的水泥与硅酸盐水泥相比，在性能上有何特点？

3. 高铝水泥制品为何不易蒸养？

 实训提升

1. 豫西水利枢纽工程"进水口、洞群和溢洪道"标段（Ⅱ标）为提高泄水建筑物抵抗黄河泥砂及高速水流的冲刷能力，浇筑 28 d 后抗压强度达 70 MPa 的混凝土约为 50 万 m^3，但都出现了一定数量的裂缝。裂缝产生有多方面的原因，其中原材料的选用是一个方面。请就其胶凝材料的选用分析其裂缝产生的原因。

2. 某住宅工程工期较短，现有强度等级同为 42.5 硅酸盐水泥和矿渣水泥可选用。从有利于完成工期的角度来看，选用哪种水泥更为有利？

项目4 混凝土

项目目标 >>>>>>>

【知识目标】
1. 了解混凝土的组成及各组成对混凝土性能的影响。
2. 掌握混凝土的技术性质及混凝土配合比的设计。

【技能目标】
1. 掌握混凝土的试验及质量评定。
2. 掌握混凝土的判断与工程选用。

【课时建议】
12 课时

4.1 混凝土概述

4.1.1 混凝土的定义及分类

1.混凝土的定义

混凝土是由胶凝材料、细骨料、粗骨料、水以及必要时掺入的化学外加剂组成的,经过胶凝材料凝结硬化后,形成具有一定强度和耐久性的人造石材。

2.混凝土的分类

(1)按体积密度分类

按体积密度分,混凝土可分为重混凝土(体积密度大于 2 800 kg/m³)、普通混凝土(体积密度为 2 000~2 800 kg/m³)和轻混凝土(体积密度为小于 1 950 kg/m³)。

(2)按胶凝材料分类

按胶凝材料分,混凝土可分为水泥混凝土、硅酸盐混凝土、沥青混凝土、聚合物水泥混凝土、聚合物浸渍混凝土等。

(3)按用途分类

按用途分,混凝土可分为结构混凝土、防水混凝土、道路混凝土、耐酸混凝土、大体积混凝土、防辐射混凝土等。

(4)按生产和施工工艺分类

按生产和施工工艺分,混凝土可分为预拌混凝土(商品混凝土)、泵送混凝土、喷射混凝土、碾压混凝土、离心混凝土等。

(5)按强度等级分类

按强度等级分,混凝土可分为低强度混凝土(<C30)、中等强度混凝土(C30~C60)、高强度混凝土(≥C60)和超高强度混凝土(≥C100)。

4.1.2 混凝土的生产

1.配合比设计

制备混凝土时,首先应根据工程对和易性、强度、耐久性等的要求,合理地选择原材料并确定其配合比例,以达到经济适用的目的。混凝土配合比的设计详见4.8节。

2.混凝土搅拌机

根据不同施工要求和条件,混凝土搅拌机可分为自落式和强制式混凝土搅拌机,可在施工现场或搅拌站集中搅拌。流动性较好的混凝土拌合物可用自落式搅拌机;流动性较小或干硬性混凝土宜用强制式搅拌机。搅拌前应按配合比要求配料,控制称量误差。投料顺序和搅拌时间对混凝土的质量均有影响,应严加掌握,使各组分材料拌和均匀。

3.输送与灌筑

混凝土拌合物可用料斗、皮带运输机或搅拌运输车输送到施工现场。在运输过程中,要求在运输过程中,应保持混凝土的匀质性,避免产生分层和离析现象;应以最少的运转次数和运转时间;应保证混凝土的浇筑工作连续进行;运送混凝土的容器应严密、不漏浆,容器的内部应平整光洁、不吸水。

混凝土灌筑方式可用人工或借助机械。采用混凝土泵输送与灌筑混凝土拌合物,效率高,每小时可达数百立方米。无论是混凝土现浇工程,还是预制构件,都必须保证灌筑后混凝土的密实性。其方法主要用振动捣实,也有的采用离心、挤压和真空作业等。掺入某些高效减水剂的流态混凝土,则可不振捣。

4. 养护

混凝土养护的目的在于创造适当的温度、湿度条件,保证或加速混凝土的正常硬化。不同的养护方法对混凝土性能有不同影响。常用的养护方法有自然养护、蒸汽养护、干湿热养护、蒸压养护、电热养护、红外线养护和太阳能养护等。养护经历的时间称为养护周期。为了便于比较,规定测定混凝土性能的试件必须在标准条件下进行养护。我国采用的标准养护条件是:Ⅰ级水平控制温度为(20 ± 2)℃,Ⅱ级水平控制温度为(20 ± 5)℃,标准养护时间为 28 d,湿度不低于 95%。

4.2 混凝土的组成材料

普通混凝土是以水泥、砂石材料、水为原材料,按设计的配合比,经搅拌、成型、养护而得到的复合材料。现代水泥混凝土中,还加入各种化学外加剂和磨细矿质掺合料。

砂石在混凝土中起骨架作用,称为骨料或集料。水泥和水组成水泥浆,包裹在砂石表面并填充砂石空隙,在拌合物中起润滑作用,赋予混凝土拌合物一定的流动性,使混凝土拌合物容易施工;在硬化过程中胶结砂、石将骨料颗粒牢固地黏结成整体,使混凝土有一定的强度。混凝土的组成材料及各组分材料绝对体积比见表4.1。硬化混凝土的结构如图 4.1 所示。

表 4.1 混凝土的组成材料及各组分材料绝对体积比

组成成分	水泥	水	砂	石	空气
占混凝土总体积分数/%	10~15	15~20	20~30	35~48	1~3
	25~35		66~78		1~3

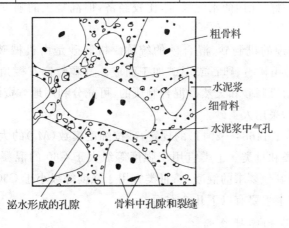

图 4.1 硬化混凝土的结构

4.2.1 水泥

1. 水泥品种的选择

水泥是混凝土的胶结材料,混凝土的性能很大程度上取决于水泥的质量和数量,在保证混凝土性能的前提下,应尽量节约水泥,降低工程造价。

水泥的强度等级应与混凝土设计强度等级相适应。用高强度等级的水泥配制低强度等级混凝土时,水泥用量偏少,会影响和易性及强度,可掺加适量混合材料(火山灰、粉煤灰、矿渣等)予以改善。反之,如果水泥强度等级选用过低,则混凝土中水泥用量太多,非但不经济,而且降低混凝土的某些技术品质(如收缩率增大等)。

一般情况下(C30 以下),水泥强度为混凝土强度的 1.5～2.0 倍较合适(高强度混凝土可取 0.9～1.5)。若采用某些措施(如掺减水剂和掺合材料),情况则大不相同,用 42.5 级的水泥也能配制 C60～C80 的混凝土,其规律主要受水灰比控制。

2. 水泥用量的确定

为保证混凝土的耐久性,水泥用量应满足有关技术标准规定的最小和最大水泥用量的要求。如果水泥用量少于规定的最小水泥用量,则取规定的最小水泥用量值;如果水泥用量大于规定的最大的水泥用量,应选择更高强度等级的水泥或采用其他措施使水泥用量满足规定要求。水泥的具体用量由混凝土的配合比设计确定。

4.2.2 细骨料

在混凝土中,粗、细骨料的总体积占混凝土体积的 70%～80%,因此混凝土用骨料的性能对于所配制的混凝土的性能有很大的影响。骨料性能要求:有害杂质含量少;具有良好的颗粒形状,适宜的颗粒级配和细度,表面粗糙,与水泥黏结牢固;性能稳定,坚固耐久等。骨料按粒径大小分为细骨料和粗骨料,粒径为 150 μm～4.75 mm 的岩石颗粒称为细骨料,粒径大于 4.75 mm 的岩石颗粒称为粗骨料。根据骨料的密度的大小,骨料又可分为普通骨料、轻骨料及重骨料。

混凝土的细骨料主要采用天然砂或人工砂。

天然砂是由自然风化、水流搬运和分选、堆积形成的粒径小于 4.75 mm 的岩石颗粒,但不包括软质岩石、风化岩石的颗粒。按产源不同,天然砂分为山砂、河砂和海砂。山砂含有黏土及有机杂质,坚固性差;海砂质地坚硬,但夹有贝壳碎片及可溶性盐类,对混凝土会产生腐蚀;河砂表面洁净、光滑、比表面积小,拌制的混凝土的和易性好,耗用的水泥浆少,比较经济,但混凝土的强度略低,在建筑工程中常用河砂作为细骨料。

人工砂是经过除土处理的机制砂、混合砂的统称。机制砂是由机械破碎、筛分制成的,粒径小于 4.75 mm 的岩石颗粒,单纯由矿石、卵石或尾矿加工而成。其颗粒富有棱角,比较洁净,但细粉、片状颗粒较多,成本高。混合砂是由机制砂和天然砂混合制成的,可充分利用地方资源,降低机制砂的生产成本。一般当地缺乏天然砂源时,采用人工砂。

根据《建设用砂》(GB/T 14684—2011)的规定,砂按细度模数(M_x)的大小分为粗、中、细 3 种规格;按技术要求分为Ⅰ类、Ⅱ类和Ⅲ类。Ⅰ类宜用于强度等级大于 C60 的混凝土;Ⅱ类宜用于强度等级为 C30～C60 及抗冻、抗渗或其他要求的混凝土;Ⅲ类宜用于强度等级小于 C30 的混凝土和建筑砂浆。

对砂的质量和技术要求主要有以下几个方面:

1. 含泥量、石粉含量和泥块含量

含泥量是指天然砂中粒径小于 75 μm 的颗粒含量;石粉含量是指人工砂中粒径粒径小于 75 μm 的颗粒含量;泥块含量是指砂中粒径大于 1.18 mm,经水浸洗、手捏后小于 600 μm 的颗粒含量。

石粉含量是人工砂在生产过程中不可避免的粒径小于 75 μm 的颗粒的含量,粉料粒径虽小,但与天然砂中的泥成分不同,粒径分布(40～75 μm)也不同。天然砂中的泥附在砂粒表面,妨碍水泥与砂的黏结,增大混凝土用水量,降低其强度和耐久性,增大干缩,所以,它对混凝土是有害的,必须严格控制其含量。天然砂含泥量和泥块含量及人工砂石粉含量和泥块含量应符合表 4.2 和 4.3 的规定。

表4.2　天然砂含泥量和泥块含量(GB/T 14684—2011)

项目	指标		
	Ⅰ类	Ⅱ类	Ⅲ类
含泥量(按质量计)/%	<1.0	<3.0	<5.0
泥块含量(按质量计)/%	0	<1.0	<2.0

表4.3　人工砂石粉含量和泥块含量(GB/T 14684—2011)

项目		指标		
		Ⅰ类	Ⅱ类	Ⅲ类
亚甲蓝试验	MB值<1.40或合格	含泥量(按质量计)/%	<3.0	<5.0	<7.0
		泥块含量(按质量计)/%	0	<1.0	<2.0
	MB值≥1.40或不合格	含泥量(按质量计)/%	<1.0	<3.0	<5.0
		泥块含量(按质量计)/%	0	<1.0	<2.0

2.有害杂质含量

砂在生产过程中,由于环境的影响和作用,常混有对混凝土性质有害的物质,主要有黏土、淤泥、黑云母、轻物质、有机质、硫化物和硫酸盐、氯盐等。云母为光滑的小薄片,与水泥的黏结性差,影响混凝土的强度和耐久性;硫化物和硫酸盐对水泥有腐蚀作用,降低混凝土的耐久性;有机物可腐蚀水泥,影响水泥的水化硬化;氯化钠及氯化物对钢筋有锈蚀作用等。砂中有害物质含量应符合表4.4的规定。

表4.4　砂中有害物质含量(GB/T 14684—2011)

项目	指标		
	Ⅰ类	Ⅱ类	Ⅲ类
云母(按质量计)/%	<1.0	<2.0	<2.0
轻物质(按质量计)/%	<1.0	<1.0	<1.0
有机物(比色法)	合格	合格	合格
硫化物及硫酸盐(按SO_3质量计)/%	<0.5	<0.5	<0.5
氯化物(按氯离子质量计)/%	<0.01	<0.02	<0.06
贝壳(按质量计)/%	<3.0	<5.0	<8.0

注:轻物质是指体积密度小于2 000 kg/m³的物质

3.坚固性

坚固性是指砂在自然风化和其他外界物理、化学因素作用下,抵抗破裂的能力。天然砂的坚固性采用硫酸钠溶液法进行试验检测,砂样经5次循环后其质量损失应符合表4.5的规定;人工砂采用压碎指标法进行试验检测,压碎指标值应符合表4.6的规定。

表4.5　砂的坚固性指标(GB/T 14684—2011)

项目	指标		
	Ⅰ类	Ⅱ类	Ⅲ类
质量损失/%	8	8	8

表4.6 砂的压碎指标(GB/T 14684—2011)

项目	指标		
	Ⅰ类	Ⅱ类	Ⅲ类
单级最大压碎指标/%	20	25	30

4.砂的粗细程度(M_x)及颗粒级配

砂的粗细程度是指不同粒径的砂粒混合在一起后的总体砂的粗细程度,通常分为粗砂、中砂及细砂。在混凝土各种材料用量相同的情况下,若砂过粗,砂颗粒的表面积较小,混凝土的黏聚性、保水性较差;若砂过细,砂子颗粒表面积过大,虽黏聚性、保水性好,但因砂的表面积大,需较多水泥浆来包裹砂粒表面,当水泥浆用量一定时,富裕的用于润滑的水泥浆较少,混凝土拌合物的流动性差,甚至还会影响混凝土的强度。所以,拌混凝土用的砂不宜过粗,也不不宜过细。一般用粗砂配制混凝土比用细砂所用水泥量要省。

砂的颗粒级配是指不同粒径砂颗粒的分布情况。在混凝土中砂粒之间的空隙由水泥浆所填充。在拌制混凝土时,常采用级配良好的砂,其大小颗粒的含量适当,一般有较多的粗颗粒,并含适当数量的中等颗粒及少量的细颗粒填充其空隙,砂的总表面积及空隙率均较小,则填充空隙用的水泥浆较少,不仅可以节省水泥,而且混凝土的和易性好,强度耐久性也较高。骨料的颗粒级配如图4.2所示。从图4.2可看出,如果用同样粒径的砂,空隙率最大(图4.2(a));两种粒径的砂,空隙率就减小(图4.2(b));3种粒径的砂,空隙率就更小(图4.2(c))。

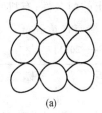 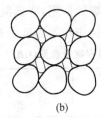 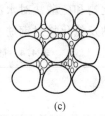

(a)　　　　　　　　(b)　　　　　　　　(c)

图4.2 骨料的颗粒级配

砂的粗细程度及颗粒级配,常用筛分析的方法进行测定。砂的粗细程度用细度模数表示,颗粒级配用级配区表示。

筛分析方法是采用通过9.50 mm方孔筛后500 g烘干的待测砂,用一套孔径从大到小(孔径分别为4.75 mm、2.36 mm、1.18 mm、600 μm、300 μm、150 μm)的标准金属方孔筛进行筛分,然后称其各筛上所得的粗颗粒的质量(称为筛余量),将各筛余量分别除以500得到分计筛余百分率(%)a_1、a_2、a_3、a_4、a_5、a_6,再将其累加得到累计筛余百分率(简称累计筛余率)A_1、A_2、A_3、A_4、A_5、A_6。累计筛余百分率与分计筛余百分率的关系见表4.7。

表4.7 累计筛余百分率与分计筛余百分率的关系

筛孔尺寸	分计筛余		累计筛余百分率/%
	分计筛余量/g	分计筛余百分率/%	
4.75 mm	m_1	a_1	$A_1 = a_1$
2.36 mm	m_2	a_2	$A_2 = a_1 + a_2$
1.18 mm	m_3	a_3	$A_3 = a_1 + a_2 + a_3$
600 μm	m_4	a_4	$A_4 = a_1 + a_2 + a_3 + a_4$
300 μm	m_5	a_5	$A_5 = a_1 + a_2 + a_3 + a_4 + a_5$
150 μm	m_6	a_6	$A_6 = a_1 + a_2 + a_3 + a_4 + a_5 + a_6$

细度模数(M_x)通过累计筛余百分率计算而得。即

$$M_x = \frac{(A_2 + A_3 + A_4 + A_5 + A_6) - 5A_1}{100 - A_1}$$ (4.1)

细度模数越大，表示砂越粗。普通混凝土用砂的细度模数为 $3.7 \sim 1.6$。当 $M_x = 3.7 \sim 3.1$ 时，为粗砂；$M_x = 3.0 \sim 2.3$，为中砂；$M_x = 2.2 \sim 1.6$，为细砂。普通混凝土应尽可能选用粗砂或中砂，以节约水泥。

砂的颗粒级配用级配区表示，以级配区或筛分曲线判定砂级配的合格性。根据计算和实验结果，规定将砂的合理级配以 $600~\mu m$ 级的累计筛余率为准，划分为 3 个级配区，分别称为Ⅰ、Ⅱ、Ⅲ区。任何一种砂，只要其累计筛余率 $A_1 \sim A_6$ 分别分布在某同一级配区的相应累计筛余率的范围内，即为级配合理，符合级配要求。砂的颗粒级配要求应符合表 4.8 的规定。除 $4.75~mm$ 和 $600~\mu m$ 级外，其他级的累计筛余可以略有超出，但超出总量应小于 5%。由表 4.8 中数值可见，在 3 个级配区内，只有 $600~\mu m$ 级的累计筛余率是重叠的，故称其为控制粒级。控制粒级使任何一个砂样只能处于某一级配区内，避免出现属于两个级配区的现象。其中Ⅰ区为粗砂区，用过粗的砂配制混凝土，拌合物的和易性不易控制，内摩擦角较大，混凝土振捣困难。Ⅲ区砂较细，为细砂区，适宜配制富混凝土和低动流性混凝土。超出Ⅲ区范围过细的砂，配成的混凝土不仅水泥用量大，而且强度将显著降低。Ⅱ区为中砂区，应优先选择级配在Ⅱ区的砂；当采用Ⅰ区砂时，应适当提高砂率；当采用Ⅲ区砂时，应适当减小砂率，以保证混凝土强度。

表 4.8　建设用砂的颗粒级配(GB/T 14684—2011)

级配区　　方孔筛/mm	Ⅰ(粗)	Ⅱ(中)	Ⅲ(细)
4.75	10～0	10～0	10～0
2.36	35～5	25～0	15～0
1.18	65～35	50～10	25～0
0.6(控制粒径)	85～71	70～41	40～16
0.3	95～80	92～70	85～55
0.15	100～90	100～90	100～90

注：①表中的数据为累计筛余数(%)；
　　②砂的实际颗粒级配与表列累计百分率相比，除 4.75 mm 和 0.6 mm 筛孔外，允许稍有超出界线，但其总量百分率不应大于 5%；
　　③Ⅰ区砂中 0.15 mm 筛孔累计筛余可放宽 100～85，Ⅱ区砂中 0.15 mm 筛孔累计筛余可放宽 100～80，Ⅲ区砂中 0.15 mm 筛孔累计筛余可放宽 100～75

以累计筛余百分率为纵坐标，以筛孔尺寸为横坐标，根据表 4.8 中的数值可以画出砂Ⅰ、Ⅱ、Ⅲ 3 个级配区的筛分曲线(图 4.3)。通过观察所计算的砂的筛分曲线是否完全落在 3 个级配区的任一区内，即可判定该砂级配的合格性。同时，也可根据筛分曲线偏向情况，大致判断砂的粗细程度。当筛分曲线偏向右下方时，表示砂较粗；筛分曲线偏向左上方时，表示砂较细。

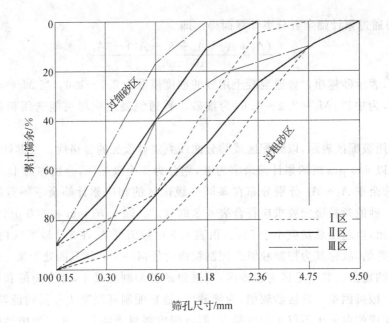

图 4.3　筛分曲线

工程中,若砂的级配不合适,可采用人工掺配的方法予以改善,即将粗、细砂按适当的比例掺和使用,也可将砂过筛,筛除过粗或过细的颗粒。

【案例实解】

某砂做筛分试验,分别称取各筛两次筛余量的平均值,见表 4.9。

表 4.9　各筛筛余量

筛孔尺寸/mm	4.75	2.36	1.18	0.6	0.3	0.15	<0.15
筛编号	1	2	3	4	5	6	7
筛余量/g	32.5	48.5	40	187.5	118.0	65.0	8.5

计算各号筛的分计筛余率、累计筛余率和细度模数,并评定该砂的颗粒级配和粗细程度。

解:(1)各号筛的分计筛余率

①4.75 mm:$a_1 = \dfrac{m_1}{500} \times 100\% = \dfrac{32.5}{500} \times 100\% = 6.5\%$

②2.36 mm:$a_2 = \dfrac{m_2}{500} \times 100\% = \dfrac{48.5}{500} \times 100\% = 9.7\%$

③1.18 mm:$a_3 = \dfrac{m_3}{500} \times 100\% = \dfrac{40.0}{500} \times 100\% = 8.0\%$

④600 μm:$a_4 = \dfrac{m_4}{500} \times 100\% = \dfrac{187.5}{500} \times 100\% = 37.5\%$

⑤300 μm:$a_5 = \dfrac{m_5}{500} \times 100\% = \dfrac{118.0}{500} \times 100\% = 23.6\%$

⑥150 μm:$a_6 = \dfrac{m_6}{500} \times 100\% = \dfrac{65.0}{500} \times 100\% = 13.0\%$

(2)各号筛的累计筛余率

①4.75 mm:$A_1 = a_1 = 6.5\%$

②2.36 mm:$A_2 = a_1 + a_2 = 6.5\% + 9.7\% = 16.2\%$

③1.18 mm:$A_3 = a_1 + a_2 + a_3 = 6.5\% + 9.7\% + 8.0\% = 24.2\%$

④600 μm：$A_4 = a_1 + a_2 + a_3 + a_4 = 6.5\% + 9.7\% + 8.0\% + 37.5\% = 61.7\%$

⑤300 μm：$A_5 = a_1 + a_2 + a_3 + a_4 + a_5$

$= 6.5\% + 9.7\% + 8.0\% + 37.5\% + 23.6\% = 85.3\%$

⑥150 μm：$A_6 = a_1 + a_2 + a_3 + a_4 + a_5 + a_6$

$= 6.5\% + 9.7\% + 8.0\% + 37.5\% + 23.6\% + 13.0\% = 98.3\%$

（3）该砂的级配

根据 $A_4 = 61.8\%$ 可知，该砂的级配为 Ⅱ区。$A_1 \sim A_5$ 全部在Ⅱ区规定的范围内，因此级配合格。

该砂的细度模数：$M_x = \dfrac{(A_2 + A_3 + A_4 + A_5 + A_6) - 5A_1}{100 - A}$

$= \dfrac{(16.2 + 24.2 + 61.7 + 85.3 + 98.3) - 5 \times 6.5}{100 - 6.5}$

≈ 2.7

因此该砂属于中砂。

5.体积密度、堆积密度和空隙率

砂的体积密度大于 2 500 kg/m³，松散堆积密度大于 13 500 kg/m³，空隙率小于47%。

6.碱骨料反应

水泥、外加剂等混凝土组成物及环境中碱活性矿物在潮湿环境下会缓慢发生导致混凝土开裂破坏的膨胀反应。碱骨料反应后的标准：由砂制配的试件应无裂缝、酥裂、胶体外溢等现象，并在规定的试验龄期膨胀率应小于 0.10%。

4.2.3　粗骨料

粗骨料是指粒径大于 4.75 mm 的岩石颗粒。常用的粗骨料有卵石（砾石）和碎石。

由人工破碎而成的石子称为碎石或人工石子；由天然形成的石子称为卵石。卵石按其产源特点，也可分为河卵石、海卵石和山卵石。其各自的特点与相应的天然砂类似，各有其优缺点。卵石的表面光滑，其配制的混凝土拌合物比用碎石配制的混凝土流动性要好，但与水泥砂浆黏结力差，故强度较低。通常按就地取材的原则给予选用。

卵石和碎石按技术要求分为Ⅰ类、Ⅱ类、Ⅲ类 3 个等级。Ⅰ类用于强度等级大于 C60 的混凝土；Ⅱ类用于强度等级为 C30～C60 及抗冻、抗渗或有其他要求的混凝土；Ⅲ类适用于强度等级小于 C30 的混凝土。

根据《建设用卵石、碎石》（GB/T 14685—2011）的规定，对卵石和碎石的质量及技术要求主要有以下几个方面：

1.含泥量及泥块含量

卵石、碎石的含泥量是指粒径小于 75 μm 的颗粒含量；泥块含量是指粒径大于 4.75 mm 的颗粒经水洗、手捏后小于 2.36 mm 的颗粒含量。卵石、碎石含泥量和泥块含量应符合表 4.10 的规定。

当粗、细骨料中含有活性二氧化硅（如蛋白石、凝灰岩、鳞石英等岩石）时，可与水泥中的碱性氧化物 NaOH 或 KOH 发生化学反应，生成体积膨胀的碱-硅酸凝胶体。该物质吸水体积膨胀，会造成硬化混凝土的严重开裂，甚至造成工程事故，这种有害作用称为碱-骨料反应。当骨料中含有活性二氧化硅，而水泥含碱量超过 0.6%（质量分数）时，须进行专门试验，以免发生碱-骨料反应。

表 4.10　卵石、碎石含泥量和泥块含量(GB/T 14685—2011)

项目	指标		
	Ⅰ类	Ⅱ类	Ⅲ类
含泥量(按质量计)/%	≤0.5	≤1.0	≤1.5
泥块含量(按质量计)/%	0	≤0.5	≤0.7

2. 针、片状颗粒含量

为提高混凝土强度和减小骨料间的空隙,粗骨料比较理想的颗粒形状为三维长度相等或相近的立方体或球形颗粒,而三维长度相差较大的针、片状颗粒粒形较差。颗粒长度大于平均粒径 2.4 倍为针状颗粒,颗粒厚度小于平均粒径 0.4 倍的为片状颗粒。平均粒径为一个粒级的骨料,取其上、下限粒径的算术平均值。针、片状颗粒的外形和较低的抗折能力,会降低混凝土的密实度和强度,并使其工作性变差,故其含量应予以控制。针、片状颗粒含量按针状规准仪或片状规准仪逐粒测定,其含量(按质量计)应符合Ⅰ类<5%、Ⅱ类<15%、Ⅲ类<25%。

3. 有害物质

卵石、碎石中有害物质的种类有:草根、树枝树叶、塑料、煤块、炉渣等杂物及有机物、硫化物、硫酸盐等有害物质,其含量应符合表 4.11 的规定。

表 4.11　卵石、碎石中有害物质含量(GB/T 14685—2011)

项目	指标		
	Ⅰ类	Ⅱ类	Ⅲ类
有机物	合格	合格	合格
硫化物及硫酸盐(按 SO_3 质量计)/%	≤0.5	≤1.0	≤1.0

4. 坚固性

坚固性是指卵石、碎石在自然风化和其他外界物理、化学因素作用下,抵抗破裂的能力。骨料由于干湿循环或冻融交替等作用引起体积变化会导致混凝土破坏。骨料越密实、强度越高、吸水率越小时,其坚固性越好;而结构疏松、矿物成分复杂、构造不均匀时,其坚固性越差。

骨料的坚固性,采用硫酸溶液浸泡来检验。该种方法是将骨料颗粒在硫酸钠溶液中浸泡若干次,取出烘干后,测其在硫酸钠结晶晶体的膨胀作用下骨料的质量损失率来说明骨料的坚固性,其指标应符合表 4.12 的要求。

表 4.12　碎石和卵石的坚固性指标(GB/T 14685—2011)

项目	指标		
	Ⅰ类	Ⅱ类	Ⅲ类
质量损失/%	<5	<8	<12

5. 颗粒级配

粗骨料公称粒径的上限称为该粒级的最大粒径。如公称粒径为 5～20 mm 的石子其最大粒径即 20 mm。最大粒径反映了粗骨料的平均粗细程度。混凝土中骨料的最大粒径增大,总表面减小,单位用水量减少。在用水量和水灰比固定不变的情况下,最大粒径增大,骨料表面包裹的水泥浆层增厚,混凝土拌合物可获较高的流动性。若在工作性一定的前提下,可减小水灰比,使强度和耐久性提高。通常增大粒径可获得节约水泥的效果。但最大粒径过大(大于 150 mm),不但节约水泥的效率不再明显,而且会降低混凝土的抗拉强度,会对施工质量,甚至对搅拌机械造成一定的损害。

　　根据《混凝土结构工程施工质量验收规范》(GB 50204—2002)(2010 版)的规定:混凝土用粗骨料,其最大粒径不得超过构件截面最小尺寸的 1/4,且不得超过钢筋最小净间距的 3/4;对混凝土的实心板,可允许采用最大粒径达 1/2 板厚的骨料,但最大粒径不得超过 50 mm;对泵送混凝土,碎石最大粒径与输送管内径之比宜小于或等于 1∶3,卵石宜小于或等于 1∶2.5。

　　粗骨料与细骨料一样,也要有良好的颗粒级配,以减小空隙率,增强密实性,从而节约水泥,保证混凝土和易性及强度。特别是配制高强度混凝土,粗骨料级配特别重要。

　　粗骨料的颗粒级配也是通过筛分试验来确定的。所采用的方孔标准筛孔径为 2.36 mm、4.75 mm、9.50 mm、16.0 mm、19.0 mm、26.5 mm、31.5 mm、37.5 mm、53.0 mm、63.0 mm、75.0 mm、90.0 mm 12 个。其分计筛余百分率及累计筛余百分率的计算方法与细骨料的计算方法相同。依据国家标准,普通混凝土用碎石及卵石的颗粒级配应符合表 4.13 的规定。

表 4.13　普通混凝土用卵石及碎石的颗粒级配(GB/T 14685—2011)

公称粒径/ mm	筛孔/mm 累计筛余/%											
	2.36	4.75	9.50	16.0	19.0	26.5	31.5	37.5	53.0	63.0	75.0	90.0
连续粒级 5～10	95～100	80～100	0～15	0								
5～16	95～100	85～100	30～60	0～10	0							
5～20	95～100	90～100	40～80	—	0～10	0						
5～25	95～100	90～100	—	30～70	—	0～5	0					
5～31.5	95～100	90～100	—	70～90	—	15～45	—	0～5	0			
5～40	—	95～100	70～90	—	30～65	—	—	0～5	0			
单粒粒级 10～20		95～100		85～100		0～15	0					
16～31.5		95～100		80～100			0～10	0				
20～40			95～100		80～100			0～10	0			
31.5～63				95～100			75～100	45～75		0～10		0
40～80					95～100			70～100		30～60	0～10	0

　　骨料的颗粒级配,按供应情况分为连续粒级和单粒粒级;按实际使用情况分为连续级配和间断级配两种。连续级配是指石子的粒径从大到小连续分级,每级都占适当的比例。连续级配的颗粒大小搭配连续合理(最小粒径为 4.75 mm 起),颗粒上、下限粒径之比接近 2,用其配制的混凝土拌合物工作性好,不易发生离析,在工程中应用较多。其缺点是,当最大粒径较大(大于 37.5 mm)时,天然形成的连续级配往往与理论最佳值有偏差,且在运输、堆放过程中易发生离析,影响级配的均匀合理性。实际应用时常采用预先分级筛分形成的单粒粒级进行掺配组合成人工连续级配。

　　间断级配是指石子粒级不连续,人为剔去某些中间粒级的颗粒而形成的级配方式。间断级配更有效降低石子颗粒间的空隙率,使水泥达到最大限度的节约,但由于粒径相差较大,故混凝土拌合物易发生离析。间断级配须按设计进行掺配而成。

　　6.强度

　　粗骨料在混凝土中要形成紧实的骨架,故其强度要满足一定的要求。粗骨料的强度有立方体强度和压碎指标值两种。

　　岩石立方体强度是指在浸水泡和状态下的骨料母体岩石制成的 50 mm×50 mm×50 mm 立方体试

件,在标准试验条件下测得的挤压强度值。根据《建设用卵石、碎石》(GB/T 14685—2011)的规定,要求岩石抗压强度:火成岩不小于 80 MPa;变质岩不小于 60 MPa;水成岩不小于 30 MPa。

压碎指标是对粒状粗骨料强度的另一种测定方法。该方法是将气干状态下 9.5~13.5 mm 的石子按规定方法填充于压碎指标测定仪(内径为 152 mm 的圆筒)内,其上放置压头,在压力机上均匀加荷到 200 kN 并稳荷 5 s,卸荷后称量试样质量(m_1),然后再用孔径为 2.36 mm 的筛进行筛分,称其筛余量(m_2)。压碎指标 Q_c 可表示为

$$Q_c = \frac{m_1 + m_2}{m_1} \times 100\% \tag{4.2}$$

式中　Q_c——压碎指标,%;

　　　m_1——试样的质量,g;

　　　m_2——试样的筛余量,g。

压碎指标值越大,说明骨料的强度越小。该种方法操作简便,在实际生产质量控制中应用较普遍。卵石和碎石的压碎指标见表 4.14。

表 4.14　卵石和碎石的压碎指标(GB/T 14685—2011)

项目	指标		
	Ⅰ类	Ⅱ类	Ⅲ类
碎石压碎指标/%	≤10	≤20	≤30
卵石压碎指标/%	≤12	≤16	≤16

7. 体积密度、堆积密度和空隙率

碎石和卵石的体积密度、堆积密度和空隙率应符合如下规定:体积密度大于 2 500 kg/m³,松散堆积密度大于 1 350 kg/m³,空隙率小于 47%。

8. 碱骨料反应

经碱集料反应试验后,由卵石、碎石制备的试件无裂缝、酥裂、胶体外溢等现象,在规定的试验龄期的膨胀率应小于 0.10%。

9. 骨料的含水状态

骨料的含水状态可分为干燥状态、气干状态、饱和面干状态和湿润状态 4 种,如图 4.4 所示。干燥状态的含水率等于或接近于 0;气干状态与大气湿度相平衡但未达到饱和状态;饱和面干状态其内部孔隙含水达到饱和,而表面干燥;湿润状态其内部孔隙含水达到饱和且表面有部分自由水。计算普通混凝土配合比以干燥状态的骨料为基准,一些大型水利工程以饱和面干状态的骨料为基准。

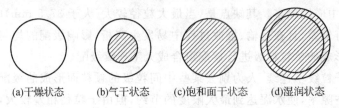

(a)干燥状态　　(b)气干状态　　(c)饱和面干状态　　(d)湿润状态

图 4.4　骨料的含水状态

4.2.4　水

混凝土拌和用水按水源分为饮用水、地表水、地下水、再生水、混凝土企业设备洗刷水和海水。混凝土用水应优先选择国家生活饮用水,地表水和地下水、工业废水经检验合格后方可使用;钢筋混凝土及

预应力混凝土结构,有饰面要求的混凝土不得采用海水。对混凝土拌和用水的质量要求是指所含物质对混凝土、钢筋混凝土和预应力混凝土不应产生以下有害作用:

①影响混凝土的工作性及凝结。

②有碍于混凝土强度发展。

③降低混凝土的耐久性,加快钢筋腐蚀及导致预应力钢筋脆断。

④污染混凝土表面。

根据以上要求,符合国家标准的生活用水(自来水、河水、江水、湖水)可直接拌制各种混凝土。混凝土拌和用水水质要求应符合表 4.15 的规定。对于使用年限为 100 年的结构混凝土,氯离子含量不超过 500 mg/L;对使用钢丝或经热处理钢筋的预应力混凝土,氯离子含量不超过 350 mg/L。

表 4.15　水中物质含量限值(JGJ 63—2006)

项目	预应力混凝土	钢筋混凝土	素混凝土
pH 值	≥5.0	≥4.5	≥4.5
不溶物含量/(mg·L^{-1})	≤2 000	≤2 000	≤5 000
可溶物含量/(mg·L^{-1})	≤2 000	≤5 000	≤10 000
氯化物(以 Cl$^-$ 计)含量/(mg·L^{-1})	≤500	≤1 000	≤3 500
硫化物含量(以 SO$_4^{2-}$ 计)/(mg·L^{-1})	≤600	≤2 000	≤2 700
碱含量/(mg·L^{-1})	≤1 500	≤1 500	≤1 500
硫化物含量(以 S^{2-} 计)/(mg·L^{-1})	<100	—	—

注:①碱含量按 Na$_2$O+0.658K$_2$O 计算值来表示,采用非碱活性骨料时,可不检验碱含量;

　　②使用钢丝或经热处理钢筋的预应力混凝土,氯化物含量不得超过 350 mg/L

如果对某种水质有怀疑时,应将待检验水与蒸馏水分别做水泥凝结时间和砂浆、混凝土强度对比试验进行鉴定。其水泥凝结时间差应小于等于 30 min,且符合国家规定;砂浆、混凝土强度(28 d 抗压强度)应大于等于 90% 用蒸馏水配制的。

4.3　混凝土的和易性

混凝土各组成材料按照一定的比例配合、搅拌形成的尚未凝固的材料,称为混凝土拌合物,又称为新拌混凝土。混凝土拌合物必须具备良好的和易性,才能便于施工并获得均匀而密实的混凝土,保证混凝土的强度和耐久性。

4.3.1　混凝土和易性的含义及影响因素

1.混凝土和易性的含义

混凝土和易性是指混凝土拌合物易于各工序施工操作(搅拌、运输、浇筑、振捣、成型等),并能获得均匀密实的混凝土的性能。和易性是一项综合性的技术指标,包括流动性、黏聚性和保水性 3 方面的性能。

流动性是指混凝土拌合物在自重或机械振捣力的作用下,能产生流动并均匀密实地充满模型的性能。流动性反应新拌混凝土的稀稠,影响浇捣施工的难易和混凝土的质量。

黏聚性是指混凝土拌合物内部组分间具有一定的黏聚力,在运输和浇筑过程中不致发生离析分层现象,而使混凝土能保持整体均匀的性能。

保水性是指混凝土拌合物具有一定的保持内部水分的能力,在施工过程中不致产生严重的泌水现象的性能。发生泌水现象的混凝土拌合物,由于水分分泌出来会形成容易透水的孔隙,而影响混凝土的密实性、强度和耐久性。

混凝土拌合物的流动性、黏聚性及保水性,三者之间既互相关联又互相矛盾,当流动性很大时,则往往黏聚性和保水性差,反之亦然。因此,所谓拌合物和易性良好,就是要使这3方面的性质在某种具体条件下,达到均为良好,使矛盾得到统一。

2.混凝土和易性的影响因素

(1)水泥浆的用量

在混凝土拌合物中水泥浆赋予拌合物一定的流动性,是影响混凝土拌合物流动性的主要因素。当水灰比不变时,水泥浆量多,流动性好,但不能单靠加水来增加流动性,过多时,会出现流浆,使拌合物的黏聚性变差,降低混凝土的强度与耐久性,且水泥用量过多;过少时,拌合物会产生崩塌现象,黏聚性变差。

混凝土拌合物水泥浆的用量要求:以满足流动性和强度要求为度,不宜过量。

(2)水泥浆的稠度

水泥浆的稠度由水胶比决定。在水泥量不变情况下,水胶比越小,混凝土拌合物的流动性就越小。水胶比增大,流动性变好,但保水性和黏聚性变坏,如果水胶比过大,会导致混凝土的强度下降;如果水胶比过小,不仅流动性下降,还会导致混凝土的强度下降。因此,水胶比不能过大或过小,工程中水胶比的大小是根据混凝土强度和耐久性要求确定的。当骨料确定,单位体积用水量一定时,单位体积水泥用量增减不超过 $50\sim100$ kg,混凝土的坍落度不变。

以上水泥浆量和稠度两个影响因素的变化,实质上是用水量的变化而引起流动性的变化,但却不能采用单纯改变用水量来满足流动性的要求,因为单纯加大用水量会降低混凝土的强度和耐久性。故通常采用保持水胶比不变,用调整水泥浆量的办法来调整混凝土拌合物的和易性。

(3)砂率

砂率是指混凝土中砂的质量占砂、石总质量的百分率。砂率的改变会使骨料的空隙率和总表面积有显著变化,从而对拌合物的和易性产生显著影响。砂率过大,增加骨料的总表面积和空隙率,水泥浆量不变,混凝土拌合物流动性降低。砂率过小,不能保证骨料间的砂浆层厚度,降低流动性,影响其黏聚性和保水性,易造成离析、流浆。因此,砂率有一合理值。当砂率适宜时,砂既能填满石子间空隙又可以保证骨料间的砂浆层厚度,混凝土拌合物有较好的流动性,这一适宜砂率称为合理砂率。采用合理砂率时,在用水量和水泥用量一定时,混凝土拌合物获得最大的流动性,保持良好的黏聚性和保水性,如图4.5所示。或者,采用合理砂率时,混凝土拌合物获得所要求的流动性及良好的黏聚性和保水性,水泥用量最小,如图4.6所示。

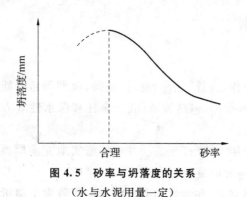

图 4.5 砂率与坍落度的关系

(水与水泥用量一定)

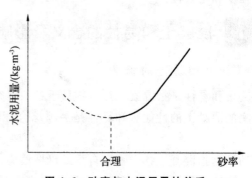

图 4.6 砂率与水泥用量的关系

(达到相同的坍落度)

(4)组成材料性质的影响

水泥对和易性的影响主要表现在水泥的需水性上。水泥的品种、矿物组成以及混合材料的掺量等因素会影响到需水量,不同的水泥品种达到标准稠度的需水量不同,所以不同品种的水泥制成的拌合物的和易性不同。普通水泥的混凝土拌合物比矿渣水泥和火山灰水泥拌合物的和易性好。矿渣水泥拌合物的流动性虽然大,但黏聚性差,容易泌水离析;火山灰水泥流动性小,但黏聚性好。此外,水泥细度对水泥混凝土拌合物的和易性也有影响,提高水泥的细度可以改善拌合物的黏聚性和保水性,减少泌水、离析现象。

骨料性质指混凝土所用骨料的品种、级配、颗粒粗细及表面形状等。在混凝土骨料用量一定的情况下,采用卵石和河砂拌制的混凝土拌合物,其流动性比碎石和山砂拌制的好。用级配好的骨料拌制的混凝土拌合物和水性好,用细砂拌制的混凝土拌合物的流动性较差,但黏聚性和保水性好。

(5)外加剂

在拌制混凝土时,加入很少量的外加剂(如减水剂、引气剂等)能使混凝土拌合物在不增加水泥用量的条件下获得很好的和易性,会增大流动性,改善黏聚性和保水性。

(6)时间和温度

拌合物会随时间的延长逐渐变得干稠,流动性减小,原因是一部分水供水泥水化,一部分水被骨料吸收,一部分水蒸发掉,以及凝聚结构的逐渐形成,导致拌合物流动性减小。

混凝土拌合物的和易性也受温度的影响,环境温度升高,水分蒸发及水泥水化加快,拌合物的流动性变小。因此,施工中为保证一定的和易性,必须注意环境温度的变化,采取相应的措施。

技 术 点 睛

改善混凝土拌合物和易性的措施

在实际施工中,可采用如下措施改善混凝土拌合物的和易性:

①通过试验,找到合理砂率并尽可能采用较低的砂率。

②改善砂、石(特别是石子)的级配。

③在可能的情况下,采用较粗的砂、石。

④在坍落度过小时,可保持水胶比不变,增加水泥浆的量;在坍落度过大时,可保持砂率不变,增加适量的骨料。

⑤可掺加一定量的外加剂(减水剂、引气剂等)。

4.3.2 混凝土和易性的测定

混凝土拌合物的和易性内涵复杂,目前,尚没有能够全面反映混凝土拌合物和易性的测定方法。根据《普通混凝土拌合物性能试验方法标准》(GB/T 50080—2002)的规定,混凝土和易性的测定方法为:以坍落度和维勃稠度检测混凝土拌合物的流动性为主,以目测黏聚性和保水性为辅,来评定其和易性。

1.坍落度

将混凝土拌合物按规定的试验方法装入标准坍落度筒内,装捣刮平后,将筒垂直向上提起,试体因自重而产生坍落,其筒高与试体最高点的高度差(mm)为该混凝土的坍落度,如图 4.7 所示。坍落度越大,则混凝土拌合物的流动性越大。

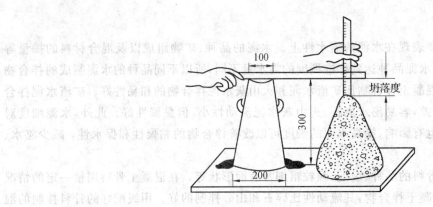

图 4.7　混凝土拌合物坍落度的测定

混凝土黏聚性的检查方法

用捣棒在已坍落的混凝土拌合物锥体一侧轻轻敲打,若锥体逐渐下沉表示黏聚性良好;若突然倒塌、部分崩裂或出现离析现象则表示不好。

混凝土保水性的检查方法

观察混凝土拌合物中稀浆的析出程度。若较多的稀浆从锥体底部流出,骨料外露,则表示保水性不好;若坍落度筒提起后无稀浆或小量稀浆自底部流出,则表示保水性良好。

混凝土流动性按照坍落度数值划分为 4 级:大流动性混凝土,拌合物坍落度大于或等于 160 mm;流动性混凝土,坍落度为 100～150 mm;塑性混凝土,坍落度为 50～90 mm;低塑性混凝土,坍落度为 10～40 mm。

当拌合物的坍落度小于 10 mm 时,为干硬性混凝土拌合物,坍落度值已不能准确反映其流动性大小。当两种混凝土坍落度均为零时,但在振捣器作用下的流动性可能完全不同,故其流动性以维勃稠度值来表示。

选择混凝土拌合物的坍落度,要参考结构类型、结构的断面尺寸、钢筋配筋间距、输送方式、施工捣实方法等因素来确定。当构件截面较小或钢筋较密,或采用人工插捣时,坍落度可选大些;反之,如果构件截面尺寸较大,或钢筋较疏,或采用机械振捣时,坍落度可选择小些。根据《混凝土结构工程施工质量验收规范》(GB 50204—2002)(2010 版)的规定,混凝土浇筑时的坍落度宜按表 4.16 选用。

表 4.16　混凝土浇筑时的坍落度(GB 50204—2002)

项目	结构种类	坍落度/mm
1	基础或地面等的垫层、无配筋的大体积结构或配筋稀疏的结构	10～30
2	板、梁和大型及中型截面的柱子等	30～50
3	配筋密列的结构(薄壁、斗仓、筒仓、细柱等)	50～70
4	配筋特密的结构	70～90

表 4.16 是采用机械振捣的坍落度,采用人工捣实时可适当增大。当施工工艺采用混凝土泵送混凝土拌合物时,则要求混凝土拌合物具有高流动性,其坍落度通常为 80～180 mm。

2.维勃稠度

对坍落度值小于 10 mm 的干硬性混凝土,采用维勃稠度试验。维勃稠度适用于骨料最大粒径小于等于 40 mm,维勃稠度值为 5～30 s 的混凝土拌合物。在维勃稠度仪上的坍落度筒中按规定方法装满拌合物,提起坍落度筒,在拌合物试体顶面放一透明圆盘,开启振动台,同时用秒表计时,当水泥浆完全布满透明圆盘底面的瞬间,记下秒表的秒数,称为维勃稠度。干硬性混凝土拌合物流动性按维勃稠度大小,可分为 4 级:超干硬性,维勃稠度大于或等于 31 s;特干硬性,维勃稠度为 30～21 s;干硬性,维勃稠度为 20～11 s;半干硬性,维勃稠度为 10～5 s。

4.4　混凝土的强度

混凝土的力学性质是判断硬化后混凝土质量的重要标准,包括强度和变形。强度是混凝土最重要的力学性质。混凝土的强度包括抗压强度、抗拉强度、抗弯强度、抗剪强度及与钢筋的黏结强度等。其中,混凝土的抗压强度最大,抗拉强度最小,因此在结构工程中混凝土主要用于承受压力。

混凝土的强度与混凝土的其他性能关系密切,通常混凝土的强度越大,其刚度、不透水性、抗风化及耐蚀性也越高,通常用混凝土的强度来评定和控制混凝土的质量。

4.4.1　混凝土强度的概念及类型

1. 混凝土的抗压强度

混凝土的抗压强度是指其标准试件在压力作用下直到破坏时单位面积所能承受的最大应力。混凝土结构常以抗压强度为主要参数进行设计,而且抗压强度与其他强度间有一定的相关性,可以根据抗压强度的大小来估计其他强度。

按照《普通混凝土力学性能试验方法标准》(GB/T 50081—2002)制作边长为 150 mm 的标准立方体试件,在标准条件(温度为 20 ℃±30 ℃,相对湿度为 90％以上)下,养护到 28 d 龄期,所测得的抗压强度值为混凝土立方体抗压强度,以 f_{cu} 表示。我国以立方体抗压强度为混凝土强度的特征值。

技术点睛

非标准尺寸的立方体试件强度取值

非标准尺寸(边长为 100 mm 或 200 mm)的立方体试件,可采用折算系数折算成标准试件的强度值。即边长为 100 mm 的立方体试件折算系数为 0.95;边长为 200 mm 的立方体试件折算系数为 1.05,这是因为试件尺寸越大,测得的抗压强度值越小。

混凝土的强度等级是按混凝土立方体抗压强度标准值来划分的,混凝土立方体抗压强度标准值是指按标准方法制作、养护的边长为 150 mm 的立方体试件,在 28 d 龄期,用标准试验方法测得的具有95％保证率的立方体抗压强度。混凝土抗压强度等级采用符号 C 与立方体抗压强度标准值(MPa)表示,《混凝土结构设计规范》(GB 50010—2010)中将混凝土抗压强度等级划分成 C15、C20、C25、C30、C35、C40、C45、C50、C55、C60、C65、C70、C75 及 C80 共 14 个强度等级。如 C45 表示混凝土立方体抗压强度标准值 $f_{cu,k}=45$ MPa。

2. 混凝土的轴心抗压强度

由于实际工程中的钢筋混凝土受压构件形式极少是立方体的,大部分是棱柱体形或圆柱体形(例如柱子、桁架的腹杆等),所以采用棱柱体试件抗压强度比立方体试件抗压强度能更好地反映混凝土的实际受压情况。由棱柱体试件测得的抗压强度称为棱柱体抗压强度,又称为轴心抗压强度,以 f_{cp} 表示。

混凝土的轴心抗压强度测定

《混凝土结构设计规范》(GB 50010—2010)规定,轴心抗压强度采用 150 mm×150 mm×300 mm 的标准棱柱体进行抗压强度试验,若采用非标准尺寸的棱柱体试件,其高(h)与宽(a)之比应为 2～3。轴心抗压强度(f_{cp})比同截面面积的立方体抗压强度(f_{cu})要小,棱柱体试件高宽比越大,轴心抗压强度越小,但当高宽比达到一定值后,强度不再降低。当标准立方体抗压强度为 10～50 MPa 时,两者之间的换算关系近似为:$f_{cp}=(0.7～0.8)f_{cu}$。

3.混凝土的抗拉强度

混凝土是一种脆性材料,在受拉时很小的变形就会开裂,它在断裂前没有残余变形,抗拉强度只有抗压强度的$\frac{1}{10}～\frac{1}{20}$,且随着混凝土强度等级的提高,比值有所降低。混凝土在工作时一般不依靠其抗拉强度。因此,在钢筋混凝土结构设计中,不考虑混凝土承受拉力,而是在混凝土中配以钢筋,由钢筋来承受结构中的拉力。但抗拉强度对于抗开裂性有重要意义,它是结构设计中确定混凝土抗裂度的主要指标,有时也用它间接衡量混凝土与钢筋间的黏结强度,并预测由于干湿变化和温度变化而产生裂缝的情况。

混凝土的抗拉强度测定

采用轴向拉伸试件测定混凝土的抗拉强度,荷载不易对准轴线,夹具处常发生局部破坏,致使测值不正确。现行《普通混凝土力学性能试验方法标准》(GB/T 50081—2002)规定,采用边长为 150 mm 的立方体作为标准试件,在立方体试件(或圆柱体)中心平面内用圆弧为垫条施加两个方向相反、均匀分布的压应力,当压力增大至一定程度时试件就沿此平面劈裂破坏,这样测得的强度称为劈裂抗拉强度(图 4.8)。混凝土劈裂抗拉强度为

$$f_{ts}=\frac{2P}{\pi A}=0.637\frac{P}{A}\tag{4.3}$$

式中 　f_{ts}——混凝土劈裂抗拉强度,MPa;

　　　P——破坏荷载,N;

　　　A——试件劈裂面面积,mm²。

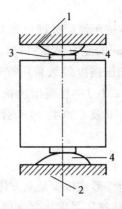

图 4.8　混凝土劈裂抗拉强度试验示意图
1—上压板;2—下压板;3—垫层;4—垫条

试验证明,在相同条件下,混凝土轴向拉伸测得的抗拉强度较劈裂法测得的劈裂抗拉强度略小,两者比值约为 0.9。混凝土的劈裂抗拉强度与混凝土标准立方体抗压强度之间的关系,可用经验公式表示为

$$f_{ts} = 0.35 f_{cu}^{3/4} \qquad (4.4)$$

4. 混凝土与钢筋的黏结强度

在钢筋混凝土结构中,为使钢筋和混凝土能有效协同工作,混凝土与钢筋之间必须要有适当的黏结强度。这种黏结强度主要来源于混凝土与钢筋间的摩擦力、钢筋与水泥间的黏结力和变形钢筋的表面机械啮合力。黏结强度与混凝土质量、混凝土的抗压强度、钢筋尺寸、钢筋变形种类、钢筋在混凝土中的位置、加载类型、环境的温度、湿度变化等有关。

混凝土与钢筋的黏结强度可采用拔出试验法确定,采用标准试件尺寸为 150 mm × 150 mm × 150 mm 的立方体,埋入直径为 19 mm 的标准变形钢筋,以不超过 34 MPa/min 的加荷速度对钢筋施加拉力,直到钢筋屈服或混凝土开裂或加荷端钢筋滑移超过 2.5 mm 时的荷载 P。混凝土与钢筋的黏结强度可表示为

$$f_N = \frac{P}{\pi d l} \qquad (4.5)$$

式中 f_N ——黏结强度,MPa;

d ——钢筋直径,mm;

l ——钢筋埋入混凝土中的长度,mm;

P ——测定的荷载值,N。

4.4.2 混凝土强度的影响因素

普通混凝土受力破坏一般出现在骨料和水泥石的界面上,即常见的黏结面破坏的形式。另外,当水泥石强度较低时,水泥石本身破坏也是常见的破坏形式。所以,混凝土强度主要取决于水泥石强度和骨料与水泥石间的黏结强度。而水泥石强度和黏结强度又取决于胶凝材料强度、水胶比及骨料性质,也受施工质量、养护条件及龄期的影响。

1. 胶凝材料强度与水胶比

水泥强度等级和水胶比是决定混凝土抗压强度最主要的因素,也可以说是决定性因素。水泥是混凝土中的活性组分,在水胶比不变时,水泥强度等级越高,则硬化水泥石的强度越大,对骨料的胶结力就越强,配制成的混凝土强度也就越高。在水泥强度等级相同的条件下,混凝土的强度主要取决于水胶比。由于拌制混凝土拌合物时,为了获得施工所要求的流动性,常需要加入较多的水,当混凝土硬化后,多余的水分就残留在混凝土中或蒸发后形成气孔或通道,使混凝土密实度降低,强度下降。因此,在水泥强度等级相同的条件下,水胶比越小,水泥石的强度越高,与骨料黏结力越大,从而使混凝土强度也越高。但是,如果水胶比过小,拌合物过于干稠,在一定的振捣条件下,混凝土不能被振捣密实,出现较多的蜂窝、孔洞,反而会导致混凝土强度下降(图 4.9)。

根据工程实践经验,可建立混凝土强度与水泥实际强度及水胶比等因素之间的线性经验公式,即

$$f_{cu} = \alpha_a f_b \left(\frac{B}{W} - \alpha_b \right) \qquad (4.6)$$

式中 f_{cu} ——混凝土 28 d 龄期的抗压强度,MPa;

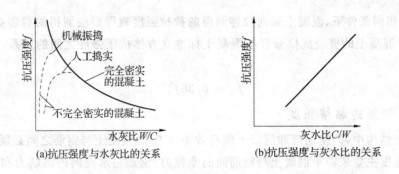

(a)抗压强度与水灰比的关系　　　　　(b)抗压强度与灰水比的关系

图 4.9　混凝土抗压强度与水胶比及胶水比的关系

α_a、α_b——粗骨料回归系数,根据工程所使用的水泥和粗、细骨料,通过试验建立的胶水比与混凝土强度关系式来确定。若无上述试验统计资料,可按《普通混凝土配合比计规程》(JGJ 55—2011)提供的 α_a、α_b 系数取用,对于碎石混凝土 $\alpha_a = 0.53$,$\alpha_b = 0.20$;对于卵石混凝土 $\alpha_a = 0.49$,$\alpha_b = 0.13$;

f_b——胶凝材料的实际强度,MPa,在无法取得胶凝材料实际强度数据时,可用 $f_b = \gamma_s \gamma_f f_{ce}$ 代入;

γ_s,γ_f——粉煤灰影响系数和粒化高炉矿渣粉影响系数,见表 4.17;

f_{ce}——水泥 28 d 胶砂抗压强度,MPa,若无实测值,则 $f_{ce} = r_c f_{ce,g}$;

γ_c——水泥强度等级值的富余系数,应按各地区实际统计资料定出,当缺乏实际统计资料时,也可按表 4.18 取用;

$f_{ce,g}$——水泥强度等级值,MPa;

B/W——胶水比。

表 4.17　粉煤灰影响系数(γ_f)和粒化高炉矿渣粉影响系数(γ_s)

掺量/%	粉煤灰影响系数	粒化高炉矿渣粉影响系数
0	1.00	1.00
10	0.90～0.95	1.00
20	0.80～0.85	0.95～1.00
30	0.70～0.75	0.90～1.00
40	0.60～0.65	0.80～0.90
50	—	0.70～0.85

注:①采用Ⅰ级、Ⅱ级粉煤灰时宜取上限值;

②采用 S75 级粒化高炉矿渣粉宜取下限值,采用 S95 级粒化高炉矿渣粉宜取上限值,采用 S105 级粒化高炉矿渣粉可取上限值加 0.05;

③当超过表中的掺量时,粉煤灰和粒化高炉矿渣粉影响系数应经试验确定

表 4.18　水泥强度等级值的富余系数(γ_c)

水泥强度等级值	32.5	42.5	52.5
富余系数	1.12	1.16	1.10

以上的经验公式,一般只适用于流动性混凝土及低流动性混凝土,对于干硬性混凝土则不适用。利用此公式,可根据所用的胶凝材料强度和水胶比估计所配制的混凝土强度,也可根据水泥强度和要求的混凝土强度等级来计算应采用的水胶比。

2．骨料的影响

骨料的影响主要指骨料的质量、级配、品种的影响。骨料级配良好、砂率适当时，有利于提高混凝土强度；当含较多有害物质时，品质低，级配不好时，会降低混凝土强度。骨料的表面状况影响水泥石与骨料的黏结，从而影响混凝土的强度。由于碎石表面粗糙，黏结力较大；卵石表面光滑，黏结力较小。因此，在配合比相同的条件下，碎石混凝土的强度比卵石混凝土的强度高，特别是在水灰比较低（小于0.4）时，差异较明显。

骨料的强度影响混凝土的强度，一般骨料强度越高，配制的混凝土强度越高；骨料粒形以三维长度相等或相近的球形或立方体形为好，若含有较多扁平或细长的颗粒，会增加混凝土的空隙率，扩大混凝土中骨料的表面积，增加混凝土的薄弱环节，导致混凝土强度下降。骨料的最大粒径对混凝土的强度也有影响，骨料的最大粒径越大，混凝土的强度越小，特别是对水灰比较低的中强和高强混凝土，骨料最大粒径的影响十分明显。

3．养护条件

混凝土强度是一个渐进发展的过程，其发展的程度和速度取决于水泥的水化状况，而温度和湿度是影响水泥水化速度和程度的重要因素。混凝土浇筑完毕后，必须加强养护，保持适当的温度和湿度，以保证混凝土不断地凝结硬化。

养护温度对水泥的水化速度有着显著的影响，养护温度高，水泥的初期水化速度快，混凝土的早期强度高。但是，早期的快速水化会导致水化分布不均匀，在水泥石中形成密度低的薄弱区，影响混凝土的后期强度。养护温度降低时，水泥的水化速度减慢，水化物有充分的时间扩散，从而在水泥石中分布均匀，有利于后期强度的提高，如图4.10所示。混凝土早期强度低，容易冻坏，所以，应当防止混凝土早期受冻。

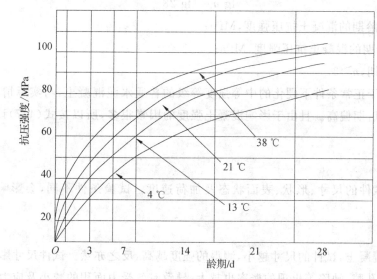

图4.10 养护温度对混凝土强度的影响

湿度对水泥的水化能否正常进行有显著影响，湿度适当时，水泥水化进行顺利，混凝土的强度能够充分发展。如果湿度不够，混凝土会失水平衡，影响水泥水化正常进行，甚至使水化停止，严重降低混凝土的强度，如图4.11所示。

而且，因水化未完成，混凝土结构疏松，抗渗性较差，严重时还会形成干缩裂缝，影响混凝土的耐久性。为此，在混凝土浇筑完毕后，应在12 h内进行覆盖，以防止水分蒸发。在夏季施工的混凝土，要特别注意浇水保湿。使用硅酸盐水泥、普通硅酸盐水泥和矿渣水泥时,浇水保湿应不少于 7 d;使用火山灰水泥和粉煤灰水泥或在施工中掺加缓凝型外加剂或混凝土有抗渗要求时,保湿养护应不少于 14 d。

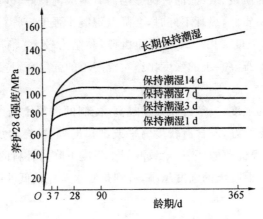

图 4.11　混凝土强度与保湿养护时间的关系

4.龄期

龄期是指混凝土在正常养护条件下所经历的时间。在正常养护的条件下,混凝土的强度将随龄期的增长而增长,如图 4.11 所示。由图 4.11 可见,在标准养护条件下,最初 7～14 d 内强度发展较快,以后逐渐缓慢,28 d 达到设计强度。28 d 后强度仍在发展,其增长过程可延续数十年之久。

普通水泥制成的混凝土,在标准养护条件下,混凝土强度的发展大致与其龄期的对数成正比关系(龄期不小于 3 d),不同龄期的混凝土强度可按下式进行推算:

$$\frac{f_n}{\lg n} = \frac{f_{28}}{\lg 28} \tag{4.7}$$

式中　f_{28}——28 d 龄期的混凝土抗压强度,MPa;

　　　　f_n——n d 龄期的混凝土抗压强度,MPa;

　　　　n——养护龄期,$n \geqslant 3$。

式(4.7)仅适用于正常条件下硬化的中等强度等级的普通水泥混凝土,与实际情况相比,公式推算所得结果早期偏低、后期偏高。且由于影响混凝土强度的因素很多,所以按式(4.7)计算的结果只能作为参考。

5.试验条件

试验条件是指试件的尺寸、形状、表面状态及加荷速度。试验条件不同,会影响混凝土强度的试验值。

(1)试件尺寸

相同配合比的混凝土,试件的尺寸越小,测得的强度越高,反之亦然。试件尺寸影响的主要原因是:试件尺寸大时,内部孔隙、缺陷等出现的概率也越大,导致有效受力面积的减小及应力集中,从而引起强度的降低。我国标准规定采用 150 mm×150 mm×150 mm 的立方体试件作为标准试件,非标准尺寸的棱柱体试件的截面尺寸为 100 mm×100 mm 和 200 mm×200 mm,测得的抗压强度值应分别乘以换算系数 0.95 和 1.05。

(2)试件的形状

当试件受压面积($a \times a$)相同,高度(h)不同时,高宽比(h/a)越大,抗压强度越小,这是由于环箍效应所致。试件受压时,试件受压面与试件承压板之间的摩擦力对试件相对于承压板的横向膨胀起约束作用,该约束有利于强度的提高(图 4.12(a))。越接近试件的端面,这种约束作用就越大。试件破坏后,其上、下部分各呈现一个较完整的棱柱体,这就是这种约束作用的结果。通常称这种作用为环箍效应(图 4.12(b))。

（3）表面状态

试件表面有无润滑剂,其对应的破坏形式不一,所测强度值大小不同。当试件受压面上有油脂类润滑剂时,试件受压时的环箍效应大大减小,试件将出现直裂破坏(图 4.12(c)),测出的强度值也较低。

(a)压力机压板对试件　　　　(b)试件破坏后残存　　　　(c)不受压板约束时试件
的约束作用　　　　　　　　的棱锥试体　　　　　　　　的破坏情况

图 4.12 混凝土受压试验

（4）加荷速度

加荷速度较快时,材料变形的增长落后于荷载的增加,所测强度值偏高。当加荷速度超过 1.0 MPa/s时,这种趋势更加显著。我国标准规定混凝土抗压强度的加荷速度为 0.3~0.8 MPa/s,且应连续均匀地加荷。

4.4.3 提高混凝土强度的措施

1.采用高强度等级水泥或早强型水泥

在混凝土配合比相同的情况下,采用高强度等级水泥,混凝土强度越高。采用早强型水泥可提高混凝土的早期强度,有利于加快施工进度。

2.采用低水灰比的干硬性混凝土

降低水灰比是提高混凝土强度的最有效途径,这是因为降低混凝土拌合物的水灰比,可降低硬化混凝土的孔隙率,明显增加水泥与骨料间的黏结力,使强度提高。但降低水灰比,会使混凝土拌合物的工作性下降,因此必须有相应的技术措施配合,如采用机械强力振捣,掺加能提高工作性的外加剂等。

3.掺加混凝土外加剂和掺合料

掺加外加剂是提高混凝土强度的有效方法之一。在混凝土中掺入早强剂可提高混凝土早期强度;掺入减水剂可减少用水量,降低水胶比,提高混凝土强度。此外,在混凝土中掺入高效减水剂的同时,掺入磨细的矿物掺合料(如硅灰、优质粉煤灰、超细磨矿渣等),可显著提高混凝土的强度,配制出强度等级为 C60~C100 的高强度混凝土。

4.采用机械搅拌和振捣

机械搅拌比人工拌和能使混凝土拌合物更均匀,特别是在拌和低流动性混凝土拌合物时效果显著。采用机械振捣,可使混凝土拌合物的颗粒产生振动,暂时破坏水泥浆体的凝聚结构,从而降低水泥浆的黏度和骨料间的摩擦阻力,提高混凝土拌合物的流动性,使混凝土拌合物能很好地充满模型,混凝土内部孔隙大大减少,从而使密实度和强度大大提高,如图 4.13 所示。

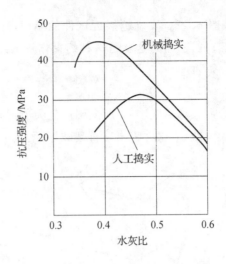

图 4.13　捣实方法对混凝土强度的影响

5. 采用湿热处理养护混凝土

湿热处理可分为蒸汽、蒸压养护两类,水泥混凝土一般不必采用蒸压养护。

蒸汽养护,是将浇筑好的混凝土构件经 1~3 h 预养后放在近 100 ℃ 的常压蒸汽中进行养护,以加速水泥水化过程,经过约 16 h 左右,其强度可达正常养护条件下养护 28 d 强度的 70%~80%。用普通水泥或硅酸盐水泥配制的混凝土,养护温度不宜太高,时间不宜太长,且养护温度不宜超过 80 ℃,恒温养护时间 5~8 h 为宜。

蒸汽养护最适于掺活性混合材料的矿渣水泥、火山灰水泥及粉煤灰水泥制备的混凝土。因为蒸汽养护可加速活性混合材料内的活性 SiO_2 及活性 Al_2O_3 与水泥水化析出的 $Ca(OH)_2$ 反应,使混凝土不仅提高早期强度,而且后期强度也有所提高,其 28 d 强度可提高 10%~20%。而对普通硅酸盐水泥和硅酸盐水泥制备的混凝土进行蒸汽养护,其早期强度也能得到提高,但因在水泥颗粒表面过早形成水化产物凝胶膜层,阻碍水分继续深入水泥颗粒内部,使后期强度增长速度反而减缓,其 28 d 强度比标准养护 28 d 的强度低 10%~15%。

4.5　混凝土的变形

混凝土的变形包括非荷载作用下的变形和荷载作用下的变形。非荷载下的变形,分为混凝土的化学收缩、干湿变形及温度变形;荷载作用下的变形,分为短期荷载作用下的变形及长期荷载作用下的变形——徐变(Creep)。

4.5.1　荷载作用下的变形

1. 混凝土在短期荷载作用下的变形

(1)混凝土的弹塑性变形

混凝土是一种由水泥石、砂、石、游离水、气泡等组成的不匀质的多组分 3 相复合材料,为弹塑性体。混凝土受力时既产生弹性变形,又产生塑性变形,其应力—应变曲线如图 4.14 所示。卸荷后能恢复的应变 $\varepsilon_{弹}$ 是由混凝土的弹性应变引起的,称为弹性应变;剩余的不能恢复的应变 $\varepsilon_{塑}$ 则是由混凝土的塑性应变引起的,称为塑性应变。

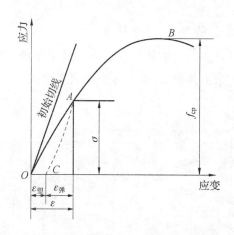

图 4.14　混凝土在压力作用下的应力—应变曲线

(2)混凝土的变形模量

在应力-应变曲线上任一点的应力 σ 与其应变 ε 的比值,称为混凝土在该应力下的变形模量。它反映混凝土所受应力与所产生应变之间的关系。在计算钢筋混凝土结构的变形、裂缝开展及大体积混凝土的温度应力时,均要应用该混凝土的变形模量。

在重复荷载作用下的应力-应变曲线,因作用力的大小而有不同的形式。当应力小于$(0.3\sim0.5)f_{cp}$时,每次卸荷都残留一部分塑性变形,但随着重复次数的增加,残留的塑性变形逐渐减小,最后曲线稳定于 $A'C'$ 线,它与初始切线大致平行,如图 4.15 所示。若所加应力在$(0.5\sim0.7)f_{cp}$以上重复时,随着重复次数的增加,塑性应变逐渐增加,将导致混凝土疲劳破坏。

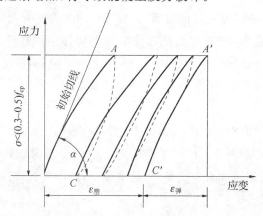

图 4.15　低应力下重复荷载的应力—应变曲线

《普通混凝土力学性能试验方法标准》(GB/T 50081—2002)规定,采用 150 mm×150 mm×300 mm 的棱柱体为标准试件,取测定点的应力为试件轴心强度的 40%,经 4 次以上反复加荷与卸荷后,由所得的应力-应变曲线测得的变形模量值。

影响混凝土弹性模量的主要因素有混凝土的强度、骨料的含量以及养护条件等。混凝土的强度越高,弹性模量越高。混凝土的弹性模量随其骨料与水泥石的弹性模量而异。由于水泥石的弹性模量一般低于骨料的弹性模量,所以混凝土的弹性模量一般略低于其骨料的弹性模量。在材料质量不变的条件下,混凝土的骨料含量较多、水灰比较小、养护较好及龄期较长时,混凝土的弹性模量就较大。此外,混凝土的弹性模量与钢筋混凝土构件的刚度有很大关系,一般建筑物须有足够的刚度,在受力下保持较小的变形,才能发挥其正常使用功能,因此所用混凝土须有足够高的弹性模量。

2.混凝土在长期荷载作用下的变形——徐变

混凝土在长期荷载作用下,除产生瞬间的弹性变形和塑性变形外,还会产生随时间增长的变形,即荷载不变而变形仍随时间增大,一般要延续2~3年才逐渐趋于稳定。这种在长期荷载作用下产生的变形,通常称为徐变,如图4.16所示。

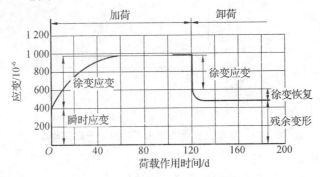

图4.16 徐变

(1)徐变的特点

在加荷瞬间产生瞬时变形,随着时间的延长,又产生徐变变形。荷载初期,徐变变形增长较快,以后逐渐变慢并稳定下来。卸荷后,一部分变形瞬时恢复,其值小于在加荷瞬间产生的瞬时变形。在卸荷后的一段时间内变形还会继续恢复,称为徐变恢复。最后残存的不能恢复的变形,称为残余变形。

(2)徐变对结构物的影响

混凝土的徐变对结构的影响既有有利的方面,又有不利的方面。有利的影响是,混凝土徐变可消除钢筋混凝土内的应力集中,使应力重新分配,从而使混凝土构件中局部应力得到缓和。对大体积混凝土,则能消除一部分由于温度变形所产生的破坏应力。不利的影响是,混凝土徐变使钢筋的预加应力受到损失(预应力减小),使构件强度减小。

(3)影响徐变的因素

混凝土的徐变是由于在长期荷载作用下,水泥石中的凝胶体产生黏性流动,向毛细孔内迁移所致。影响混凝土徐变的因素有水灰比、水泥用量、骨料种类、应力等。混凝土内毛细孔数量越多,徐变越大;加荷龄期越长,徐变越小;水泥用量和水灰比越小,徐变越小;所用骨料弹性模量越大,徐变越小;所受应力越大,徐变越大。

4.5.2 非荷载作用下的变形

1.化学收缩(自身体积变形)

在混凝土硬化过程中,由于水泥水化物的固体体积比反应前物质的总体积小,从而引起混凝土的收缩,称为化学收缩。其收缩量不能恢复,收缩值较小,对混凝土结构没有破坏作用,但在混凝土内部可能产生微细裂缝而影响承载状态和耐久性。

2.干湿变形(物理收缩)

干湿变形是指由于混凝土周围环境湿度的变化,会引起混凝土的干湿变形,表现为干缩湿胀。

干湿变形形成的原因

干湿变形形成的原因为：混凝土在干燥过程中，由于毛细孔水的蒸发，使毛细孔中形成负压，随着空气湿度的降低，负压逐渐增大，产生收缩力，导致混凝土收缩。同时，水泥凝胶体颗粒的吸附水也发生部分蒸发，凝胶体因失水而产生紧缩。当混凝土在水中硬化时，体积产生轻微膨胀，这是由于凝胶体中胶体粒子的吸附水膜增厚，胶体粒子间的距离增大所致。

混凝土的干湿变形量很小，一般无破坏作用。但干缩变形对混凝土危害较大，干缩能使混凝土表面产生较大的拉应力导致开裂，降低混凝土的抗渗、抗冻、抗侵蚀等耐久性能。

3. 温度变形

温度变形是指混凝土随着温度的变化而产生热胀冷缩变形。混凝土的温度变形系数为$(1\sim1.5)\times10^{-5}/℃$，即温度每升高$1℃$，每$1$ m 胀缩$0.01\sim0.015$ mm。温度变形对大体积混凝土、纵长的混凝土结构、大面积混凝土工程极为不利，易使这些混凝土造成温度裂缝。因此，大体积混凝土施工时，常采用低热水泥，减少水泥用量，掺加缓凝剂，采用人工降温，设温度伸缩缝，以及在结构内配置温度钢筋等，以减少因温度变形而引起的混凝土质量问题。

4.6　混凝土的耐久性

混凝土除应具有设计要求的强度，以保证其能安全地承受设计荷载外，还应具有抗渗性、抗冻性、抗侵蚀性等各种特殊性能。混凝土抵抗介质作用并长期保持其良好的使用性能和外观完整性，从而维持混凝土结构的安全、正常使用的能力为混凝土的耐久性。它对于延长结构的寿命，减少修复工作量，提高经济效益具有重要意义。

混凝土的耐久性是一个综合性的指标，包括抗渗性、抗冻性、抗腐蚀性、抗碳化性、抗磨性、抗碱-骨料反应等性能。

4.6.1　混凝土的抗冻性

混凝土的抗冻性是指混凝土在含水状态下，经受多次冻融循环作用，能保持强度和外观完整性的能力。在寒冷地区，特别是在接触水又受冻的环境下的混凝土，要求具有较高的抗冻性能。

混凝土受冻融作用破坏的原因，是由于混凝土内部孔隙中的水在负温下结冰后体积膨胀造成的静水压力，当其产生的内应力超过混凝土的抗拉强度时，混凝土就会产生裂缝，多次冻融会使裂缝不断扩展直到破坏。混凝土的密实度、孔隙构造和数量及孔隙的充水程度是决定抗冻性的重要因素。因此，当混凝土采用的原材料质量好、水灰比小、具有封闭细小孔隙（如掺入引气剂的混凝土）及掺入减水剂、防冻剂时，其抗冻性都较高。

随着混凝土龄期增加，混凝土抗冻性能逐步得到提高。延长冻结前的养护时间可以提高混凝土的抗冻性。一般在混凝土抗压强度尚未达到5.0 MPa 或抗折强度尚未达到1.0 MPa 时，不得遭受冰冻。

混凝土的抗冻性一般以抗冻等级表示。抗冻等级是采用慢冻法以龄期28 d 的试块在吸水饱和后，于$-18\sim20℃$承受反复冻融循环，以抗压强度下降不超过25%，且质量损失不超过5%时，所能承受的最大冻融循环次数来确定。混凝土分以下9个抗冻等级：F_{10}、F_{15}、F_{25}、F_{50}、F_{100}、F_{200}、F_{250}和F_{300}，分别表示混凝土能够承受反复冻融次数不小于10、15、25、50、100、150、200、250和300。抗冻等级$>F_{50}$的混凝土为抗冻混凝土。

对于抗冻要求高的混凝土,抗冻性也可采用快冻法,以相对动弹性模量值不小于60%,而且质量损失率不超过5%时所能承受的最大冻融循环次数来表示其抗冻性指标。

提高混凝土抗冻性的关键也是提高密实度,最有效的方法是加入引气剂、减水剂和防冻剂,提高混凝土的密实度。

4.6.2 混凝土的抗渗性

混凝土的抗渗性是指混凝土抵抗水、油、溶液等压力液体渗透作用的能力。它是决定混凝土耐久性最基本的因素,若混凝土的抗渗性差,不仅周围水等液体物质易渗入内部,而且当遇有负温或环境水中含有侵蚀性介质时,混凝土就易遭受冰冻或侵蚀作用而被破坏,对钢筋混凝土还将引起其内部钢筋锈蚀,并导致表面混凝土保护层开裂与剥落。因此,对地下建筑、水坝、港工、海工等工程,必须要求混凝土具有一定的抗渗性。

混凝土的抗渗性在我国一般采用抗渗等级表示。抗渗等级是以28 d龄期的标准试件,按标准试验方法进行试验,用每组6个试件中4个试件未出现渗水时最大水压力(MPa)来表示的,分为P_4、P_6、P_8、P_{10}、P_{12}和$>P_{12}$ 6个等级,即相应表示混凝土能抵抗0.4 MPa、0.6 MPa、0.8 MPa、1.0 MPa、1.2 MPa和$>$1.2 MPa的水压力而不渗水。抗渗等级大于P_6级的混凝土称为抗渗混凝土。

混凝土的抗渗性主要与其密实度及内部孔隙大小和构造特征有关。当水泥品种一定时,水灰比越大,抗渗性越差;反之,抗渗性越好。掺用引气剂等外加剂,由于改变了混凝土中的孔隙构造,截断了渗水通道,故可显著提高混凝土的抗渗性。

提高抗渗性的措施主要有降低水灰比,采用减水剂,掺入引气剂,加入掺合料,防止离析和泌水的发生,选用致密、干净、级配良好的骨料,加强养护及防止出现施工缺陷等。

4.6.3 混凝土的抗侵蚀性

混凝土的抗侵蚀性指混凝土在周围各种侵蚀介质作用下抵抗侵蚀破坏的能力。当混凝土所处环境中含有侵蚀性介质时,混凝土便会遭受侵蚀,通常有软水侵蚀、硫酸盐侵蚀、镁盐侵蚀、碳酸侵蚀、一般酸侵蚀与强碱侵蚀等。海水中氯离子还会对钢筋起锈蚀作用,会使混凝土破坏。

混凝土的抗侵蚀性与所用水泥品种、混凝土的密实程度和孔隙特征有关。密实和孔隙封闭的混凝土,侵蚀介质不易侵入,故其抗侵蚀性较强。所以,提高混凝土抗侵蚀性的措施,主要是合理选择水泥品种,降低水灰比,提高混凝土的密实度和改善孔结构。

4.6.4 混凝土的抗碳化能力

混凝土的碳化,是指水泥石的氢氧化钙与环境中的二氧化碳在湿度适宜时发生化学反应,生成碳酸钙和水,从而使混凝土的碱度降低的现象。碳化引起水泥石化学组成及组织结构的变化,从而对混凝土的化学性能和物理性能产生明显的影响。

碳化对混凝土的作用,利少弊多,由于中性化,使混凝土碱度降低,减弱了对钢筋保护作用,可能导致钢筋锈蚀。碳化将显著增加混凝土的收缩。碳化使混凝土的抗压强度增大,其原因是碳化放出的水分有助于水泥的水化作用,而且碳酸钙减少了水泥内部的孔隙。但是由于混凝土的碳化产生收缩,对其核心形成压力,而表面碳化层出现拉应力,可能产生微细裂缝,而使混凝土抗拉、抗折能力降低。

碳化的有利影响为,表层混凝土碳化时生成的碳酸钙,可填充水泥石的孔隙,提高密实度,对防止有害介质的侵入具有一定的缓冲作用。

影响混凝土碳化的因素有环境中二氧化碳的浓度、水泥品种、水灰比、环境条件等。二氧化碳浓度增大自然会加速碳化进程。例如,一般室内较室外碳化快,二氧化碳含量高的工业车间碳化快。使用普通硅酸盐水泥要比使用早强硅酸盐水泥碳化稍快些,而使用掺混合材料的水泥则比普通硅酸盐水泥碳化要快。另外,混凝土在水泥用量固定的条件下,水灰比越小,碳化速度就越慢;而当水灰比固定,碳化深度随水泥用量提高而减小。混凝土在水中或相对湿度为 100% 条件下,由于混凝土孔隙中的水分阻止二氧化碳向混凝土内部扩散,碳化停止。同样,处于特别干燥条件的混凝土,则由于缺乏使二氧化碳及氢氧化钙作用所需的水分,碳化也会停止。一般认为相对湿度为 50%～75% 时,碳化速度最快。

技 术 点 睛
....

减少碳化作用的措施

实际工程中,为减少碳化作用对钢筋混凝土结构的不利影响,可采取下列措施:

①合理选用水泥品种。

②使用减水剂,提高混凝土的密实度。

③采用水灰比小、单位水泥用量较大的混凝土配合比。

④在混凝土表面涂刷保护层,防止二氧化碳侵入等。

⑤加强施工质量控制,加强养护,保证振捣质量。

....

4.6.5 混凝土的碱-骨料反应

碱-骨料反应是指水泥中的碱(Na_2O、K_2O)与骨料中的活性二氧化硅发生反应,在骨料表面生成复杂的碱-硅酸凝胶,吸水,体积膨胀(可增加 3 倍以上),从而导致混凝土产生膨胀开裂而破坏,这种现象称为碱-骨料反应。

由上可知,碱-骨料反应的发生,必然具备的 3 个条件:水泥中碱含量高,($Na_2O+0.658K_2O$)% 大于 0.6%;骨料中含有活性二氧化硅成分;有水的存在。

碱-骨料反应速度极慢,但造成的危害极大,而且无法弥补,其危害需几年或几十年才表现出来。通常用长度法,如 6 个月试块的膨胀率超过 0.05% 或一年超过 0.1%,这种骨料认为具有活性。在实际工程中,为预防碱-骨料反应的危害,常采用低碱水泥,对骨料进行检测,不用含活性二氧化硅的骨料,掺用引气剂,减小水灰比及掺加火山灰质混合材料等。

4.6.6 提高混凝土耐久性的措施

混凝土所处的环境和使用条件不同,对其耐久性的要求也不相同,但影响耐久性的因素却有许多相同之处。混凝土的密实程度是影响耐久性的主要因素,其次是原材料的性质、施工质量等。提高混凝土耐久性的主要措施有:

①合理选择水泥品种。

②适当控制混凝土的水灰比及水泥用量。水灰比的大小是决定混凝土密实性的主要因素,它不但影响混凝土的强度,而且也严重影响其耐久性。保证足够的水泥用量,同样可以起到提高混凝土密实性和耐久性的作用。混凝土最大水灰比和最小水泥用量应符合表 4.19 的规定。

③选用较好的砂、石骨料。

④掺用引气剂或减水剂。

⑤加强混凝土质量的生产控制。

表 4.19 混凝土的最大水灰比和最小水泥用量

环境条件		结构物类型	最大水灰比			最小水泥用量		
			素混凝土	钢筋混凝土	预应力混凝土	素混凝土	钢筋混凝土	预应力混凝土
干燥环境		正常的居住或办公用房屋内部件	不作规定	0.65	0.60	200	260	300
潮湿环境	无冻害	高湿度的室内部件;室外部件;在非侵蚀性土和(或)水中的部件	0.70	0.60	0.60	225	280	300
	有冻害	经受冻害的室外部件;在非侵蚀性土和(或)水中且经受冻害的部件;高湿度且经受冻害的室内部件	0.55	0.55	0.55	250	280	300
有冻害和除冰剂的潮湿环境		经受冻害和有除冰剂作用的室内和室外部件	0.50	0.50	0.50	300	300	300

注:①当采用活性掺合料取代部分水泥时,表中最大水灰比和最小水泥用量即为替代前的水灰比和水泥用量;
　　②配制 C15 级及其以下等级的混凝土,可不受本表限制

4.7 混凝土外加剂

混凝土外加剂,是指在混凝土拌和过程中掺入的用以改善混凝土性能的物质。除特殊情况外,掺量一般不超过水泥用量的 5%。

随着科学技术的不断发展,对混凝土的各方面性能就会不断地提出各种新的要求。例如泵送混凝土要求高的流动性;冬季施工要求高的早期强度;高层建筑、海洋结构要求高强、高耐久性等,使用混凝土外加剂则是一种效果显著、使用方便、经济合理的手段。例如一些重点工程,要求混凝土具有良好的耐久性,使用寿命为 100 年,必须按高性能混凝土的要求施工,因此,配制高性能混凝土所需的高效减水剂更是必不可少的。目前,混凝土外加剂已逐渐成为混凝土中除砂、石、水泥和水之外必不可少的第 5 组分材料。

4.7.1 混凝土外加剂的分类

混凝土外加剂种类繁多,根据《混凝土外加剂定义、分类、命名与术语》(GB/T 8075—2005)的规定,混凝土外加剂按其主要功能分为以下 4 类:

①改善混凝土拌合物流变性能的外加剂,包括各种减水剂、引气剂和泵送剂等。

②调节混凝土凝结时间、硬化性能的外加剂,包括缓凝剂、早强剂和速凝剂等。

③改善混凝土耐久性的外加剂,包括引气剂、防水剂、阻锈剂和减缩剂等。

④改善混凝土其他性能的外加剂,包括加气剂、膨胀剂、防冻剂和泵送剂等。

目前,在工程中常用的外加剂主要有减水剂、引气剂、早强剂、缓凝剂、防冻剂等。

4.7.2 混凝土减水剂

减水剂是指在混凝土坍落度基本相同条件下,加入能显著减少拌和用水量的外加剂。根据减水剂的作用效果及功能情况,可分为普通减水剂、高效减水剂、早强减水剂、缓凝减水剂、缓凝高效减水剂及引气减水剂等。

1.减水剂的作用原理

减水剂为表面活性物质,其分子由亲水基团和憎水基团两个部分组成。水泥加水拌和,水泥浆成絮凝结构,包裹一部分拌和水,降低了流动性。减水剂的作用机理为:

①其疏水基团定向吸附于水泥颗粒表面,亲水基团指向水溶液,使水泥颗粒表面带有相同电荷,斥力作用使水泥颗粒分开,放出絮凝结构游离水,增加流动性。

②亲水基吸附大量极性水分子,增加水泥颗粒表面溶剂化水膜厚度,起润滑作用,改善工作性。

③减水剂降低表面张力,水泥颗粒更易湿润,使水化比较充分,从而提高混凝土的强度,如图4.17所示。

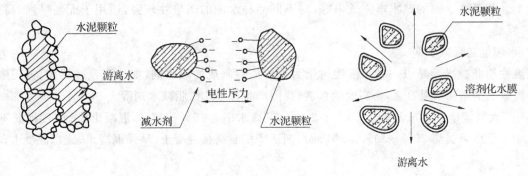

图4.17 水泥浆的絮凝结构和减水剂作用示意图

2.减水剂的经济效果

①减少混凝土拌合物的用水量,提高混凝土的强度。

在混凝土拌合物坍落度基本一定的情况下,减少混凝土的单位用水量5%~25%(普通型5%~15%,高效型10%~30%)。

②提高混凝土拌合物的流动性。

在用水量和强度一定的条件下,坍落度可提高100~200 mm。

③节约水泥。

在混凝土拌合物坍落度、强度一定的情况下,可节约水泥0~20%。

④改善混凝土拌合物的性能。

掺入减水剂,可以减少混凝土拌合物的泌水、离析现象;延缓拌合物的凝结时间;减缓水泥水化放热速度;显著提高混凝土硬化后的抗渗性和抗冻性。

3.常用的减水剂

目前,减水剂主要有木质素系、萘系、树脂系、糖蜜系和腐殖酸等几类。各类可按主要功能分为普通减水剂、高效减水剂、早强减水剂、缓凝减水剂、引气减水剂等几种。

(1)木质素系减水剂

木质素系减水剂包括木质素磺酸钙(木钙)、木质素磺酸钠(木钠)、木质素磺酸镁(木镁)等,其中木钙减水剂应用较多。

木钙减水剂是以生产纸浆或纤维浆剩余下来的亚硫酸浆废液为原料,采用石灰乳中和,经生物发酵除糖、蒸发浓缩、喷雾干燥而制得的棕黄色粉末。

木钙减水剂的适宜掺量,一般为水泥质量的0.2%~0.3%,其减水率为10%~15%,混凝土28 d抗压强度提高10%~20%;若不减水,混凝土坍落度可增大80~100 mm;若保持混凝土的抗压强度和坍落度不变,可节约水泥用量10%左右。木钙减水剂对混凝土有缓凝作用,掺量过多或在低温下,其缓凝作用更为显著，而且还可能使混凝土强度降低，使用时应注意。

木钙减水剂可用于一般混凝土工程，尤其适用于大体积浇筑、滑模施工、泵送混凝土等。木钙减水剂不宜单独用于冬季施工，在日最低气温低于 5 ℃，应与早强剂或防冻剂复合使用。木钙减水剂也不宜单独用于蒸养混凝土及预应力混凝土，以免蒸养后混凝土表面出现疏松现象。

（2）萘磺酸盐系减水剂

萘系减水剂，是用萘或萘的同系物经磺化与甲醇缩合而成。目前，我国生产的主要有 NNO、NF、FDN、UNF、MF 型等减水剂，其中大部分品牌为非引气型减水剂。

萘系减水剂的适宜掺量为水泥质量的 0.5％～1.0％，减水率为 10％～25％，混凝土 28 d 强度提高 20％以上。萘系减水剂的减水增强效果好，对不同品种水泥的适应性较强，适用于配制早强、高强、流态、蒸养混凝土。

（3）水溶性树脂减水剂

水溶性树脂减水剂是以一些水溶性树脂为主要原料制成的减水剂，如三聚氰胺树脂、古玛隆树脂等。该类减水剂增强效果显著，为高效减水剂，我国产品有 SM 树脂减水剂等。

SM 减水剂掺量为水泥质量的 0.5％～2.0％，其减水率为 15％～27％，混凝土 3 d 强度提高 30％～100％，28 d 强度可提高 20％～30％。SM 减水剂适于配制高强混凝土、早强混凝土、流态混凝土及蒸养混凝土等。

4.7.3 混凝土引气剂

引气剂是指在混凝土搅拌过程中，能引入大量分布均匀的微小气泡，以减少混凝土拌合物的泌水、离析，改善和易性，并能显著提高硬化混凝土抗冻性、耐久性的外加剂。目前，应用较多的引气剂为松香热聚物、松香皂、烷基苯磺酸盐等。

引气剂属憎水性表面活性剂，表面活性作用类似减水剂，区别在于减水剂的界面活性作用主要发生在液-固界面，而引气剂的界面活性作用主要在气-液界面上，由于能显著降低水的表面张力和界面能，使水溶液在搅拌过程中极易产生许多微小的封闭气泡，气泡直径多为 50～250 μm。同时，因引气剂定向吸附在气泡表面，形成较为牢固的液膜，使气泡稳定而不破裂。按混凝土含气量 3％～15％计（不加引气剂的混凝土含气量为 1％），1 m³ 混凝土拌合物中含数百亿个气泡。由于大量微小、封闭并均匀分布的气泡的存在，使混凝土的某些性能得到明显改善或改变，主要有以下几方面：

①改善混凝土拌合物的和易性。

②显著提高混凝土的抗渗性和抗冻性。

③降低混凝土的强度。

引气剂可用于抗渗混凝土、抗冻混凝土、抗硫酸盐侵蚀混凝土、泌水严重的混凝土、贫混凝土、轻混凝土以及对饰面有要求的混凝土等，但引气剂不宜用于蒸养混凝土及预应力混凝土。

4.7.4 混凝土缓凝剂

缓凝剂是指能延缓混凝土凝结时间，并对混凝土后期强度发展无不利影响的外加剂。缓凝剂主要有两类：糖类，如糖蜜；木质素磺酸盐类，如木钙、木钠。常用的缓凝剂是木钙和糖蜜，其中糖蜜的缓凝效果最好。

缓凝剂的作用原理十分复杂，至今尚没有一个比较完满的分析理论。

常用的缓凝剂中，糖蜜缓凝剂是表面活性剂，掺入混凝土拌合物中，能吸附在水泥颗粒表面，形成同种电荷的亲水膜，使水泥颗粒相互排斥，并阻碍水泥水化，从而起缓凝作用。糖蜜的适宜掺量为

0.1%～0.3%,混凝土凝结时间可延长 2～4 h,掺量每增加 0.1%,可延长 1 h;掺量如果大于 1%,会使混凝土长期酥松不硬,强度严重下降。

缓凝剂具有缓凝、减水、降低水化热和增强作用,对钢筋也无锈蚀作用,主要适用于大体积混凝土和炎热气候下施工的混凝土,以及需长时间停放或长距离运输的混凝土。缓凝剂不宜用于日最低气温5 ℃以下施工的混凝土,也不宜单独用于有早强要求的混凝土及蒸养混凝土。

4.7.5　混凝土外加剂的选用

在混凝土中掺用外加剂,若选择和使用不当,会造成质量事故,因此应注意以下几点:

①外加剂品种的选择。应根据工程需要、现场条件,参考有关资料,通过试验确定。

②外加剂掺量的确定。应通过试验试配,确定最佳掺量。掺量过小,往往达不到预期效果;掺量过大,则会影响混凝土质量,甚至造成质量事故。

③外加剂的掺加方法。对于可溶于水的外加剂,应先配成一定浓度的溶液,随水加入搅拌机。对于不溶于水的外加剂,应与适量水泥或砂混合均匀后,再加入搅拌机内。另外,根据外加剂的掺入时间,减水剂有同掺法、后掺法、分掺法 3 种方法。实践证明,后掺法最好,能充分发挥减水剂的功能。

④外加剂的储运保管。混凝土外加剂大多为表面活性物质或电解质盐类,具有较强的反应能力,敏感性较高,对混凝土性能影响很大,所以在储存和运输中应加强管理。失效的、不合格的、长期存放、质量未明确的外加剂禁止使用;不同品种类别的外加剂分别储存运输;应注意防潮、防水,避免受潮后影响功效;有毒的外加剂必须单独存放,专人管理;有强氧化性的外加剂必须进行密封储存并注意储存期不得超过外加剂的有效期。

4.8　混凝土配合比设计

混凝土配合比是指混凝土各组成材料数量间的关系。这种关系常用以下两种方法表示:

1. 单位用量表示法

以每立方米混凝土种各种材料的用量表示(例如水泥∶水∶砂∶石子＝330 kg∶150 kg∶706 kg∶1 264 kg)。

2. 相对用量表示法

以水泥的质量为 1,并按水泥∶砂∶石子∶水灰比(水)的顺序排列表示(例如 1∶2.14∶3.82;W/C＝0.45)。

4.8.1　混凝土配合比设计的基本要求及主要参数

1. 混凝土配合比设计的基本要求

配合比设计的任务是根据原材料的技术性能及施工条件,确定出能满足工程所要求的技术经济指标的各项组成材料的用量。其基本要求为:满足结构物设计强度的要求;满足施工工作性的要求;满足环境耐久性的要求;满足经济的要求。

2. 混凝土配合比设计的主要参数

混凝土配合比设计,实质上就是确定胶凝材料、水、砂和石子这 4 种组成材料用量之间的 3 个比例关系,即

①水与胶凝材料之间的比例关系,常用水胶比表示。

②砂与石子之间的比例关系,常用砂率表示。

③胶凝材料与集料之间的比例关系,常用单位用水量(1 m³混凝土的用水量)来表示。

确定这3个参数的基本原则是:在满足混凝土强度和耐久性的基础上,确定混凝土的水胶比;在满足混凝土施工要求的和易性的基础上,根据粗骨料的种类和规格,确定混凝土的单位用水量;应以填充石子空隙后略有富余的原则,来确定砂率。

4.8.2 混凝土配合比设计的方法与步骤

混凝土配合比设计时,首先按照已选择的原材料性能及对混凝土的技术要求进行初步计算,得出"初步计算配合比";再经过实验室试拌调整,得出"基准配合比";然后经过强度检验,定出满足设计和施工要求并比较经济的"设计配合比";最后根据现场砂石的实际含水率,对实验室配合比进行调整,求出"施工配合比"。

1. 初步配合比的确定

(1)计算配制强度($f_{cu,o}$)

根据《普通混凝土配合比设计规程》(JGJ 55—2011)的规定,混凝土配制强度应按下列规定确定:

①当混凝土的设计强度小于C60时,配制强度应按下式确定:

$$f_{cu,o} \geqslant f_{cu,k} + 1.645\sigma \tag{4.8}$$

式中 $f_{cu,o}$——混凝土配制强度,MPa;

$f_{cu,k}$——混凝土立方体抗压强度标准值,这里取混凝土的设计强度等级值,MPa;

σ——混凝土强度标准差,MPa。

②当混凝土的设计强度不小于C60时,配制强度应按下式确定:

$$f_{cu,o} \geqslant 1.15 f_{cu,k} \tag{4.9}$$

混凝土强度标准差σ应根据同类混凝土统计资料计算确定,其计算公式为

$$\sigma = \sqrt{\frac{\sum_{i=1}^{n} f_{cu,i}^2 - n\overline{f_{cu,i}^2}}{n-1}} \tag{4.10}$$

式中 $f_{cu,i}$——统计周期内同一品种混凝土第i组试件的强度值,MPa;

$\overline{f_{cu,i}^2}$——统计周期内同一品种混凝土n组试件的强度平均值,MPa;

n——统计周期内同品种混凝土试件的总组数。

当具有近1~3个月的同一品种、同一强度等级混凝土的强度资料,且试件组数不小于30时,其混凝土强度标准差σ应按上式进行计算。

对于强度等级不大于C30的混凝土,当混凝土强度标准差计算值不小于3.0 MPa时,应按混凝土强度标准差计算公式计算结果取值;当混凝土强度标准差计算值小于3.0 MPa时,应取3.0 MPa。对于强度等级大于C30且小于C60的混凝土,当混凝土强度标准差计算值不小于4.0 MPa时,应按混凝土强度标准差计算公式计算结果取值;当混凝土强度标准差计算值小于4.0 MPa时,应取4.0 MPa。当没有近期的同一品种、同一强度等级混凝土强度资料时,其强度标准差σ可按表4.20取值。

表4.20   混凝土强度标准差σ值

混凝土强度等级	≤C20	C25~C45	C50~C55
σ/MPa	4.0	5.0	6.0

（2）计算水胶比（W/B）

混凝土强度等级小于 C60 时，混凝土水胶比应按下式计算：

$$\frac{W}{B} = \frac{\alpha_a f_b}{f_{cu,o} + \alpha_a \alpha_b f_b} \tag{4.11}$$

式中 f_b——胶凝材料 28 d 胶砂抗压强度实测值，MPa；

α_a、α_b——回归系数，参照表 4.21 采用。

表 4.21 回归系数 α_a 和 α_b 选用表

系数	碎石	卵石
α_a	0.53	0.49
α_b	0.20	0.13

当胶凝材料 28 d 抗压强度（f_b）无实测值时，其值可按下式确定：

$$f_b = \gamma_f \gamma_s f_{ce}$$

γ_f、γ_s——粉煤灰影响系数和粒化高炉矿渣粉影响系数，按表 4.17 选用；

f_{ce}——水泥 28 d 胶砂抗压强度，MPa。

f_{ce} 值可根据 3 d 强度或快测强度推定 28 d 强度关系式得出。当无水泥 28 d 抗压强度实测值时，其值可按下式确定：

$$f_{ce} = \gamma_c f_{ce,g}$$

γ_c——水泥强度等级值的富余系数（可按实际统计资料确定）；当缺乏实际统计资料时，可按表 4.18 选用；

$f_{ce,g}$——水泥强度等级值，MPa。

根据《混凝土结构设计规范》（GB 50010—2010）的规定，为了使混凝土耐久性符合要求，按强度要求计算的水灰比值不得超过规定的最大水胶比值（表 4.22），否则混凝土耐久性不合格，此时取规定的最大水胶比值作为混凝土的水胶比值。

表 4.22 耐久性要求规定的最大水胶比值

环境类别	条件	最大水胶比值	最低强度等级
一	室内干燥环境；永久的无侵蚀性静水浸没环境	0.60	C20
二 a	室内潮湿环境；非严寒和非寒冷地区的露天环境；非严寒和非寒冷地区与无侵蚀性的水或土壤直接接触的环境；寒冷和严寒地区的冰冻线以下的无侵蚀性的水或土壤直接接触的环境	0.55	C25
二 b	干湿交替环境；水位频繁变动环境；严寒和寒冷地区的露天环境；严寒和寒冷地区的冰冻线以上与无侵蚀性的水或土壤直接接触的环境	0.50（0.55）	C30（C25）
三 a	严寒和寒冷地区冬季水位冰冻区环境；受除冰盐影响环境；海风环境	0.45（0.50）	C35（C30）
三 b	盐渍土环境；受除冰盐作用环境；海岸环境	0.40	C40

（3）每立方米混凝土用水量的确定

干硬性和塑性混凝土用水量的确定。

水胶比为 0.40～0.80 时，根据粗集料的品种、粒径及施工要求的混凝土拌合物稠度，干硬性和塑性混凝土用水量可按表 4.23、表 4.24 选取。

表 4.23　干硬性混凝土的用水量　　　　　　　　　　　kg/m³

拌合物稠度		卵石最大粒径/mm			碎石最大粒径/mm		
项目	指标	10.0	20.0	40.0	16.0	20.0	40.0
维勃稠度/s	16～20	175	160	145	180	170	155
	11～15	180	165	150	185	175	160
	5～10	185	170	155	190	180	165

表 4.24　塑性混凝土的用水量　　　　　　　　　　　kg/m³

拌合物稠度		卵石最大粒径/mm				碎石最大粒径/mm			
项目	指标	10.0	20.0	31.5	40.0	16.0	20.0	31.5	40.0
坍落度/mm	10～30	190	170	160	150	200	185	175	165
	35～50	200	180	170	160	210	195	185	175
	55～70	210	190	180	172	220	205	195	185
	75～90	215	195	185	175	230	215	205	195

注:①本表用水量采用中砂时的平均取值,采用细砂时,每立方米混凝土用水量增加 5～10 kg,采用粗砂时,则可减少 5～10 kg;

②采用各种外加剂或掺和料时,用水量应相应调整

以表 4.23 中坍落度 90 mm 的用水量为基础,按坍落度每增大 20 mm,用水量增加 5 kg,计算出未掺外加剂时的混凝土用水量。当坍落度增大到 180 mm 以上时,随坍落度相应增加的用水量可减少。

掺外加剂时的混凝土用水量可按下式计算:

$$m_{wa} = m_{wo}(1 - \beta) \tag{4.12}$$

式中　m_{wa}——掺外加剂混凝土每立方米混凝土的用水量,kg;

m_{wo}——未掺外加剂混凝土每立方米混凝土的用水量,kg;

β——外加剂的减水率,应经混凝土的试验确定,%。

(4)每立方米混凝土胶凝材料用量(m_{bo})的确定

根据已选定的混凝土用水量 m_{wo} 和水胶比(W/B)可求出胶凝材料用量:

$$m_{bo} = \frac{m_{wo}}{W/B} \tag{4.13}$$

再根据选定的使用环境条件的耐久性要求,查表 4.25,最后,取两者中较大值确定每立方米混凝土胶凝材料用量。

表 4.25　混凝土的最小胶凝材料用量

最大水胶比	最小胶凝材料用量/(kg·m⁻³)		
	素混凝土	钢筋混凝土	预应力混凝土
0.60	250	280	300
0.55	280	300	300
0.50	320		
≤0.45	330		

每立方米混凝土矿物掺合料用量(m_{fo})的确定:

$$m_{fo} = m_{bo}\beta_f \tag{4.14}$$

式中　β_f——矿物掺合料掺量,%,矿物掺合料在混凝土中的掺量应通过试验确定。

采用硅酸盐水泥或普通硅酸盐水泥时,钢筋混凝土和预应力混凝土中矿物掺合料最大掺量宜分别

符合表 4.26 和表 4.27 的规定。对基础大体积混凝土,粉煤灰、粒化高炉矿渣粉和复合掺合料的最大掺量可增加 5%。采用掺量大于 30% 的 C 类粉煤灰的混凝土应以实际使用的水泥和粉煤灰掺量进行安定性检验。

表 4.26 钢筋混凝土中矿物掺合料最大掺量

矿物掺合料种类	水胶比	最大掺量/%	
		采用硅酸盐水泥时	采用普通硅酸盐水泥时
粉煤灰	≤0.4	45	35
	>0.4	40	30
粒化高炉矿渣粉	≤0.4	65	55
	>0.4	55	45
钢渣粉	—	30	20
磷渣粉	—	30	20
硅灰	—	10	10
复合掺合料	≤0.4	65	55
	>0.4	55	45

注:①采用其他通用硅酸盐水泥时,宜将水泥混合料掺量 20% 以上的混合材料量计入矿物掺合料;
　　②复合掺合料各组分的掺量不宜超过单掺时的最大掺量;
　　③在混合使用两种或两种以上矿物掺合料时,矿物掺合料总掺量应符合表中复合掺合料的规定

表 4.27 预应力混凝土中矿物掺合料最大掺量

矿物掺合料种类	水胶比	最大掺量/%	
		采用硅酸盐水泥时	采用普通硅酸盐水泥时
粉煤灰	≤0.4	35	30
	>0.4	25	20
粒化高炉矿渣粉	≤0.4	55	45
	>0.4	45	35
钢渣粉	—	20	10
磷渣粉	—	20	10
硅灰	—	10	10
复合掺合料	≤0.4	55	45
	>0.4	45	35

注:①采用其他通用硅酸盐水泥时,宜将水泥混合料掺量 20% 以上的混合材料量计入矿物掺合料;
　　②复合掺合料各组分的掺量不宜超过单掺时的最大掺量;
　　③在混合使用两种或两种以上矿物掺合料时,矿物掺合料总掺量应符合表中复合掺合料的规定

每立方米混凝土水泥用量(m_{co})的确定:

$$m_{co} = m_{bo} - m_{fo}$$

(4.15)

为保证混凝土的耐久性,由以上计算得出的胶凝材料用量还要满足有关规定的最小胶凝材料用量的要求,如果算得的胶凝材料用量少于规定的最小胶凝材料用量,则应取规定的最小胶凝材料用量值。

(5)砂率的确定

砂率可由试验或历史经验资料选取。如果无历史资料,坍落度为 10～60 mm 的混凝土的砂率可根据粗集料品种、最大粒径及水灰比按表 4.28 选取。坍落度大于 60 mm 的混凝土的砂率,可经试验确定,也可在表 4.28 的基础上,按坍落度每增大 20 mm,砂率增大 1% 的幅度予以调整。坍落度小于 10 mm 的混凝土,砂率应经试验确定。

表 4.28　混凝土的砂率　　　　　　　　　　　　　　　　　　　%

水灰比 (W/C)	卵石最大粒径/mm			碎石最大粒径/mm		
	10	20	40	16	20	40
0.40	26～32	25～31	24～30	30～35	29～34	37～32
0.50	30～35	29～34	28～33	33～38	32～37	30～35
0.60	33～38	32～37	31～36	36～41	35～40	33～38
0.70	36～41	35～40	34～39	39～44	38～43	36～41

注:①本表数值是中砂的选用砂率,对细砂或粗砂,可相应地减小或增大砂率;

②只用一个单粒级粗集料配制混凝土时,砂率应适当增大;

③采用人工砂配制混凝土时,砂率可适当增大;

④适用坍落度为 10～60 mm,超出另行凭经验确定

(6)1 m³ 混凝土中的砂、石用量(kg/m³)的确定

计算砂、石用量的方法有质量法和体积法两种。

①质量法是假定 1 m³ 混凝土拌合物质量等于其各种组成材料质量之和,据此可得以下方程组:

$$m_{co} + m_{fo} + m_{go} + m_{so} + m_{wo} = m_{cp} \tag{4.16}$$

$$\beta_s = \frac{m_{so}}{m_{so} + m_{go}} \times 100\% \tag{4.17}$$

式中　m_{co}——每立方米混凝土的水泥用量,kg;

　　　m_{fo}——每立方米混凝土的矿物掺合料用量,kg;

　　　m_{go}——每立方米混凝土的粗集料用量,kg;

　　　m_{so}——每立方米混凝土的细集料用量,kg;

　　　m_{wo}——每立方米混凝土的用水量,kg;

　　　m_{cp}——每立方米混凝土拌合物的假定质量,其值可取 2 350～2 450 kg;

　　　β_s——砂率,%。

②体积法是假定混凝土拌合物的体积等于各组成材料的体积与拌合物中所含空气的体积之和。如果取混凝土拌合物的体积为 1 m³,则可得以下关于 m_{so}、m_{go} 的方程组:

$$\frac{m_{co}}{\rho_c} + \frac{m_{fo}}{\rho_f} + \frac{m_{go}}{\rho_g} + \frac{m_{so}}{\rho_s} + \frac{m_{wo}}{\rho_w} + 0.01\alpha = 1 \tag{4.18}$$

$$\beta_s = \frac{m_{so}}{m_{so} + m_{go}} \times 100\% \tag{4.19}$$

式中　ρ_c——水泥的密度,可取 2 900～3 100 kg/m³;

　　　ρ_f——矿物掺合料的密度,kg/m³;

　　　ρ_g——粗集料的表观密度,kg/m³;

　　　ρ_s——细集料的表观密度,kg/m³;

　　　ρ_w——水的密度,可取 1 000 kg/m³;

α——混凝土的含气量百分数(在不使用引气型外加剂时,α 可取 1)。

结合以上关于 m_{so} 和 m_{go} 的二元方程组,可解出 m_{so} 和 m_g。

混凝土的初步计算配合比(初步满足强度和耐久性要求)为 $m_{co}:m_{so}:m_{go}:m_{wo}$。

2.试拌配合比的确定

以上求出的各材料用量,是借助于一些经验公式和数据计算出来的,或是利用经验资料查得的,因而不一定符合实际情况,必须通过试拌调整,按初步计算配合比进行混凝土配合比的试配和调整。试配时,混凝土试拌的最小搅拌量可按表 4.29 选取。当采用机械搅拌时,其搅拌不应小于搅拌机额定搅拌量的 1/4。

表 4.29 混凝土试拌的最小搅拌量

骨料最大粒径	拌合物数量/L	骨料最大粒径/mm	拌合物数量/L
31.5 m 及以下	15	40	25

试拌后立即测定混凝土的工作性。当试拌得出的混凝土坍落度比要求值小时,应在水灰比不变前提下,增加水泥浆用量;当比要求值大时,应在砂率不变的前提下,增加砂、石用量;当黏聚性、保水性差时,可适当加大砂率,直至和易性满足要求为止。调整和易性后提出的配合比即可供混凝土强度试验用的试拌配合比。

3.实验室配合比的确定

经调整后的基准配合比虽工作性已满足要求,但得出的水灰比是否真正满足强度的要求需要通过强度试验检验。在基准配合比的基础上做强度试验时,就采用 3 个不同的配合比,其中一个为基准配合比的水灰比,另外两个较基准配合比的水灰比分别增加和减少 0.05。其用水量应与基准配合比的用水量相同,砂率可分别增加和减少 1%。

制作混凝土强度试验试件时,应检验混凝土拌合物的坍落度和维勃稠度、黏聚性、保水性及拌合物的体积密度,并以此结果作为代表相应配合比的混凝土拌合物的性能。进行混凝土强度试验时,每种配合比至少应制作一组(3 块)试件,标准养护 28 d 时试压。需要时可同时制作几组试件,供快速检验或早龄试压,以便提前定出混凝土配合比供施工使用,但应以标准养护 28 d 的强度的检验结果为依据调整配合比。

根据试验得出的混凝土强度与其相对应的灰水比(C/W)关系,用作图法或计算法求出与混凝土配制强度($f_{cu,o}$)相对应的灰水比,并应按下列原则确定每立方米混凝土的材料用量:

用水量(m_w)应在基准配合比用水量的基础上,根据制作强度试件时测得的坍落度或维勃稠度进行调整确定。

水泥用量(m_c)应以用水量乘以选定出来的灰水比计算确定。

①粗骨料和细骨料用量(m_g 和 m_s)应在基准配合比的粗骨料和细骨料用量的基础上,按选定的灰水比进行调整后确定。

②经试配确定配合比后,尚应按下列步骤进行校正:

据前述已确定的材料用量按下式计算混凝土的表观密度计算值:

$$\rho_{c,c} = m_c + m_w + m_s + m_g \tag{4.20}$$

再按下式计算混凝土配合比校正系数 δ:

$$\delta = \frac{\rho_{c,t}}{\rho_{c,c}} \tag{4.21}$$

式中 $\rho_{c,t}$——混凝土体积密度实测值,kg/m^3;

$\rho_{c,c}$——混凝土体积密度计算值,kg/m^3。

当混凝土表观密度实测值与计算值之差的绝对值不超过计算值的 2% 时,按以前的配合比即为确定的实验室配合比;当二者之差超过 2% 时,应将配合比中每项材料用量均乘以校正系数,即为最终确定的实验室配合比。

实验室配合比在使用过程中应根据原材料情况及混凝土质量检验的结果予以调整。但遇到下列情况之一时,应重新进行配合比设计:

①对混凝土性能指标有特殊要求时。

②水泥、外加剂或矿物掺合料品种、质量有显著变化时。

③该配合比的混凝土生产间断半年以上时。

4. 施工配合比的确定

设计配合比是以干燥材料为基准的,而工地存放的砂、石都含有一定的水分,且随着气候的变化而经常变化。所以,现场材料的实际称量应按施工现场砂、石的含水情况进行修正,修正后的配合比称为施工配合比。

现假定工地测出的砂的含水率为 $a\%$、石子的含水率为 $b\%$,则将上述设计配合比换算为施工配合比,其材料的质量应为:

水泥: $\qquad m_c' = m_c$

砂: $\qquad m_s' = m_s(1 + a\%)$

石子: $\qquad m_g' = m_g(1 + b\%)$

水: $\qquad m_w' = m_w - m_s a\% - m_g b\%$

矿物掺合料: $\qquad m_f' = m_f$

4.8.3 混凝土配合比设计的实例

【案例实解】

1. 工程概况

预制空心板梁、T 梁设计强度等级为 C40 混凝土。根据梁结构尺寸及施工工艺,取碎石最大粒径 31.5 mm(5～31.5 mm 连续级配),设计坍落度取 70～90 mm。配合比设计依据为施工图、《普通混凝土配合比设计规程》(JGJ 55—2011)及混凝土施工有关要求。

2. 原材料情况

(1)水泥

采用四川华蓥山广能集团蓥峰特种水泥有限公司生产的"蓉峰牌"42.5R 普通硅酸盐水泥,不考虑水泥强度富裕系数。

(2)细集料

采用长寿河砂,该砂符合Ⅱ区中砂级配。

(3)粗集料

采用华蓥山碎石厂生产的碎石,按 5～20 mm 颗粒质量与 16～31.5 mm 颗粒质量比为 1∶1 配为 5～31.5 mm 连续粒径。

(4)外加剂

选用两种外加剂进行比较选择,分别为:西安方鑫化工有限公司生产的 UNF—FK 高效减水剂,掺量取 0.8%,实测减水率为 20%;陕西博华工程材料有限公司生产的 FDN—HA 高效减水剂,掺量取 0.8%,实测减水率为 24%。

(5)拌和及养护用水

拌和及养护用水用饮用水。

以上材料均检验合格。

3.配合比初步确定

(1)空白基准配合比确定

①配制强度 $f_{cu,0}$ 为

$$f_{cu,0}=f_{cu,k}+1.645\sigma=(40+1.645\times6.0)MPa=49.9\ MPa$$

②基准水灰比为

$$W/C=(\alpha_a\times f_{ce})/(f_{cu,0}+\alpha_a\alpha_b f_{ce})$$
$$=(0.46\times42.5)/(49.9+0.46\times0.07\times42.5)$$
$$=0.38$$

③用水量及水泥用量确定。

根据《普通混凝土配合比设计规程》(JGJ55—2011),用水量取 $m_{w0}=205\ kg/m^3$,则 $m_{c0}=m_{w0}/(W/C)=539\ kg/m^3$。

④粗细集料用量确定。

根据集料情况及施工要求,砂率确定为 38%,混凝土假定容重为 $2\ 400\ kg/m^3$,按质量法公式计算,即

$$m_{c0}+m_{s0}+m_{g0}+m_{w0}+m_{f0}=2\ 400$$
$$m_{s0}/(m_{s0}+m_{g0})=0.38$$

求得 $$m_{s0}=629\ kg/m^3,m_{g0}=1\ 027\ kg/m^3$$

⑤材料用量为

$$m_{c0}=539\ kg/m^3,m_{s0}=629\ kg/m^3,m_{g0}=1\ 027\ kg/m^3,m_{w0}=205\ kg/m^3$$

⑥拌合物性能测试。

试拌混凝土 25 L,材料用量为

$$m_c=13.475\ kg,m_s=15.725\ kg,m_g=25.68\ kg,m_w=5.125\ kg$$

按《普通混凝土拌合物性能试验方法标准》(GB/T 50080—2002)进行混凝土拌合物性能试验,实测结果如下:

坍落度:80 mm;

表观密度:$(26.40-1.95)/10.115\ kg/m^3=2\ 415\ kg/m^3$;

黏聚性:良好;

保水性:良好。

拌合物性能满足初步设计要求,制作强度试件 2 组(编号 P011),同时按此配合比值作为掺外加剂的空白参数。

(2)掺外加剂的配合比设计

配制强度及基准水灰比同以上计算值。

掺加西安方鑫化工有限公司生产的 UNF—FK 高效减水剂,掺量取 0.8%,实测减水率 20%。

①用水量及水泥用量确定。

根据减水率计算用水量,即

$$m_{w1}=m_{w0}(1-20\%)=164\ kg/m^3$$
$$m_{c1}=m_{w0}/(W/C)=164/0.38\ kg/m^3=432\ kg/m^3$$

外加剂用量:

$$m_{f1}=432\times0.8\%\ kg/m^3=3.456\ kg/m^3$$

②粗细集料用量确定。

根据集料情况及施工要求,砂率确定为 38%,混凝土假定容重为 2 400 kg/m³,按质量法公式计算(因外加剂用量为混凝土总质量的 3.456/2 400=0.14%,对其他材料用量计算影响甚微,故不参与以下计算,下同):

$$m_{c1}+m_{s1}+m_{g1}+m_{w1}+m_{f1}=2\ 400$$

$$m_{s1}/(m_{s1}+m_{g1})=0.38$$

得

$$m_{s1}=686\ \text{kg/m}^3$$

$$m_{g1}=1\ 118\ \text{kg/m}^3$$

③基准配合比材料用量为

$$m_{c1} : m_{s1} : m_{g1} : m_{w1} : m_{f1}=432 : 686 : 1\ 118 : 164 : 3.456$$

$$=1 : 1.59 : 2.59 : 0.38 : 0.008$$

④试拌与调整。

按基准配合比拌制混合料 25 L,材料用量为:$C=10.80$ kg,$W=4.125$ kg,$S=17.15$ kg,$G=27.95$ kg(其中 5~16 mm 与 16~31.5 mm 碎石各 13.98 kg),$F=86.4$ g。

坍落度 $S_1=85$ mm,容重=$(26.80-1.95)/10.115$ kg/m³=2 455 kg/m³。拌合物黏聚性、保水性良好。制作强度试件 2 组(试件编号 P012)。

试拌实际用水量为 4 000 g,实际水灰比 $W/C=4\ 000/10\ 800=0.37$。

实际材料用量为 $m_w=164$ kg/m³,$m_c=164/0.37=443$ kg/m³,$m_s=682$ kg/m³,$m_g=1\ 112$ kg/m³,$m_f=443×0.8\%=3.54$ kg/m³。

按此作为基准配合比的水灰比,以下调整在此基础上增减 0.04。

⑤强度试验。

调整配合比较基准水灰比增减 0.04,用水量和砂率保持不变。其余两配合比分别计算如下(计算方法及步骤同上):

$$W/C=0.33,m_{w2}=164\ \text{kg/m}^3,\ m_{c2}=164/0.33\ \text{kg/m}^3=497\ \text{kg/m}^3$$

$$m_{f2}=497×0.8\%\ \text{kg/m}^3=3.976\ \text{kg/m}^3$$

$$m_{c2}+m_{s2}+m_{g2}+m_{w2}=2\ 400\ \text{kg/m}^3$$

$$m_{s2}/(m_{s2}+m_{g2})=0.42$$

得出

$$m_{s2}=661\ \text{kg/m}^3,m_{g2}=1\ 077\ \text{kg/m}^3$$

配合比为

$$m_{c2} : m_{s2} : m_{g2} : m_{w2} : m_{f2}=497 : 661 : 1\ 077 : 164 : 3.976=1 : 1.33 : 2.17 : 0.33 : 0.008$$

$$W/C=0.41,m_{w3}=164\ \text{kg/m}^3,\ m_{c3}=164/0.41\ \text{kg/m}^3=400\ \text{kg/m}^3$$

$$m_{f3}=400×0.8\%\ \text{kg/m}^3=5\ \text{kg/m}^3$$

$$m_{c3}+m_{s3}+m_{g3}+m_{w3}=2\ 400$$

$$m_{s3}/(m_{s3}+m_{g3})=0.38$$

得出

$$m_{s3}=698\ \text{kg/m}^3,m_{g3}=1\ 138\ \text{kg/m}^3$$

配合比为

$$m_{c3} : m_{s3} : m_{g3} : m_{w3} : m_{f3}==400 : 698 : 1\ 138 : 164 : 5$$

4.9 其他混凝土

4.9.1 高强混凝土

目前许多国家工程技术人员的习惯是把 C10~C50 强度等级的混凝土称为普通强度混凝土,C60~C90 的混凝土称为高强混凝土,C100 以上的混凝土称为超高强混凝土。

1.高强混凝土的组成材料

(1)水泥

由于高强混凝土需要加入高效外加剂和优质矿物掺合料,因此应选用硅酸盐水泥或普通硅酸盐水泥。水泥的强度等级,按混凝土的设计强度不同,应尽可能采用高的,一般不能低于 42.5 级。

(2)骨料

粗骨料的最大粒径,对于 C60 级的混凝土不应大于 31.5 mm,对于大于 C60 级的混凝土不应大于 25 mm。粗骨料中,针、片状颗粒含量不宜大于 5.0%,含泥量不应大于 0.5%,泥块含量不宜大于 0.2%。

细骨料的细度模数宜大于 2.6,含泥量不应大于 2.0%,泥块含量不应大于 0.5%。

(3)外加剂

减水剂是高强混凝土的特征组分,宜采用减水率在 20% 以上的高效减水剂。

(4)矿物掺合料

矿物掺合料主要有磨细矿渣、磨细粉煤灰、磨细天然沸石和硅灰 4 种。

2.高强混凝土配合比特点

高强混凝土的配合比与普通混凝土相比,有以下主要特点:

(1)水胶比低

水胶比是指混凝土的用水量与胶凝材料总用量的质量比。其中胶凝材料总用量,是指水泥用量与所加矿物掺合料用量之和。在一般情况下,高强混凝土的水胶比为 0.25~0.40,是按经验选用后通过试配确定。

(2)胶凝材料的用量大

为避免胶凝材料用量过大带来负面影响,高强混凝土水泥用量不应大于 550 kg/m³,胶凝材料的用量不应大于 600 kg/m³。

(3)用水量低

为防止高强混凝土的胶凝材料过量,多采用尽可能低的用水量,一般为 120~160 kg/m³。

(4)要适度加大砂率

在一般情况下,高强混凝土的砂率为 36%~41%,应根据确定砂率的诸多要素选取,通过对比试验得出最佳值。

3.高强混凝土的特性

相对普通混凝土而言,高强混凝土具有下列明显特性:

①早期强度增长快。

②抗压比和折压比降低。

③弹性模量略高。

④干缩与徐变小。

⑤耐久性提高。

4.9.2 泵送混凝土

泵送混凝土是利用混凝土泵的泵压产生推动力,沿管道输送和浇筑的混凝土。

1. 混凝土的可泵性

对泵送混凝土的技术要求,是以满足可泵性为核心的。混凝土的可泵性,是指其拌合物具有顺利通过输送管道,摩阻力小、不离析、不阻塞,保持黏塑性良好的性能。常用压力泌水率作指标来评价可泵性,一般要求 10 s 时的相对压力泌水率 S10 不宜超过 40%。S10 是加压至 10 s 和 140 s 时,两个泌水量测值的百分比。为获得适宜的可泵性,要设法避免拌合物发生下列不良表现:

①坍落度损失。拌合物的坍落度会随时间的延长而降低,对于水泥用量大、外加剂用量大或者两者同时大的混凝土尤其显著。

②黏性不适。为防止拌合物离析、泌水,必须具有足够的黏性。黏性越差,发生离析的倾向越大;但黏性过大的拌合物,由于阻力大、流速慢,对泵送会很不利。

③含气量高。混凝土拌合物中含气量过大,会降低泵送效率,严重时会造成堵塞。泵送混凝土中的含气量不宜大于 4%。

2. 泵送混凝土对组成材料的要求

(1)水泥

拌制泵送混凝土所用的水泥应符合国家现行标准《通用硅酸盐水泥》(GB 175—2007/XG 1—2009)的要求。

(2)骨料

应注重级配、粒型和最大粒径 3 个方面要求,来保证可泵性。粗骨料最大粒径与输送管径之比应满足表 4.30 的规定。

表 4.30　粗骨料最大粒径与输送管径之比

石子品种	泵送高度/m	粗骨料最大粒径与输送管径之比	石子品种	泵送高度/m	粗骨料最大粒径与输送管径之比
碎石	<50	≤1:3.0	卵石	<50	≤1:2.5
	50~100	≤1:4.0		50~100	≤1:3.0
	>100	≤1:5.0		>100	≤1:4.0

泵送混凝土用细骨料中,对 0.135 mm 筛孔的通过量,不应少于 15%;对 0.16 mm 筛孔的通过量,不应少于 5%。

(3)拌和水

拌制泵送混凝土所用的水,应符合国家标准《混凝土用水标准》(JGJ 63—2006)的要求。

(4)外加剂

泵送混凝土掺用的外加剂,应符合国家现行标准《混凝土外加剂》(GB 8076—2008)、《混凝土外加剂应用技术规范》(GB 50119—2013)和《预拌混凝土》(GB/T 14902—2012)的有关规定。

(5)粉煤灰

泵送混凝土宜掺加适量粉煤灰,并应符合国家现行标准《用于水泥和混凝土中的粉煤灰》(GB/T 1596—2005)、《粉煤灰混凝土应用技术规范》(GB/T 50146—2014)和《预拌混凝土》(GB/T 14902—2012)的有关规定。

3.泵送混凝土配合比设计的要点

①水灰比不应过大。水灰比过大时,浆体的黏度太小,会导致离析。泵送混凝土的水灰比宜为0.4～0.6;泵送混凝土的水胶比不宜大于0.6。

②坍落度必须适宜。坍落度过小时,吸入混凝土泵的泵缸困难,降低充盈度,加大泵送阻力。坍落度过大时,会加大拌合物在管道中的滞留时间,产生泌水、离析而导致阻塞。不同泵送高度入泵时的坍落度可按表4.31选用。

表4.31 不同泵送高度入泵时坍落度选用

泵送高度/m	30 以下	30～60	60～100	100 以上
坍落度/mm	100～140	140～160	160～180	180～200

③要采用最佳水泥用量。水泥和矿物掺合料的总用量不宜小于 300 kg/m³。

④砂率适当提高。按影响砂率的各种因素选定砂率,但应比同条件的普通混凝土高 2%～5%。加入矿物掺合料时,可酌情减小砂率。泵送混凝土的砂率宜为 35%～45%。

4.9.3 大体积混凝土

《大体积混凝土施工规范》(GB 50496—2009)规定:混凝土结构物实体最小几何尺寸不小于1 m的大体量混凝土;预计会因混凝土中胶凝材料水化引起的温度变化和收缩而导致有害裂缝产生的混凝土,上述两种均称为"大体积混凝土"。

大体积混凝土结构的特点是结构厚实、体积大、钢筋密、整体性要求高、工程条件复杂(一般都是地下现浇钢筋混凝土结构、高层建筑钢筋混凝土转换层梁柱)、施工技术要求高、水泥水化热较大等。大体积混凝土除了最小断面和内外温度有一定的规定外,对平面尺寸也有一定限制。

1.大体积混凝土材料的选择

①尽量选用低热水泥(如矿渣水泥粉、粉煤灰水泥),减少水化热。在选用矿渣水泥时应尽量选择泌水性好的品种,并应在混凝土中掺入减水剂,以降低用水量。

②在条件许可的情况下,应优先选用收缩性小的或具有微膨胀性的水泥可部分抵消温度预压应力,减少混凝土内的拉应力,提高混凝土的抗裂能力。

③适当掺加粉煤灰,可提高混凝土的抗渗性耐久性,减少收缩,降低胶凝材料体系的水化热,提高混凝土的抗拉强度,抑制碱骨料反应,减少新拌混凝土的泌水等。

④可以考虑在大体积混凝土中掺加坚实、无裂缝、冲洗干净、规格为 150～300 mm 的大块石,不仅减少了混凝土总用量,降低了水化热,而且石块本身也吸收了热量,使水化热能进一步降低,对控制裂缝有一定好处。

⑤选择级配良好的骨料。细骨料宜采用中粗砂,细度模数控制在 2.8～3.0;砂石含泥量控制在 1%以内,并不得混有有机质等杂物,杜绝使用海砂;粗骨料在可泵送情况下,选用粒径为 5～20 mm 连续级配石子,以减少混凝土收缩变形。

⑥适当选用高效减水剂和缓凝剂。

2. 大体积混凝土配合比设计的要点

大体积混凝土配合比设计,除应符合现行国家现行标准《普通混凝土配合比设计规程》(JGJ 55—2011)的要求外,尚应符合下列规定:

①采用混凝土 60 d 或 90 d 强度作为指标时,应将其作为混凝土配合比的设计依据。

②所配制的混凝土拌合物,到浇筑工作面的坍落度不宜低于 160 mm。

③拌和水用量不宜大于 175 kg/m³。

④粉煤灰掺量不宜超过胶凝材料用量的 40%;矿渣粉的掺量不宜超过胶凝材料用量的 50%;粉煤灰和矿渣粉掺合料的总量不宜大于混凝土中胶凝材料用量的 50%。

⑤水胶比不宜大于 0.55。

⑥砂率宜为 38%~42%。

⑦拌合物泌水量宜小于 10 L/m³。

基础同步

一、填空题

1. 在混凝中,砂子和石子起_____作用,水泥浆在凝结前起_____作用,在硬化后起_____作用。

2. 砂子的筛分曲线表示砂子的_____,细度模数表示砂子的_____。

3. 使用级配良好、粗细程度适中的骨料,可使混凝土拌合物的_____较好,_____用量较少,同时可以提高混凝土的_____和_____。

4. 混凝土拌合物的和易性包括_____、_____和_____3方面的含义,其中_____可采用坍落度和维勃稠度表示,_____和_____凭经验目测。

5. 配制混凝土时要用_____砂率,这样可在水泥用量一定的情况下,获得最大的_____,或在_____一定的条件下,_____用量最少。

二、选择题

1. 配制混凝土用砂要求采用( )的砂。

A. 空隙率较小

B. 总表面积较小

C. 空隙率和总表面积都较小

D. 空隙率和总表面积都较大

2. 含水为 5% 的砂子 220 g,烘干至恒重时为( )g。

A. 209.00　　　　B. 209.52　　　　C. 209.55　　　　D. 209.10

3. 两种砂子的细度模数 M_x 相同时,则它们的级配( )。

A. 一定相同　　B. 一定不同　　C. 不一定相同　　D. 不一定

4. 试拌混凝土时,当流动性偏低时,可采用提高( )的办法调整。

A. 加水量

B. 水泥用量

D. 水泥浆量(水灰比保持不变)

D. 石子

5. 混凝土冬季施工时,可加的外加剂是( )。

A. 速凝剂　　　　B. 早强剂　　　　C. 引气剂　　　　D. 早强剂

三、判断题

1. 砂子的细度模数越大, 则该砂的级配越好。　　　　　　　　　　　　　　　　（　　）

2. 在混凝土拌合物中, 保持 W/C 不变, 增加水泥浆量, 可增大拌合物的流动性。　（　　）

3. 对混凝土拌合物流动性大小起决定性作用的是加水量的大小。　　　　　　　　（　　）

4. W/C 很小的混凝土, 其强度不一定很高。　　　　　　　　　　　　　　　　　（　　）

5. 混凝土的实验室配合比和施工配合比二者的 W/C 是不相同的。　　　　　　　　（　　）

四、简答题

1. 配制混凝土应满足哪些要求? 这些要求在哪些设计步骤中得到保证?

2. 粗砂、中砂和细砂如何划分? 配制混凝土时选用哪种砂最优? 为什么?

3. 生产混凝土时加减水剂, 在下列条件下可取得什么效果?

(1)用水量不变时; (2)减水, 水泥用量不变时; (3)减水又减水泥, 水灰比不变时。

4. 影响混凝土和易性的主要因素是什么? 怎样影响?

5. 什么是混凝土的徐变? 徐变在工程上有何实际意义?

五、计算题

1. 3 个建筑工地上生产的混凝土, 实际平均强度都是 23 MPa, 设计强度等级都是 C20, 3 个工地的离差系数分别为 0.102、0.155 和 0.250。问 3 个工地生产的混凝土强度保证率分别是多少?

2. 某混凝土经试拌调整后, 得配合比为 1∶2.20∶4.40, $W/C=0.6$, 已知 $\rho_c=3.10\ \text{g/m}^3$, $\rho'_s=2.60\ \text{g/m}^3$, $\rho'_g=2.65\ \text{g/m}^3$。求 1 m^3 混凝土各材料用量。

3. 混凝土计算配合比为 12∶134∶31, $W/C=0.58$, 在试拌调整时, 增加 10% 的水泥浆用量。求: (1)该混凝土的基准配合比; (2)若已知以基准配合比配制的混凝土每立方米需用水泥 320 kg, 1 m^3 混凝土中其他材料用量。

1. 某工地现配 C20 混凝土, 选用 42.5 硅酸盐水泥, 水泥用量为 260 kg/m^3, 水灰比为 0.50, 砂率为 30%, 所用石子粒径为 20~40 mm, 为间断级配, 浇筑后检查其水泥混凝土, 发现混凝土结构中蜂窝、空洞较多, 请从材料方面分析原因。

2. 某工程队于 7 月份在湖南某工地施工, 经现场试验确定了一个掺木质素磺酸钠的混凝土配方, 经使用 1 个月情况均正常。该工程后因资金问题暂停 5 个月, 随后继续使用原混凝土配方开工。发现混凝土的凝结时间明显延长, 影响了工程进度。请分析原因, 并提出解决办法。

项目5 建筑砂浆

项目目标

>>>>>>>

【知识目标】

1.了解砂浆的组成及其对性能的影响。

2.掌握砌筑砂浆的主要技术性质和应用。

【技能目标】

1.掌握砌筑砂浆的配合比设计和强度等级的确定方法。

2.掌握砂浆的判断与工程选用。

【课时建议】

5课时

5.1　砂浆的含义与类型

5.1.1　砂浆的含义

砂浆是由胶凝材料（水泥、石灰、石膏等）、细骨料（砂、炉渣等）和水，有时还掺入了某些外掺材料，按一定比例配制而成的，在建筑工程中起黏结、衬垫、传递应力的作用。它主要用于砌筑、抹面、修补和装饰工程。

5.1.2　砂浆的类型

砂浆根据所用胶结料的种类不同，可分为水泥砂浆、石灰砂浆和混合砂浆等；根据其用途的不同，可分为砌筑砂浆和抹面砂浆。本项目主要介绍砌筑砂浆和抹面砂浆。

5.2　砌筑砂浆

5.2.1　砌筑砂浆的含义、组成材料及性质

1.砌筑砂浆的含义

将砖、石、砌块等黏结成为砌体的砂浆称为砌筑砂浆。它起着黏结砖和砌块，传递荷载，并使应力的分布较为均匀，协调变形的作用，是砌体的重要组成部分。

2.砌筑砂浆的组成材料

为了保证砌筑砂浆的质量，配制砂浆的各种组成材料应均满足一定的技术要求。砌筑砂浆的组成材料主要是胶结材料、细骨料和水。

（1）胶结材料

胶结材料应根据砂浆的使用环境及用途合理选用。干燥环境中使用的砂浆可选用气硬性胶结材料，也可选用水硬性胶结材料；潮湿环境或水中的砂浆则必须选用水硬性胶结材料。所用的各类胶结材料均应满足相应的技术要求。

水泥是砌筑砂浆中最主要的胶凝材料，常用的水泥有普通水泥、矿渣水泥、火山灰水泥、粉煤灰水泥、砌筑水泥和无熟料水泥等。在选用时，应根据工程所处的环境条件选择适合的水泥品种。砂浆的强度相对较低，所以水泥的强度不宜过高，否则水泥的用量太低，会导致砂浆的保水性不良。水泥标号的选择，应使水泥标号（强度）为砂浆强度等级的 4～5 倍为宜。水泥砂浆采用的水泥，其强度等级不宜大于 32.5 级；水泥混合砂浆采用的水泥，其强度等级不宜大于 42.5 级。

为改善砂浆的和易性，节约水泥，可以掺加其他胶结料或掺合料（如石灰膏、黏土膏和粉煤灰等）制成混合砂浆。所用的石灰膏应该陈伏，并防止石灰膏干燥、冻结和污染，严禁使用脱水硬化的石灰膏。消石灰粉是未充分熟化的石灰，颗粒太粗，起不到改善和易性的作用，所以不得将消石灰粉直接用于砌筑砂浆中。砂浆中的掺合料均应用孔径不大于 3 mm×3 mm 的网过滤。

（2）细骨料

细骨料为砂浆的骨料，砂浆多铺成薄层，砂的最大粒径应予以限制，通常砖砌体用砂浆，最大粒径为

2.5 mm;石砌体用砂浆,砂的最大粒径为 5 mm。砌筑砂浆用砂宜选用中砂,其中毛石砌体宜选用粗砂,面层的抹面砂浆或勾缝砂浆应采用细砂,且最大粒径小于 1.2 mm。为了保证砂浆质量,对砂中的黏土及含泥量常做以下限制:M10 及 M10 以上的砂浆应不超过 5%;M2.5～M7.5 的砂浆应不超过 10%。

为了改善砂浆的和易性,可在砂浆中加入一些无机的细颗粒掺合料,如石灰、黏土、粉煤灰等。石灰须经过制成一定稠度的膏体使用。粉煤灰若经过磨细后使用效果会更好。

有时还可以采用微沫剂来改善砂浆的和易性。常用的微沫剂为松香热聚物,掺量为水泥质量的 0.005%～0.01%。

(3)水

砂浆对水的技术要求与混凝土拌和用水相同,其水质应符合现行行业标准《混凝土拌和用水标准》的要求。

3.砌筑砂浆的性质

砂浆与混凝土在组成上的差别仅在于砂浆中不含粗骨料,故砂浆也称为无粗骨料混凝土。有关混凝土和易性、强度的基本规律,原则上也适用于砂浆,但由于砂浆的组成及用途与混凝土有所不同,所以它还具有其自身的一些特点。

经拌成后的砂浆应具有满足和易性(工作性)的要求;满足设计种类和强度等级要求;具有足够的黏结力的性质。

(1)和易性

新拌砂浆的和易性是指新拌砂浆是否易于施工并能保证质量的综合性质。和易性好的砂浆能比较容易地在砖石表面上铺砌成均匀的薄层,能很好地与地面黏结。新拌砂浆的和易性包括流动性和保水性两个方面。

①流动性。

流动性又称为稠度,指新拌砂浆在其自重或外力作用下产生流动的性能。砂浆的流动性与用水量,胶结材的品种和用量,细骨料的级配和表面特征,掺合料及外加剂的特性和用量,拌和时间等因素有关。该指标采用砂浆稠度仪(图 5.1)测定,沉入量越大,砂浆的流动性越大。

图 5.1 砂浆稠度仪

技术点睛

砂浆稠度的测定方法

将砂浆拌合物一次装入稠度仪的容器中,使砂浆表面低于容器口 10 mm 左右,用捣棒插捣 25 次,然后轻轻将容器摇动或敲击 5～6 下,使砂浆表面平整,将容器置于稠度仪上,使试锥与砂浆表面接触,旋紧制动螺丝,使指针对准零点。拧开制动螺丝,同时计时,待 10 s 时立即固定螺丝,从刻度盘读出试锥下沉深度(精确至 1 mm)即为砂浆的稠度值(也称为沉入量)。

砂浆流动性的选择应根据砌体种类、用途、气候条件、施工方法等因素决定,见表 5.1。

表 5.1 砂浆的流动性
cm

砌体种类	干燥气候或多孔材料	寒冷气候或密实材料	抹灰工程	机械施工	手工操作
砖砌体	8～10	6～8	准备层	8～9	11～12
普通毛石砌体	6～7	4～5	底层	7～8	7～8
振捣毛石砌体	2～3	1～2	面层	7～8	9～10
炉渣混凝土砌体	7～9	5～7	石膏浆面层	—	9～12

②保水性。

砂浆的保水性是指砂浆保持水分及整体均匀一致的性能。砂浆在运输、静置或砌筑过程中，水分不应从砂浆中离析，砂浆保持必要的稠度，以便于施工操作，使水泥正常水化，保证砌体的强度。砂浆保水性不好，失水过多会影响砂浆的铺设及砂浆与材料间的结合，影响砂浆的正常硬化，降低砂浆强度，特别是砂浆与多孔材料的黏结力大大降低。砂浆的保水性与胶结材料的种类和用量、细骨料的级配、用水量以及有无掺合料和外加剂等有关。实践表明，为保证砂浆的和易性，水泥砂浆的最小水泥用量不宜小于 200 kg/m³。混合砂浆中胶结材料总用量应在 300～350 kg/m³ 以上。另外，工程中还常采用在砂浆中掺加石灰膏、粉煤灰、微沫剂等方法来提高砂浆的保水性。

图 5.2　砂浆分层度仪

砂浆的保水性以分层度表示，用分层度仪（图 5.2）测定。分层度大，表明砂浆的保水性不好。保水性好的砂浆，其分层度应为 1～2 cm。分层度大于 2 cm 时，砂浆的保水性差，易于离析；但分层度小于 1 cm 时，虽然砂浆的保水性好，但往往胶结材料用量过多，或者砂过细，不仅不经济，而且硬化后还易产生干缩裂缝。

技 术 点 睛

砂浆的保水性测定方法

将已测定稠度的砂浆，一次装入分层度筒内。静置 30 min 后，去掉上部 20 cm 厚的砂浆，将剩余的砂浆倒出，放在拌和锅中搅拌 2 min，测定其稠度。前后两次测得的稠度之差即为该砂浆的分层度（以 cm 计）。

（2）砂浆的强度

砌筑砂浆在砌体中要传递荷载，因此砂浆应具有一定的黏结强度、抗压强度和耐久性。试验证明，砂浆的黏结强度、耐久性均随抗压强度的增大而提高，即三者之间有一定的相关性。由于抗压强度的试验方法较为成熟，测试较为简单准确，所以工程上常以抗压强度作为砂浆的主要技术指标。

①抗压强度。

砂浆的抗压强度等级是以边长为 70.7 cm 立方体试件，在标准养护条件下，用标准实验方法测得 28 d 龄期的抗压强度值（MPa）来确定的，并划分为 M20、M15、M10、M7.5、M5、M2.5 6 个等级。

影响砂浆强度的因素较多，除了砂浆的组成材料、配合比和施工工艺等因素外，还与基面材料的吸水率有关。

a. 不吸水基面材料（如密实石材）。

当基面材料不吸水或吸水率比较小时，影响砂浆抗压强度的因素与混凝土相似，主要取决于水泥强度和水灰比。计算公式如下：

$$f_{m,co} = 0.29 f_{ce}(C/W - 0.4) \tag{5.1}$$

式中　$f_{m,co}$——水泥实测强度，精确至 0.1 MPa；

　　　f_{ce}——砂浆 28 d 抗压强度，精确至 0.1 MPa；

　　　C/W——灰水比。

b. 吸水基面材料（如黏土砖或其他多孔材料）。

当基面材料的吸水率较大时，由于砂浆具有一定的保水性，无论拌制砂浆时加多少水，而保留在砂浆中的水分却基本相同，多余的水分会被基面材料所吸收，因此，砂浆的强度与水灰比关系不大。当原材料质量一定时,砂浆的强度主要取决于水泥强度等级与水泥用量,用水量对砂浆强度及其他性能的影响不大,此时砂浆强度的计算式为

$$f_{m,co} = \frac{CAf_{ce}}{1\ 000} + B \tag{5.2}$$

式中　A、B——砂浆的特征系数,其中 $A=3.03$,$B=-15.09$;

　　　　C——每立方米砂浆的水泥用量,精确至 1 kg。

②黏结强度。

为保证砌体的整体性,砂浆要有一定的黏结力。黏结强度主要和砂浆的抗压强度以及砌体材料的表面粗糙程度、清洁程度、湿润程度以及施工养护等因素有关。一般砂浆的抗压强度越高,其黏结性越好。

③耐久性。

砂浆的耐久性指砂浆在使用条件下经久耐用的性质,包括抗冻性、抗渗性和抗蚀性等性能。提高砂浆的耐久性,主要途径是提高其密实性。

5.2.2 砌筑砂浆的配合比设计

砌筑砂浆配合比设计的基本要求:砂浆拌合物的和易性、体积密度应满足施工要求;砌筑砂浆的强度、耐久性应满足设计的要求;经济上应合理,水泥、掺合料的用量应较少。

砂浆配合比设计可通过查阅有关资料或手册来选取或通过计算来进行,然后再进行试拌调整。《砌筑砂浆配合比设计规程》(JGJ/T 98—2010)规定,砂浆的配合比以质量比表示。

(1)确定砂浆的试配强度 $f_{m,o}$

砂浆的试配强度应按下式计算:

$$f_{m,o} = kf_2 \tag{5.3}$$

式中　$f_{m,o}$——砂浆的试配强度,精确至 0.1 MPa;

　　　　f_2——砂浆抗压强度的平均值,精确至 0.1 MPa;

　　　　k——系数,按表 5.2 取值。

砂浆现场强度标准差 σ 应按下列规定确定,精确至 0.1 MPa。

①当有统计资料时,标准差应按下式计算:

$$\sigma = \sqrt{\frac{\sum\limits_{i=1}^{n} f_{m,i}^2 - n\mu_{fm}^2}{n-1}} \tag{5.4}$$

式中　$f_{m,i}$——统计周期内同一品种砂浆第 i 组试件的强度,MPa;

　　　　μ_{fm}——统计周期内同一品种砂浆 n 组试件强度的平均值,MPa;

　　　　n——统计周期内同一品种砂浆试件的总组数,$n \geqslant 25$。

②当不具有近期统计资料时,砂浆现场强度标准差可按表 5.2 选用。

(2)计算水泥用量 Q_c

每立方米砂浆中的水泥用量,应按下式计算:

$$Q_c = \frac{1\ 000(f_{m,o} - \beta)}{\alpha f_{ce}} \tag{5.5}$$

式中　$f_{m,o}$——砂浆的试配强度,精确至 0.1 MPa;

　　　　f_{ce}——水泥的实测强度,精确至 0.1 MPa;

　　　　α、β——砂浆的特征系数,分别为 0.03、-15.09。

注：在无法取得水泥的实测强度值时，可按下式计算 f_{ce}：

$$f_{ce} = \gamma_c f_{ce,k} \tag{5.6}$$

式中　$f_{ce,k}$——水泥强度等级对应的强度值；

γ_c——水泥强度等级值的富余系数，该值应按实际统计资料确定，无统计资料时取 1.0。

表 5.2　砂浆强度标准差 σ 及 k 值

施工水平 砂浆强度等级	砂浆强度标准差 σ/MPa							k
	M5.0	M7.5	M10	M15	M20	M25	M30	
优良	1.00	1.50	2.00	3.00	4.00	5.00	6.00	1.15
一般	1.25	1.88	2.50	3.75	5.00	6.25	7.50	1.20
较差	1.50	2.25	3.00	4.50	6.00	7.50	9.00	1.25

（3）计算掺合料用量 Q_D

为了改善砂浆的稠度，提高保水性，可掺入石灰膏或黏土膏。每立方米砂浆中掺合料（石灰膏或黏土膏）用量按下式计算：

$$Q_D = Q_A - Q_c \tag{5.7}$$

式中　Q_D——每立方米砂浆的掺合料用量，精确至 1 kg，石灰膏、黏土膏使用时的稠度为 120 mm ± 5 mm；

Q_c——每立方米砂浆的水泥用量，精确至 1 kg；

Q_A——每立方米砂浆中水泥和掺合料的总量，精确至 1 kg，一般应为 300～350 kg/m³。

（4）每立方米砂浆中砂子量 Q_s

砂浆中的水、胶结料和掺合料是用来填充砂子中的空隙的，因此，1 m³ 砂浆含有 1 m³ 堆积体积的砂子，所以每立方米砂浆中砂的用量应以干燥状态（含水率小于 0.5%）的堆积密度值作为计算值。

（5）每立方米砂浆中的用水量 Q_w

每立方米砂浆中的用水量，根据砂浆稠度等要求，根据经验或可按表 5.3 选定，一般混合砂浆为 260～300 kg/m³，水泥砂浆为 270～330 kg/m³。根据砂浆稠度等要求可选用 240～310 kg/m³。

表 5.3　每立方米水泥砂浆材料用量　　　　　　　　　　kg/m³

砂浆强度等级	每立方米砂浆水泥用量/kg	每立方米砂浆砂用量/kg	每立方米砂浆用水量/kg
M2.5、M5	200～230		
M7.5、M10	220～280	1 m³ 砂的堆积密度值	270～330
M15	280～340		
M20	340～400		

注：①M15 及 M15 以下强度等级水泥砂浆，水泥强度等级为 32.5，M15 以上强度等级水泥砂浆，水泥强度等级为 42.5；

②当采用细砂或粗砂时，用水量分别取上限或下限；

③稠度小于 70 mm 时，用水量可小于下限；

④施工现场气候炎热或干燥季节，可酌量增加用水量

（6）进行砂浆试配

砂浆试配时，应采用机械搅拌，搅拌时间自投料结束算起。

试拌后，测定拌合物的稠度和分层度。若不满足要求，则应调整用水量和掺合料用量。经调整后符合要求的配合比确定为砂浆的基准配合比。

试配时采用 3 个不同配合比,其中一个为试配得出的基准配合比,另外两个分别使水泥用量增减 10%,并在保证稠度、分层度合格的条件下,调整相应的用水量和掺合料用量。

(7)试配并调整配合比

按国家现行标准《建筑砂浆基本性能试验方法》(JGJ 70—2009)的规定,以上述 3 个配合比配制的砂浆制作试件,并测定砂浆强度等级,选择强度满足要求且水泥用量较少的配合比为所需的砂浆配合比。

(8)根据砂的堆积密度和含水率,计算用砂量 Q_s

$$Q_s = 1\ 450\ \text{kg/m}^3 \times (1+0.02) = 1\ 479\ \text{kg/m}^3$$

(9)确定用水量 Q_w

根据要求,选择用水量为 300 kg/m³。

(10)该水泥石灰砂浆试配时,其组成材料的配合比为

水泥:石灰膏:砂:水 = 187:113:1 479:300 = 1:0.60:7.91:1.60

(11)确定施工配合比

按规定对计算配合比砂浆进行试配与调整,并最后确定施工所用的砂浆配合比。

5.2.3 砌筑砂浆的应用

根据砌体所用砂浆的部位合理选择砂浆种类。水泥砂浆宜用于砌筑潮湿环境以及强度要求较高的砌体。多层房屋的墙体一般采用强度等级为 M5 或 M2.5 的水泥石灰砂浆;砖柱、砖拱、钢筋砖过梁等一般采用强度等级为 M5、M7.5 或 M10 的水泥砂浆;砖基础一般采用强度等级为 M2.5 或 M5 的水泥砂浆;低层房屋找平层可采用石灰砂浆;料石砌体多采用强度等级为 M2.5 或 M5 的水泥砂浆或水泥石灰砂浆;简易房屋可采用石灰黏土砂浆。

5.3 抹面砂浆

5.3.1 抹面砂浆的含义与类型

1. 抹面砂浆的含义

凡涂抹在建筑物或建筑构件表面的砂浆,统称为抹面砂浆,也称为抹灰砂浆。其作用是保护墙体不受风雨、潮气等侵蚀,提高墙体防潮、防风化、防腐蚀的能力,同时使墙面、地面等建筑部位平整、光滑、清洁美观。

2. 抹面砂浆的类型

抹面砂浆按用途可分为普通抹面砂浆、装饰砂浆和防水砂浆;按胶结料可分为水泥砂浆、石灰砂浆和混合砂浆。

(1)普通抹面砂浆

普通抹面砂浆主要是为了保护建筑物,并使表面平整美观。抹面砂浆与砌筑砂浆不同,主要要求的不是强度,而是与底面的黏结力,所以配制时需要胶凝材料数量较多,并应具有良好的和易性,以便操作。

(2)装饰砂浆

涂抹在建筑物内外墙表面,具有美观装饰效果的抹面砂浆统称为装饰砂浆。

装饰砂浆的面层,要选用具有一定颜色的胶凝材料和骨料以及采用某些特殊的操作工艺,使表面呈

现出不同的色彩、线条与花纹等装饰效果。

装饰砂浆所采用的胶凝材料有普通水泥、白水泥和彩色水泥以及石灰、石膏等,骨料常采用大理石、花岗岩等带颜色的碎石渣或玻璃、陶瓷碎粒。

（3）防水砂浆

防水砂浆是构成某些建筑物底下工程、水池、地下管道、沟渠等要求不透水性的防水层的基本材料。它抗渗性高,又称为刚性防水层,适用于不受振动和具有一定刚度的混凝土或砖石砌体的表面。防水砂浆的防水效果在很大程度上决定于施工质量。涂抹时一般分5层,每层厚约5 mm,每层在初凝前要用抹子压实,最后一层要压光,才能取得良好的防水效果。

（4）保温砂浆

保温砂浆是以水泥、石灰、石膏等胶凝材料与膨胀珍珠岩、膨胀蛭石、火山渣或浮石砂、陶砂等轻质多孔骨料,按一定比例配制成的砂浆,具有轻质和良好的保温性能,其导热系数为 $0.07\sim0.1$ W/(m·K)。常用的保温砂浆有水泥膨胀珍珠岩砂浆、水泥膨胀蛭石砂浆、水泥石灰膨胀蛭石砂浆等。

（5）吸声砂浆

轻质多孔骨料制砂浆都具有吸声性能。可用水泥、石膏、砂、锯末按体积比为 1:1:3:5 配制成吸声砂浆,或在石灰、石膏砂浆中掺入玻璃纤维、矿棉等松软纤维材料制成。吸声砂浆主要用于室内墙壁和平顶的吸声。

（6）耐酸砂浆

用水玻璃（硅酸钠）与氟硅酸钠拌制成耐酸砂浆,有时也可掺入石英岩、花岗岩、铸石等粉状骨料。水玻璃硬化后具有很好的耐酸性能。耐酸砂浆多用作衬砌材料、耐酸地面和耐酸容器的内壁防护层。

5.3.2 抹面砂浆的性质及应用

1. 抹面砂浆的性质

抹面砂浆适用于混凝土、加气混凝土基层、普通砖面和其他面板的抹灰批刮,是替代传统现场拌制砂浆的理想材料。它具备以下性质:

（1）流动性

底层砂浆主要起与基层黏结的作用,要求稠度较稀,沉入度较大(100~120 mm),其组成材料常随底层而异。中层砂浆主要起找平作用,多用混合砂浆或石灰砂浆,比底层砂浆稍稠些(沉入度为70~90 mm)。面层砂浆主要起保护和装饰作用,多采用细砂配制的混合砂浆、麻刀石灰砂浆或纸筋石灰砂浆(沉入度为70~80 mm)。

（2）保水性

抹面砂浆的保水性仍用分层度表示。其大小应根据施工条件选定,一般情况下要求分层度为10~20 mm。分层度接近于0的砂浆易产生干缩裂缝,不宜作抹面用。分层度大于20 mm的砂浆,容易离析,施工不便。

（3）黏结力

黏结力即砂浆与基层材料之间的黏结强度,它与砂浆的成分、水灰比、基层的温度、基层表面的洁净及粗糙程度、操作技术和养护等因素有关。有的高级抹面施工常掺入乳胶或107胶,以增大砂浆的黏结力。

2. 抹面砂浆的应用

各层抹灰面的作用和要求不同,每层所选用的砂浆也不一样。同时,基底材料的特性和工程部位不同,对砂浆技术性能要求不同,这也是选择砂浆种类的主要依据。水泥砂浆宜用于潮湿或强度要求较高的部位;混合砂浆多用于室内底层或中层或面层抹灰;石灰砂浆、麻刀灰砂浆、纸筋灰砂浆多用于室内中层或面层抹灰。

一、填空题

1.砂浆的和易性包括_____和_____两方面的含义。

2.砂浆流动性指标是_____,其单位是_____;砂浆保水性指标是_____,其单位是_____。

3.测定砂浆强度的试件尺寸是_____cm 的立方体,在_____条件下养护_____d,测定其_____。

二、选择题

1.新拌砂浆应具备的技术性质是(　　)。

A.流动性　　　　　　B.保水性　　　　　　C.变形性　　　　　　D.强度

2.砌筑砂浆为改善其和易性和节约水泥用量,常掺入(　　)。

A.石灰膏　　　　　　B.麻刀　　　　　　　C.石膏　　　　　　　D.黏土膏

3.用于砌筑砖砌体的砂浆,其强度主要取决于(　　)。

A.水泥用量　　　　　B.砂子用量　　　　　C.水灰比　　　　　　D.水泥强度等级

4.用于石砌体的砂浆,其强度主要决定于(　　)。

A.水泥用量　　　　　B.砂子用量　　　　　C.水灰比　　　　　　D.水泥强度等级

三、判断题

1.砂浆的和易性包括流动性、黏聚性、保水性 3 方面的含义。　　　　　　　　　　(　　)

2.用于多孔吸水基面上的砌筑砂浆,其强度主要决定于水泥标号和水泥用量,而与水灰比的大小无关。　　　　　　　　　　　　　　　　　　　　　　　　　　　　　　　　　　(　　)

1.配制 M5.0 水泥石灰混合砂浆,选用下列原材料:325#矿渣水泥,$\rho_{oc}' = 1\,200\ \text{kg/m}^3$;中砂,级配良好、含水率 2%,$\rho_{os}' = 1\,500\ \text{kg/m}^3$;石灰膏:$\rho_o = 1\,350\ \text{kg/m}^3$。求砂浆的配合比,用质量比和体积比两种方法表示。

2.砌筑多孔材料和密实材料用砂浆的强度公式有什么不同? 为什么?

项目6 墙体材料

【知识目标】

1. 了解各类墙体材料的特点。

2. 掌握砌墙烧结砖的各项技术性质及砖质量的影响因素。

【技能目标】

1. 熟悉各种砌墙砖的应用。

2. 掌握墙体材料的工程选用。

【课时建议】

5 课时

6.1 砌墙砖

砌墙砖是以黏土、工业废料或其他地方材料为主要原料,按照不同的生产工艺制造而成的,在建筑上用来砌筑墙体的块状材料。

6.1.1 砌墙烧结砖

砌墙烧结砖是以黏土、页岩、煤矸石和粉煤灰等为主要原料经焙烧而成的砖,无孔洞或孔洞率小。烧结普通砖按主要原料分为烧结黏土砖(N)、烧结页岩砖(Y)、烧结煤矸石砖(M)和烧结粉煤灰砖(F)等。

焙烧窑中若氧气充足,使之在氧化气氛中焙烧,可烧得红砖;若在焙烧的最好阶段使窑内缺氧,焙烧窑中为还原气氛,则所烧得的砖呈现青色,即烧得青砖,青砖较红砖耐碱,耐久性较好,但价格较红砖高。砖在焙烧时窑内温度存在差异,因此,除了正火砖(合格品)外,还常出现欠火砖和过火砖。

技术点睛
欠火砖色浅,断面包心,敲击声发哑,吸水率大,强度低,耐久性差。过火砖色深,敲击声清脆,吸水率低,强度较高,但易弯曲变形。欠火砖和过火砖均属于不合格产品。

1.烧结普通砖

根据国家标准《烧结普通砖》(GB 5101—2003)的规定,烧结普通砖的技术要求包括尺寸偏差、外观质量、强度等级和抗风化性、泛霜和石灰爆裂等。该标准适用于以黏土、页岩、煤矸石和粉煤灰为主要原料的普通砖。

(1)尺寸偏差

烧结普通砖的公称尺寸为240 mm×115 mm×53 mm,如图6.1所示,通常240 mm×115 mm面称为大面,240 mm×53 mm面称为条面,115 mm×53 mm面称为顶面。1 m³砖砌体理论上需用砖512块。烧结普通砖的尺寸允许偏差应符合表6.1的规定。

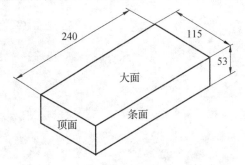

图6.1 烧结普通砖的尺寸及各部分名称

表6.1 烧结普通砖的尺寸允许偏差   mm

公称尺寸	优等品		一等品		合格品	
	样本平均偏差	样本极差≤	样本平均偏差	样本极差≤	样本平均偏差	样本极差≤
240	±2.0	6	±2.5	7	±3.0	8
115	±1.5	6	±2.0	6	±2.5	7
53	±1.5	4	±1.6	5	±2.0	6

（2）强度等级

烧结普通砖按抗压强度分为 MU30、MU25、MU20、MU15 和 MU10 5 个强度等级。在评定强度等级时，抽取试样 10 块，分别测其抗压强度。若强度变异系数 $\delta \leqslant 0.21$，采用标准值方法；若强度变异系数 $\delta > 0.21$，则采用最小值方法。烧结普通砖的强度等级见表 6.2。

$$\delta = \frac{s}{\overline{f}} \tag{6.1}$$

$$s = \sqrt{\frac{1}{9}\sum_{i=1}^{10}(f_i - \overline{f})^2} \tag{6.2}$$

$$f_k = \overline{f} - 1.8s \tag{6.3}$$

式中　δ——烧结普通砖的强度变异系数，精确至 0.01；

　　　s——标准差，精确至 0.01 MPa；

　　　f_i——单块试样的抗压强度测定值，精确至 0.01 MPa；

　　　$\overline{f}$——10 块试样的抗压强度平均值，精确至 0.01 MPa；

　　　f_k——强度标准值，精确至 0.1 MPa。

表 6.2　烧结普通砖的强度等级

强度等级	抗压强度平均值 $\overline{f}$ /MPa	变异系数 $\delta \leqslant 0.21$ 强度标准值 f_k/MPa	变异系数 $\delta > 0.21$ 单块最小抗压强度值 f_{min}/MPa
MU30	≥30.0	≥22.0	≥25.0
MU25	≥25.0	≥18.0	≥22.0
MU20	≥20.0	≥14.0	≥16.0
MU15	≥15.0	≥10.0	≥12.0
MU10	≥10.0	≥6.5	≥7.5

（3）外观质量

强度、抗风化性能和放射性物质合格的砖，根据尺寸偏差、外观质量、泛霜和石灰爆裂等指标，分为优等品（A）、一等品（B）和合格品（C）3 个质量等级。烧结普通砖的外观质量见表 6.3。

表 6.3　烧结普通砖的外观质量　　　　　　　　　　mm

项目	优等品	一等品	合格品
两条面高度差	≤2	≤3	≤4
弯曲	≤2	≤3	≤4
杂质凸出高度	≤2	≤3	≤4
缺棱掉角的 3 个破坏尺寸不得同时	≤5	≤20	≤30
裂纹长度 a. 大面上宽度方向及其延伸至条面的长度 b. 大面上长度方向及其延伸至顶面的长度或条顶	≤30	≤60	≤80
面上水平裂纹的长度	50	80	100
完整面不得少于	两条面和两顶面	一条面和一顶面	—
颜色	基本一致	—	—

（4）抗风化性

抗风化性能是烧结普通砖主要的耐久性之一，按风化区采用不同的抗风化指标。风化区用风化指数进行划分。风化指数是指日气温从正温降至负温或从负温升至正温的每年平均天数与每年从霜冻之日起至消失霜冻之日止这一期间降雨总量（以 mm 计）的平均值的乘积。风化指数大于等于12 700 为严重风化区，风化指数小于12 700 为非严重风化区。风化区的划分见表6.4。

表 6.4　风化区的划分

严重风化区		非严重风化区	
1.黑龙江省	11.河北省	1.山东省	11.福建省
2.吉林省	12.北京市	2.河南省	12.台湾省
3.辽宁省	13.天津市	3.安徽省	13.广东省
4.内蒙古自治区		4.江苏省	14.广西壮族自治区
5.新疆维吾尔自治区		5.湖北省	15.海南省
6.宁夏回族自治区		6.江西省	16.云南省
7.甘肃省		7.浙江省	17.西藏自治区
8.青海省		8.四川省	18.上海市
9.陕西省		9.贵州省	19.重庆市
10.山西省		10.湖南省	

严重风化区中的1、2、3、4、5 地区的砖必须进行冻融试验。其他地区的砖的抗风化性能符合表6.5的规定时可不做冻融试验，当有一项指标达不到要求时，必须进行冻融试验。

表 6.5　抗风化性能

项目 砖种类	严重风化区				非严重风化区			
	5 h 沸煮吸水率/%		饱和系数		5 h 沸煮吸水率/%		饱和系数	
	平均值	单块最大值	平均值	单块最大值	平均值	单块最大值	平均值	单块最大值
黏土砖	≤21	≤23	≤0.85	≤0.87	≤23	≤25	≤0.88	≤0.90
粉煤灰砖	≤23	≤25	≤0.85	≤0.87	≤30	≤32	≤0.88	≤0.90
页岩砖	≤16	≤18	≤0.74	≤0.77	≤18	≤20	≤0.78	≤0.80
煤矸石砖	≤19	≤21			≤21	≤23		

泛霜又称为盐析，它是指可溶性盐类（如硫酸盐等）在砖或砌块表面的析出现象，一般呈白色粉末、絮团或絮片状。石灰爆裂是指烧结砖的砂质黏土原料中夹杂着石灰石，焙烧时被烧成生石灰块，在使用过程中吸水消化成熟石灰，体积膨胀，导致砖块裂缝，严重时甚至使砖砌体强度降低，直至破坏。烧结普通砖的质量缺陷如图6.2所示。

技 术 点 睛

泛霜的砖用于建筑物中的潮湿部位时，由于大量盐类的溶出和结晶膨胀会造成砖砌体表面粉化及剥落，孔隙率变大，砖的抗冻性明显下降。

(a)泛霜的墙面　　　　　　　　(b)石灰爆裂导致砖碎裂

图 6.2　烧结普通砖的质量缺陷

（5）产品标记

烧结普通砖的产品标记按产品名称、规格、品种、强度等级、质量等级和标准编号的顺序编写。

例如规格 240 mm×115 mm×53 mm,强度等级 MU20,优等品的黏土砖,其标记为烧结普通砖 N MU20A　GB 5101—2003。

（6）烧结普通砖的应用

烧结普通砖是传统的墙体材料,主要用于砌筑建筑物的内墙、外墙、柱、烟囱和窑炉。烧结普通砖具有一定的强度、隔热、隔声性能及较好的耐久性,价格低廉。它的缺点是大量毁坏农田、烧砖能耗高、砖自重大、成品尺寸小、施工效率低、抗震性能差等。

砖砌体的强度不仅取决于砖的强度,而且受砂浆性质的影响。砖的吸水率大,在砌筑中吸收砂浆中的水分,如果砂浆保持水分的能力差,砂浆就不能正常硬化,导致砌体强度下降。为此,在砌筑砂浆时除了要合理配制砂浆外,还要使砖润湿。黏土砖应在砌筑前 1～2 d 浇水湿润,以浸入砖内深度 1 cm 为宜。

由于实心黏土砖块体小,表观密度大,施工效率低,而且保温隔热等性能不好,实心黏土砖已限制使用,因此开发新型墙体材料势在必行。我国正大力推广墙体材料改革,以多孔砖、空心砖、工业废渣砖及砌块、轻质板材来代替实心黏土砖,以减轻建筑物的自重、节约能源、改善环境。

2.烧结多孔砖

烧结多孔砖及烧结多孔砌块以黏土页岩、煤矸石、粉煤灰等为主要原料,经成型、干燥和焙烧而成。烧结多孔砖主要用于承重部位,其孔洞率大于等于 28%,孔的尺寸小而且数量多,孔型采用矩形孔和矩形条孔。烧结多孔砖的高孔洞率不仅可以降低资源消耗,而且有利于干燥焙烧。烧结多孔砖在使用时孔洞垂直于受压面。烧结多孔砌块孔洞率大于或等于 33%,孔的尺寸小而数量多的砌块,主要用于建筑物承重部位。

烧结多孔砖和多孔砌块的外形一般为直角六面体,烧结多孔砖和多孔砌块按主要原料分为黏土砖和黏土砌块（N）、页岩砖和页岩砌块（Y）、煤矸石砖和煤矸石砌块（M）、粉煤灰砖和粉煤灰砌块（F）、淤泥砖和淤泥砌块（U）、固体废弃物砖和固体废弃物砌块（G）。

（1）技术要求

①尺寸规格。

烧结多孔砖的外形为直角六面体,其长度为 290 mm、240 mm,宽度为 190 mm、180 mm,高度为 140 mm、115 mm、90 mm。其他规格尺寸由供需双方协商确定。

典型烧结多孔砖的规格有 190 mm×190 mm×90 mm（M 型）和 240 mm×115 mm×90 mm（P 型）两种，如图 6.3 所示。

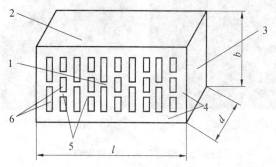

图 6.3　烧结多孔砖的孔结构示意图

1—大面（坐浆面）；2—条面；3—顶面；4—外壁；5—肋；6—孔洞；l—长度；b—宽度；d—高度

②尺寸允许偏差。

为保证砌筑质量，要求砖的尺寸偏差必须符合《烧结多孔砖和多孔砌块》（GB 13544—2011）的规定，烧结多孔砖的尺寸偏差见表 6.6。

表 6.6　烧结多孔砖的尺寸偏差

尺寸/mm	样本平均偏差/mm	样本极差/mm
>400	±3.0	≤10.0
300~400	±2.5	≤9.0
200~300	±2.5	≤8.0
100~200	±2.0	≤7.0
<100	±1.5	≤6.0

③强度等级。

烧结多孔砖根据抗压强度分为 MU30、MU25、MU20、MU15 和 MU10 5 个强度等级，评定方法与烧结普通砖的评定方法完全相同，各级别强度规定值参见表 6.7。

表 6.7　烧结多孔砖的强度等级

强度等级	抗压强度平均值 f≥	强度标准值 f_k≥
MU30	30.0	22.0
MU25	25.0	18.0
MU20	20.0	14.0
MU15	15.0	10.0
MU10	10.0	6.5

④质量等级。

烧结多孔砖的外观质量见表 6.8。

⑤泛霜和石灰爆裂。

每块砖或砌块不允许出现严重泛霜。根据《烧结多孔砖和多孔砌块》（GB 13544—2011）的规定，最大破坏尺寸大于 2 mm 且小于等于 15 mm 的爆裂区域，每组砖样不得多于 15 处；不允许出现最大破坏尺寸大于 15 mm 的爆裂区域。

表6.8 烧结多孔砖的外观质量

项目		指标
完整面不得少于		一条面和一顶面
缺棱掉角的3个最大尺寸不得同时大于		30
裂纹长度/mm	大面(有孔面)上深入孔壁15 mm上,宽度方向及其延伸到条面的长度	≤80
	大面(有孔面)上深入孔壁15 mm以上,宽度方向及其延伸到顶面的长度	100
	条顶面上的水平裂纹	100
杂质在砖面上造成的突出高度/mm		≤5

注:凡有下列缺陷之者,不能称为完整面:

①缺损在条面或顶面上造成的破坏面尺寸同时大于20 mm×30 mm;

②条面或顶面上裂纹宽度大于1 mm,其长度超过70 mm;

③压陷、焦花、粘底在条面或顶面上的凹陷或凸出超过2 mm,区域尺寸同时大于20 mm×30 mm

⑥抗风化性能(表6.5)。

⑦产品标记。

烧结多孔砖的产品标记按产品名称、品种、规格、强度等级、质量等级和标准编号顺序编写。如规格尺寸290 mm×140 mm×90 mm、强度等级MU25、密度1200级的黏土烧结多孔砖,其标记为烧结多孔砖 N 290×140×90 MU25 1200 GB 13544—2011。

(2)应用

烧结多孔砖可以代替烧结黏土砖,用于承重墙体,尤其在小城镇建设中用量非常大。强度等级不低于MU10,最好在MU15以上;优等品可用于墙体装饰和清水墙砌筑,一等品和合格品可用于混水墙,中等泛霜的砖不得用于潮湿部位。

3.烧结空心砖

烧结空心砖属于新型墙体材料的一种,具有节约资源,减轻建筑物自重,降低造价的优点。烧结空心砖是以黏土、页岩、煤矸石和粉煤灰等为原料,经焙烧制成的空洞率大于等于40%而且孔洞数量少、尺寸大的烧结砖,用于非承重墙和填充墙。各类烧结空心砖如图6.4所示。

(a)烧结煤矸石多孔砖与空心砖　　　　　(b)烧结粉煤灰空心砖

图6.4 烧结空心砖

烧结空心砖采用塑性成型方法生产,生产过程包括泥料制备、成型、干燥和焙烧等一系列操作过程。焙烧是决定制品质量的关键环节,焙烧过程分为4个阶段,即干燥与预热阶段、加热阶段、烧成阶段和冷却阶段。各组分在高温作用下,发生一系列的物理化学变化,最后烧成具有一定机械强度及各种建筑性能的制品。

(1) 技术要求

① 尺寸规定。

《烧结空心砖和空心砌块》(GB 13545—2014)规定,烧结空心砖的长、宽、高应符合下列要求,单位为毫米(mm):390,290,240,190,180(175),140,115,90。

烧结空心砖和空心砌块示意图如图 6.5 所示。

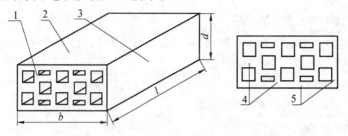

图 6.5　烧结空心砖和空心砌块示意图
1—顶面;2—大面;3—条面;4—肋;5—壁;*l*—长度;*b*—宽度;*h*—高度

② 密度等级。

烧结空心砖和空心砌块按密度等级分为 800、900 及 1100 3 个级别,不得低于 800,否则为不合格产品。

③ 强度等级。

烧结空心砖按抗压强度分为 MU10.0、MU7.5、MU5.0、MU3.5 和 MU2.5 5 个等级,见表 6.9。

表 6.9　烧结空心砖的强度等级

强度等级	抗压强度平均值 $\bar{f}$ /MPa	变异系数 $\delta \leqslant 0.21$ 强度标准值 f_k /MPa	变异系数 $\delta > 0.21$ 单块最小抗压强度 f_{min} /MPa	密度等级
MU10.0	≥10.0	≥7.0	>8.0	≤1100
MU7.5	≥7.5	≥5.0	>5.8	
MU5.0	≥5.0	≥3.5	>4.0	
MU3.5	≥3.5	≥2.5	>2.8	
MU2.5	≥2.5	≥1.6	>1.8	≤800

④ 质量等级。烧结空心砖根据孔洞及排数、尺寸偏差、外观质量、强度等级和物理性能分为优等品(A)、一等品(B)、合格品(C)3 个等级。

⑤ 烧结空心砖和空心砌块的产品标记。产品标记按产品名称、类别、规格、密度等级、强度等级、质量等级和标准编号顺序编写。如规格尺寸 290 mm×190 mm×90 mm、密度等级 800、强度等级 MU7.5、优等品的页岩空心砖,其标记为烧结空心砖 Y(290×190×90)800 MU7.5A GB 13545。

(2) 应用

烧结空心砖主要用作非承重墙,如多层建筑内隔墙或框架结构的填充墙等。使用空心砖强度等级不低于 MU3.5,最好在 MU5 以上,孔洞率应大于 45%,以横孔方向砌筑。

6.1.2　砌墙非烧结砖

不经过焙烧而制成的砖均为非烧结砖。目前非烧结砖主要有蒸养砖、蒸压砖、碳化砖等,根据生产原材料区分主要有蒸压灰砂砖、粉煤灰砖、炉渣砖、混凝土多孔砖等。

1.蒸压灰砂砖

蒸压灰砂砖是以石灰和砂子为主要原料,加水搅拌,消化、压制成型,蒸压养护而制成的砖,代号为

LSB。石灰的质量直接影响灰砂砖的品质,石灰的消化对成型后砖坯的性能影响较大。

蒸压灰砂砖的尺寸规格为 240 mm×115 mm×53 mm,其表观密度为 1 800～1 900 kg/m³。根据其产品的尺寸偏差和外观分为优等品(A)、一等品(B)和合格品(C)3 个等级。

根据蒸压灰砂砖浸水 24 h 后的抗压强度和抗折强度分为 MU25、MU20、MU15 和 MU10 4 个等级。蒸压灰砂的强度指标和抗冻性指标见表 6.10。

表 6.10　蒸压灰砂砖的强度指标和抗冻性指标

强度等级	强度指标				抗冻性指标	
	抗压强度/MPa		抗折强度/MPa		冻后抗压强度平均值/MPa	单块砖干质量损失/%
	平均值	单块值	平均值	单块值		
MU25	≥25.0	≥20.0	≥5.0	≥4.0	≥20.0	≤2.0
MU20	≥20.0	≥16.0	≥4.0	≥3.2	≥16.0	
MU15	≥15.0	≥12.0	≥3.3	≥2.6	≥12.0	
MU10	≥10.0	≥8.0	≥2.5	≥2.0	≥8.0	

蒸压灰砂砖是在高压下成型,又经过蒸压养护,砖体组织致密,具有强度高、大气稳定性好、干缩率小、尺寸偏差小、外形光滑平整等特点。它主要用于工业与民用建筑的墙体和基础。其中,MU15、MU20 和 MU25 的灰砂砖可用于基础及其他部位,MU10 的灰砂砖可用于防潮层以上的建筑部位。蒸压灰砂砖不得用于长期受热 200 ℃以上、受急冷、受急热或有酸性介质侵蚀的环境,也不宜用于受流水冲刷的部位。灰砂砖表面光滑平整,使用时注意提高砖与砂浆之间的黏结力。

蒸压灰砂砖出釜后应放置一个月以上,方可用于砌体的施工,砌筑前提前 2 d 浇水,不宜与其他品种的砖混砌,不宜雨天施工。

技术点睛

石灰的消化

消化是将生石灰熟化成熟石灰的必要过程,一般采用钢仓或混凝仓进行间歇式消化,控制在 2～3 h,也可以采用地面堆置消化,由于消化时散热较快,所以消化时间较长,一般需要 8 h 以上。

2.蒸压粉煤灰砖

蒸压粉煤灰砖是以粉煤灰、石灰为原料,掺加适量石膏和骨料,经坯料制备、压制成型、蒸压养护而成的砖。其中,粉煤灰具有活性,使制品获得一定的强度,石灰的主要作用是提供钙质原料。

蒸压粉煤灰砖的尺寸规格为 240 mm×115 mm×53 mm,表观密度为 1 500 kg/m³。按外观质量、强度、抗冻性和干燥收缩分为优等品(A)、一等品(B)及合格品(C)3 个产品等级。蒸压粉煤灰砖的强度指标和抗冻性指标见表 6.11。

表 6.11　蒸压粉煤灰砖的强度指标和抗冻性指标

强度等级	抗压强度/MPa		抗折强度/MPa		抗冻性指标	
	10 块平均值	单块值	10 块平均值	单块值	抗压强度平均值/MPa	单块砖干质量损失/%
MU20	≥20.0	≥15.0	≥4.0	≥3.0	≥16.0	≤2.0
MU15	≥15.0	≥11.0	≥3.2	≥2.4	≥12.0	≤2.0
MU10	≥10.0	≥7.5	≥2.5	≥1.9	≥8.0	≤2.0
MU7.5	≥7.5	≥5.6	≥2.0	≥1.5	≥6.0	≤2.0

蒸压粉煤灰砖可用于工业与民用建筑的基础和墙体,但应注意以下几点:

①在易受冻融和干湿交替的部位必须使用优等品或一等品砖。用于易受冻融作用的部位时要进行抗冻性检验,并采取适当措施以提高其耐久性。

②用粉煤灰砖砌筑的建筑物,应适当增设圈梁及伸缩缝或采取其他措施。

③粉煤灰砖出釜后,应存放至少一周后再用,以减少相对伸缩值,提前浇水,保持砖的含水量在10%左右,雨天施工时采取防雨措施。

④长期受高于200 ℃作用,或受冷热交替作用或有酸性侵蚀的建筑部位不得使用。

3. 蒸压炉渣砖

蒸压炉渣砖是以煤燃烧后的残渣为主要原料,配以一定数量的石灰和少量石膏,经加水搅拌混合、压制成型、蒸养或蒸压养护而制成的实心砖。炉渣砖的外形尺寸同普通黏土砖(240 mm×115 mm×53 mm)。根据抗压强度和抗折强度分为 MU25、MU20、MU15 和 MU10 4 个等级。质量等级分优等品(A)、一等品(B)及合格品(C)3 个等级。

炉渣砖可用于一般工业与民用建筑的墙体和基础。用于基础或易受冻融和干湿交替作用的建筑部位必须使用 MUl5 及以上强度等级的砖;不得用于长期受热在 200 ℃以上或受急冷急热或有侵蚀性介质的部位。

4. 混凝土多孔砖

混凝土多孔砖是以水泥为胶结材料,以砂、石等为主要集料,加水搅拌、压制成型、养护制成的一种多排小孔的混凝土砖。混凝土多孔砖的制作工艺简单,施工方便。

混凝土多孔砖的外形为直角六面体,产品的主要规格尺寸(长、宽、高)有 240 mm×190 mm×180 mm、240 mm×115 mm×90 mm、115 mm×90 mm×53 mm。最小外壁厚不应小于 15 mm,最小肋厚不应小于 10 mm,其形状如图 6.6 所示。为了减轻墙体自重及增加保温隔热功能,规定其孔洞率应不小于30%。混凝土多孔砖按强度等级分为 MU10、MU15、MU20、MU25 及 MU30 5 个等级。

图 6.6 混凝土多孔砖形状

用混凝土多孔砖代替实心黏土砖、烧结多孔砖,可以不占用耕地,节省国土资源,且不用焙烧设备,节省能耗。在建筑工程中,多用于建筑物的围护结构和隔墙。

6.2 砌 块

砌块是比砖大的砌筑用人造石材,外形多为直角六面体,也有各种异型的。生产砌块的原料多为工业废渣,这样可以节约土地、降低能耗、保护环境,改善建筑功能和提高建筑施工效率。

砌块按产品规格的尺寸,可分为大型砌块(高度大于 980 mm)、中型砌块(高度为 380~980 mm)和小型砌块(高度大于 115 mm 且小于 380 mm);按有无孔洞可分为实心砌块和空心砌块。空心砌块是指空心率大于等于 25%的砌块。

目前,在国内推广应用较为普遍的砌块有蒸压加气混凝土砌块、混凝土小型空心砌块、粉煤灰砌块及石膏砌块等。

6.2.1 蒸压加气混凝土砌块

蒸压加气混凝土砌块是钙质材料(水泥、生石灰等)、硅质材料(矿渣和粉煤灰)及水按一定比例配合,加入少量铝粉作发气剂,经蒸压养护而成的多孔轻质墙体材料,简称加气混凝土砌块,其代号为ACB。生产加气混凝土砌块时,水泥的品种通常选择硅酸盐水泥,以保证浇筑稳定性和坯体硬化。一般要求生石灰中有效CaO的含量大于65%(质量分数)。

蒸压加气混凝土砌块的生产工艺包括原材料制备、配料浇筑、坯体切割、蒸压养护、脱模加工等工序。

1. 技术要求

(1) 尺寸规定

按《蒸压加气混凝土砌块》(GB/T 11968—2006)的规定,长度为600 mm,高度为200 mm、240 mm、250 mm、300 mm,宽度为100 mm、125 mm、150 mm、180 mm、200 mm、240 mm、250 mm、300 mm,如果需要其他规格,可由供需双方协商解决。

(2) 强度等级

蒸压加气混凝土砌块按抗压强度可分为7个等级 A1.0、A2.0、A2.5、A3.5、A5.0、A7.5 及 A10.0,见表6.12。

表 6.12　蒸压加气混凝土砌块各等级抗压强度

强度等级		A1.0	A2.0	A2.5	A3.5	A5.0	A7.5	A10.0
立方体抗压强度/MPa	平均值	≥1.0	≥2.0	≥2.5	≥3.5	≥5.0	≥7.5	≥10.0
	单块最小值	≥0.8	≥1.6	≥2.0	≥2.8	≥4.0	≥6.0	≥8.0

(3) 密度等级

蒸压加气混凝土砌块按干表观密度可分为6个等级:B03、B04、B05、B06、B07 及 B08 。

(4) 质量和强度等级

蒸压加气混凝土砌块按外观质量、尺寸偏差、干密度及抗压强度等分为优等品(A)和合格品(B)。蒸压加气混凝土砌块的干密度见表6.13。蒸压加气混凝土砌块的抗压强度见表6.14。

表 6.13　蒸压加气混凝土砌块的干密度

干密度级别		B03	B04	B05	B06	B07	B08
干密度/(kg·m⁻³)	优等品	300	400	500	600	700	800
	一等品	325	425	525	625	725	825

表 6.14　蒸压加气混凝土砌块的抗压强度

强度等级	立方体抗压强度/MPa	
	平均值	单块最小值
A1.0	≥1.0	≥0.8
A2.0	≥2.0	≥1.6
A2.5	≥2.5	≥2.0
A3.5	≥3.5	≥2.8
A5.0	≥5.0	≥4.0
A7.5	≥7.5	≥6.0
A10.0	≥10.0	≥8.0

（5）抗冻性和导热系数

蒸压加气混凝土砌块的保温、隔热性能好，主要由于它的导热系数小。蒸压加气混凝土砌块的抗冻性和导热系数见表6.15。

表 6.15　蒸压加气混凝土砌块的抗冻性和导热系数

干密度级别			B03	B04	B05	B06	B07	B08
抗冻性	质量损失/%		≤5.0					
	冻后强度/MPa	优等品（A）	≥0.8	≥1.6	≥2.8	≥4.0	≥6.0	≥8.0
		合格品（B）			≥2.0	≥2.8	≥4.0	≥6.0
导热系数（干态）/(W·(m²·K)⁻¹)			≤0.10	≤0.12	≤0.14	≤0.16	≤0.18	≤0.30

（6）产品标志

蒸压加气混凝土砌块的产品标志由强度级别、干密度级别、等级、规格尺寸及标准编号5部分组成。如强度级别为A3.5、干密度级别为B05、优等品、规格尺寸为600 mm×200 mm×250 mm的蒸压加气混凝土砌块，其标记为 ACB A3.5 B05 600×200×250（A）GB 11968。

2. 应用

蒸压加气混凝土砌块常用品种有加气粉煤灰砌块及蒸压矿渣砂加气混凝土砌块。它适用于框架结构、现浇筑混凝土结构建筑的外墙填充、内墙隔断；3层以下的承重墙；多层建筑的外墙等。蒸压加气混凝土不宜用于长期浸水或经常干湿交替部位、受化学侵蚀环境、承重制品表面温度高于800 ℃的部位。蒸压加气混凝土砌块砌筑时，应向砌筑面浇水适量，每天砌筑高度不宜超过1.8 m。蒸压加气混凝土外墙面，应做饰面防护措施。

技术点睛

名词解释

①浇筑：将符合配合比要求的物料搅拌均匀，制成料浆，注入模具中，使其形成加气混凝土坯体。

②蒸压养护工艺：以水蒸气为热载体，在蒸压釜内给被养护的制品提供水热合成反应所必需的温度、湿度和必需的时间。

6.2.2 混凝土小型空心砌块

1. 分类

混凝土小型空心砌块按主要原材料分为普通混凝土小型空心砌块、工业废渣骨料混凝土小型空心砌块、天然轻骨料混凝土小型空心砌块和人造轻骨料混凝土小型空心砌块。

混凝土小型空心砌块按功能分为承重和非承重混凝土小型空心砌块、装饰砌块、保温砌块和吸声砌块等。

混凝土小型空心砌块按用途分为墙用砌块、铺地砌块、异型砌块等。

混凝土小型空心砌块分为单排孔砌块和多排孔砌块两种。单排孔砌块为沿宽度方向只有一排孔的砌块，砌块示意图如图6.7所示。单排孔砌块的孔洞分为通孔和盲孔两种。多排孔砌块是沿宽度方向有双排孔或多排孔的砌块，通常为盲孔砌块，保温、隔热性能好。

普通混凝土小型空心砌块是以水泥为胶凝材料，砂、碎石或卵石、煤矸石、炉渣为集料，经加水搅拌、振动加压或冲压成型、养护而成的小型砌块。

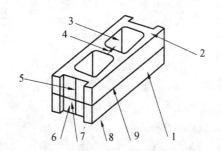

图 6.7　混凝土小型空心砌块示意图
1—条面；2—坐浆面(肋厚较小的面)；3—壁；4—肋；
5—高度；6—顶面；7—宽度；8—铺浆面(肋厚较大的面)；9—长度

2.普通混凝土小型空心砌块的技术要求

(1)尺寸规格

普通混凝土小型空心砌块主规格尺寸为 390 mm×90 mm×190 mm，最小外壁厚不应小于 30 mm，最小肋厚不应小于 25 mm，空心率应不小于 25%。

(2)强度和质量等级

普通混凝土小型空心砌块按抗压强度分为 6 个强度等级：MU3.5、MU5.0、MU7.5、MU10.0、MU15.0 及 MU20.0；按质量等级分为优等品(A)、一等品(B)和合格品(C)。

(3)产品标志

普通混凝土小型空心砌块按产品名称(代号 NHB)、强度等级、外观质量等级和标准编号的顺序进行标记。例如强度等级为 MU7.5、外观质量为优等品(A)的砌块，其标记为 NHB MU7.5A GB8239。

3.应用

混凝土小型空心砌块建筑体系比较灵活，砌筑方便，可以用于各种墙体、柱类及特殊构筑物砌体等，如各种公用或民用住宅建筑以及工业厂房、仓库和农村建筑的内外墙体。为防止或避免小砌块因失水而产生的收缩导致墙体开裂。小砌块采用自然养护时，必须养护 28 d 后方可上墙，保证气体达到应有的强度指标；出厂时小砌块的相对含水率必须严格控制；在施工现场堆放时，必须采用防雨措施；砌筑前，一般不宜浇水，以防止墙体开裂，应根据建筑的情况设置伸缩缝，在必要的部位增加构造钢筋。

6.3　墙用板材

6.3.1　石膏类墙用板材

石膏板主要有纸面石膏板、纤维石膏板及石膏空心条板 3 类。

(1)纸面石膏板

纸面石膏板是以建筑石膏为胶凝材料，并掺入纤维和添加剂所组成的芯材，与芯材牢固地结合在一起的护面纸所组成的建筑板材。护面纸对石膏芯起到保护和增强作用，纸面石膏板主要包括普通纸面石膏板、防火纸面石膏板、装饰纸面石膏板和防水纸面石膏板等品种。纸面石膏板具有轻质高强、绝热、防火、防水、吸声、可调节室内空气温及湿度、施工方便等特点。

普通纸面石膏板适用于建筑物的围护墙、内隔墙和吊顶在厨房、厕所以及空气相对湿度经常大于 70% 的潮湿环境使用时，必须采用相应防潮措施。装饰石膏板主要用于室内装饰；防水纸面石膏板纸面经过防水处理,而且石膏芯材也含有防水成分,因而适用于湿度较大的房间墙面;耐火纸面石膏板主要用于对防火要求较高的建筑工程。

（2）纤维石膏板

纤维石膏板是以石膏为主要原料,加入适量有机或无机纤维和外加剂,经打浆、铺浆脱水、成型、干燥而成的一种板材,其板厚为 12 mm,体积密度为 1 100～1 230 kg/m³,导热系数为 0.18～0.19 W/(m·K)。纤维石膏板具有质轻、高强、隔声、韧性好等特点,可锯、钉、刨、粘,施工简便,主要用于非承重内隔墙、天花板、内墙贴面等。

（3）石膏空心板

石膏空心板是以建筑石膏为胶凝材料,加入适量轻质材料(如膨胀珍珠岩等)和改性材料(如水泥、石灰、粉煤灰、外加剂等),经搅拌、成型、抽芯、干燥等工序制成的空心条板。石膏空心板按强度有普通型和增强型两种。

石膏空心板表观密度为 600～900 kg/m³,加工性好、质量轻、颜色洁白、表面平整光滑,可在板面喷刷或粘贴各种饰面材料,空心部位可预埋电线和管件,施工安装时不用龙骨,施工简单,主要用于非承重内隔墙。

6.3.2 水泥类墙用板材

水泥类墙用板材具有较好的力学性能和耐久性,生产技术成熟,产品质量可靠,主要用于承重墙、外墙和复合外墙的外层面。

1. 预应力混凝土空心板

预应力混凝土空心板是以高强度的预应力钢绞线用先张法制成的,可根据需要增设保温层、防水层、外饰面层等。根据《预应力混凝土空心板》(GB/T 14040—2007)标准规定,规格尺寸:高度宜为 120 mm、180 mm、240 mm、300 mm、360 mm,宽度宜为 900 mm、1 200 mm,长度不宜大于高度的 40 倍,混凝土强度等级不应低于 C30,如果用轻骨料混凝土浇筑,轻骨料混凝土强度等级不应低于 LC30。预应力混凝土空心板(图 6.8)可用于承重或非承重的内外墙板、楼面板、屋面板、阳台板、雨篷等。

图 6.8　预应力混凝土空心板

2. 玻璃纤维增强水泥(GRC)轻质多孔墙板

玻璃纤维增强水泥(GRC)轻质多孔墙板是以水泥砂浆为胶结材料,膨胀珍珠岩、粉煤灰、炉渣等为骨料,用耐碱玻璃纤维作增强材料,经成型、养护而成的一种复合材料。GRC 轻质多孔墙板是一种无机复合材料,如图 6.9 所示。墙板中均匀分布着玻璃纤维,能够防止制品表面龟裂;水泥砂浆作为基材,水泥品种采用碱度低的水泥。GRC 轻质多孔墙板用于民用与工业建筑物的内隔墙和复合墙体的外墙面,如学校、医院、体育馆、娱乐场所等。

图 6.9　GRC 轻质多孔墙板

6.3.3　复合墙板

复合墙板是将不同功能的材料分层复合而制成的墙板,一般由外层、中间层和内层组成。外层用防水或装饰材料做成,主要起防水或装饰作用;中间层为减轻自重而掺入各种填充性材料,有保温、隔热、隔声作用;内层为饰面层。内外层之间多用龙骨或板勒连接,以增加承载力。目前,建筑工程中已广泛使用各种复合板材。

(1)钢丝网夹芯复合板材

钢丝网夹芯复合板材是将聚苯乙烯泡沫塑料、岩棉、玻璃棉等轻质芯材夹在中间,两片钢丝网之间用"之"字形钢丝相互连接,形成稳定的三维网架结构,然后用水泥砂浆在两侧抹面,或进行其他饰面装饰。钢丝网夹芯复合板材自重轻,其热阻约为 240 mm 厚普通砖墙的两倍,具有良好的隔热性,另外还具有隔声性好、抗冻性能好、抗震能力强等特点,且耐久性好,施工方便,可用作墙板、屋面板和各种保温板。

(2)彩钢夹芯板

彩钢夹芯板是以硬质泡沫塑料或结构岩棉为芯材,在两侧粘上彩色压型(或平面)镀锌板材,又称为EPS 轻型板。外露的彩色钢板表面一般涂以高级彩色塑料涂层,使其具有良好的抗腐性和耐气候性,适用于各类墙体和屋面。

(3)钢丝网夹芯板材

钢丝网夹芯板材中间为岩棉、泡沫混凝土等保温材料,内外表面为钢筋混凝土并用钢筋连接,主要用于建筑物的内外墙体。

一、填空题

1._____、_____和_____是目前所常用的墙体材料。

2.多孔砖砖具有_____、_____和_____等优点。

3.砌筑用石材分为_____和_____两类。

4.常用的隔墙墙体板材材料有_____、_____和_____特性。

5.烧结砖通常颜色较_____,敲之声音_____,主要适用于_____墙。

二、选择题

1. 烧结普通砖在墙体中广泛应用,主要是由于其具有下述除( )外的性能特点。

A. 一定的强度　　　　B. 高强　　　　　　　C. 耐久性较好　　　　　D. 隔热性较好

2. 鉴别过火砖和欠火砖的常用方法是( )。

A. 根据砖的强度　　　　　　　　　　B. 根据砖的颜色深浅及打击声音

C. 根据砖的外形尺寸　　　　　　　　D. 根据砖的孔隙

3. 黏土砖在砌筑墙体前一定要经过浇水润湿,其目的是为了( )。

A. 把砖冲洗干净　　　　　　　　　　B. 保证砌筑砂浆的稠度

C. 增加砂浆对砖的胶结力　　　　　　D. 减少蒸发

4. 强度和抗风化性能合格的烧结普通砖,根据( )分为优等品、一等品及合格品3个质量等级。

A. 尺寸偏差　　　　B. 外观质量　　　　　C. 泛霜　　　　　　　D. 石灰爆裂

5. 以下材料属于墙用砌块的是( )。

A. 蒸压加气混凝土砌块　　　　　　　B. 粉煤灰砌块

C. 混凝土小型空心砌块　　　　　　　D. 混凝土中型空心砌块

三、判断题

1. 毛石可用于基础、墙体及挡土墙。　　　　　　　　　　　　　　　　　　　　( )

2. 过火砖色浅疏松,无弯曲变形,导热系数低。　　　　　　　　　　　　　　　( )

3. 普通烧结黏土砖生产成本低、性能好,可大力发展。　　　　　　　　　　　　( )

4. 黏土平瓦用于具有较大坡度的屋面,其缺点是自重大、质脆,须轻拿轻放。　　( )

5. 蒸压加气混凝土砌块具有轻质、保温隔热及抗渗性好等优点。　　　　　　　　( )

四、简答题

1. 欠火砖和过火砖的主要影响因素有哪些?未烧透的欠火砖为何不宜用于地下?

2. 红砖与青砖有何异同点?

3. 为何要限制烧结黏土砖,发展新型墙体材料?

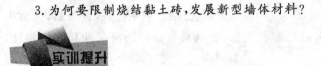

实训提升

　　加气混凝土砌块砌筑的墙抹砂浆层,采用于烧结普通砖的办法往墙上浇水后即抹,一般的砂浆往往易被加气混凝土吸去水分而容易干裂或空鼓,请分析其原因。

项目 **7** 木 材

【知识目标】

1. 了解木材的物理力学性质。
2. 掌握木材的腐蚀原因与防止措施。

【技能目标】

1. 掌握人造木材甲醛的放量与检测。
2. 掌握建筑工程中木材的选用。

【课时建议】

3 课时

7.1　木材的构造与分类

7.1.1　木材的构造

　　木材是传统的建筑材料,在古建筑和现代建筑中都得到了广泛应用。由于其质轻、有良好的强度和弹性,能承受震动和冲击荷载,在结构上主要用于构架和屋顶,如梁、柱、椽、望板、斗拱等。

　　研究木材的构造可以更好地掌握木材的性能。由于树种及其生长的自然环境不同,木材在构造上也有很大的区别。

　　1.木材的宏观构造

　　用肉眼或低倍放大镜能观察到的木材结构和非构造特征组织称为宏观特征。通常从树干的横切面、径切面和弦切面3个切面上来进行观察,如图7.1所示。

　　横切面指垂直于树干方向锯开的切面,能看到年轮、髓心等;弦切面指切面平行于树干方向,切面不过髓心;径切面指切面平行于树干方向,并通过髓心。

　　在宏观上,树木是由树皮、木质部、髓心、年轮、髓线等部分组成,如图7.2所示。

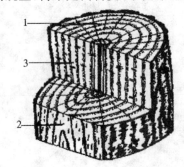

图 7.1　木材的 3 个切面
1—横切面;2—弦切面;3—径切面

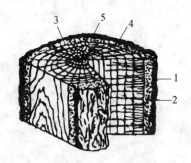

图 7.2　树木的 5 个组成部分
1—树皮;2—木质部;3—年轮;4—髓线;5—髓心

　　树皮是树干的保护层,占树干体积的 6%～25%,分为内皮和外皮,其作用是储存和输送养分。

　　木质部即木材,占树干体积的 80%～90%,是指位于形成层和髓之间的组织,是木材的主要部分。在木质部的构造中,接近树干中心、呈深色且含水率少的部分称心材;心材外围颜色较浅、含水率大的部分称为边材。一般说,心材比边材的利用价值大些。

　　髓心位于树干中心柔软的组织部分,常呈褐色或浅褐色,其材质松软、强度低、易腐朽开裂。年轮是指在木材的横切面上,有许多围绕髓心的同心圆。针叶树同一年轮内,靠近髓心方向的是春天生长的木质,颜色较浅,质地松软,称为春材;靠近树皮方向的是夏秋两季生长的木质,颜色较深,质地坚硬,称为夏材。髓线也称为木射线,是指在木材横切面上,一道道从髓心指向树皮方向的断断续续的线条。木材在干燥过程中易沿髓线开裂,阔叶树髓线较清晰,针叶树则不明显。

　　2.木材的微观构造

　　微观构造是指在显微镜下能观察的木材组织,它是由无数长管状细胞结合而成,它们大部分纵向排列,少数横向排列(如髓线)。每一细胞分为细胞壁和细胞腔两部分,细胞壁的构造如图7.3所示。

　　夏材的细胞壁越厚,腔越小,木材组织越均匀,表观密度越大,强度高,但湿胀干缩大。春材的细胞壁薄,腔大,质地松软,强度低,但干缩小。

针叶树与阔叶树的微观构造有较大差别。阔叶树材的显微构造较复杂,其细胞主要有木纤维、导管和髓线,其最大特点是髓线很发达,粗大而明显,这是鉴别阔叶树材的显著特征,如图 7.4 所示。

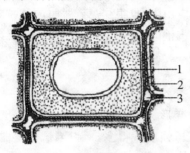

图 7.3　细胞壁的构造

1—细胞腔;2—初生层;3—细胞间层

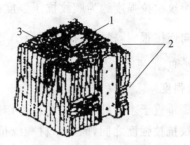

图 7.4　阔叶树材的微观构造

1—导管;2—髓线;3—木纤维

7.1.2　树木的分类

树木种类很多,按树种不同,可分为针叶树和阔叶树两大类。

1. 针叶树

针叶树的树叶细长如针或呈鳞片状,多数常绿,树干通直、高大,有的含树脂,纹理平顺,材质均匀,木质较软而易于加工,故又称为"软木材"。针叶树的强度较高,表观密度和胀缩变形较小,常含有较多的树脂,耐腐蚀性较强。其树材主要用作承重构件、装修和装饰部件,是主要的建筑用材。常用的针叶树种有红松、马尾松、落叶松、杉木、红豆杉、白松、银杏等。

2. 阔叶树

阔叶树的树叶宽大,叶脉成网状,绝大部分为落叶树,树干通直度较差,材质多数较较硬,又称为"硬木材"。阔叶树材一般较重,强度高,胀缩和翘曲变形大,易开裂。有美丽花纹的硬木在建筑中常用作尺寸较小的装修和装饰等构件,特别适于作室内装修、家具及胶合板等。常用的阔叶树的树种有毛白杨、胡核桃、榉木、柞木、檀树、水曲柳、桦树、椴木、泡桐等。

7.2　木材的主要性质

7.2.1　强度

1. 木材的强度

木材是非匀质的各向异性材料,不同的作用力方向其强度差异很大。作为建筑结构材料,需要利用木材的抗压强度、抗拉强度、抗剪强度和抗弯强度。其中抗压强度、抗拉强度、抗剪强度又有顺纹和横纹之分。

(1)抗压强度

木材的抗压强度分为顺纹抗压强度和横纹抗压强度。顺纹抗压强度为木材各个力学性质中的基本指标,是确定木材强度等级的依据,广泛应用于受压构件,如结构的柱子、打桩及木屋架的受压杆。

横纹抗压强度又可分为弦向和径向两种,比顺纹抗压强度低得多,其中横纹中径向抗压强度最小。

（2）抗拉强度

木材的抗拉强度分为顺纹抗拉强度和横纹抗拉强度。木材的顺纹抗拉强度是所有强度中最大的，各种木材的顺纹抗拉强度约为顺纹抗压强度的 2～3 倍。实际应用中，也很少见到木材顺纹拉断。由于木材细胞横向连接很弱，横纹抗拉强度最小，约为顺纹抗拉强度的 $\frac{1}{20} \sim \frac{1}{40}$。实际应用中，木材横纹受拉的情况也很少见。

（3）抗弯强度

木材受到垂直于木材纤维方向的外力作用后，会产生弯曲变形。木材抗弯强度的大小介于顺纹抗压强度和顺纹抗拉强度之间，因为木材顺纹抗拉强度比顺纹抗压强度大得多，所以当试件弯曲时，先在受压面开始破坏，最后在受拉区域破坏。

（4）抗剪强度

木材的抗剪强度是指木材受到剪切作用时的强度，分为顺纹剪切、横纹剪切和横纹切断 3 种，如图 7.5。顺纹剪切破坏是由于纤维间连接撕裂产生纵向位移和受横纹拉力作用所致；横纹剪切破坏完全是因为剪切面中纤维的横向连接被撕裂的结果；横纹切断破坏则是木材纤维被切断，这时强度较大，一般为顺纹剪切强度的 4～5 倍。虽然木材的顺纹抗剪强度不大，但在实际应用中经常利用这种强度，如屋架斜梁与横梁、木制品的榫头连接处。

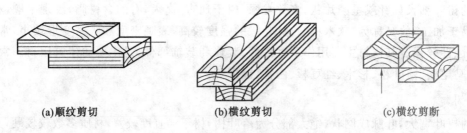

| (a)顺纹剪切 | (b)横纹剪切 | (c)横纹剪断 |

图 7.5　木材的受剪

木材因各向异性，故各种强度差异很大，木材各种强度之间的关系见表 7.1。

表 7.1　木材各种强度之间的关系

抗压强度/MPa		抗拉强度/MPa		抗弯强度/MPa	抗剪强度/MPa	
顺纹	横纹	顺纹	横纹		顺纹	横纹
100	10～20	200～300	6～20	150～200	15～20	50～100

2.影响木材强度的主要因素

（1）含水率的影响

木材含水率的大小直接影响木材的强度。当木材含水率在饱和点以上变化时，木材的强度不发生变化。当木材的含水率在纤维饱和点以下时，随着木材含水率降低，即吸附水减少，细胞壁趋于紧密，木材强度增大；反之，则强度减小。

测定木材强度时，应以其标准含水率（即含水率为 15%）时的强度测值为准，对于其他含水率时的强度测值，应换算成标准含水率时的强度值。其换算经验公式如下：

$$\sigma_{15} = \sigma_w (1 + \alpha(w-15)) \tag{7.1}$$

式中　σ_{15}——含水率为 15% 时的木材强度，MPa；

σ_w——含水率为 w 时的木材强度，MPa；

w——试验时的木材含水率，%；

α——木材含水率校正系数。

木材含水率校正系数,一般随作用力和树种不同而发生变化。如木材在顺纹抗压时,所有树种木材的含水率校正系数 α 均为 0.05;当木材在顺纹抗拉时,阔叶树的含水率校正系数 α 为 0.015,针叶树的为 0;当木材在弯曲荷载作用下,所有树种木材的含水率校正系数 α 为 0.04;当木材在顺纹抗剪时,所有树种木材的含水率校正系数 α 为 0.03。

(2)负荷时间的影响

木材在长期荷载作用下,即使外力值不变,随着时间延长,木材将发生较大的蠕变,最后达到较大的变形而破坏。这种木材在长期荷载作用下不致引起破坏的最大强度,称为持久强度。木材的持久强度比其极限强度小得多,一般为极限强度的 50%~60%。

(3)温度的影响

木材的强度随环境温度的升高而降低,木材中的细胞壁成分会逐渐软化,强度也随之降低。一般当温度由 25 ℃升到 50 ℃时,针叶树种的木材抗拉强度降低 10%~15%,其抗压强度降低 20%~24%。当木材长期处于 60~100 ℃时,木材中的水分和所含挥发物会蒸发,从而导致木材呈暗褐色,强度明显下降,变形增大。当温度超过 140 ℃时,木材中的纤维素发生热裂解,颜色逐渐变黑,强度显著下降。因此,长期处于高温环境的构筑物,不宜采用木结构。

(4)木材的疵病

木材在生长、采伐及保存过程中,会产生内部缺陷和外部缺陷,这些缺陷统称为疵病。木材的疵病主要有木节、斜纹、裂纹、腐朽及虫害等,这些疵病将影响木材的力学性质,但同一疵病对木材不同强度的影响不尽相同。一般木材或多或少都存在一些疵病,致使木材的物理力学性质受到影响。

木节分为活节、死节、松软、腐朽节等几种,活节影响较小。木节使顺纹抗拉强度显著降低,对顺纹抗压强度影响小。在木材受横纹抗压和剪切时,木节反而增加其强度。斜纹木材严重降低顺纹抗拉强度,对抗弯强度影响次之,对顺纹抗压强度影响较小。裂纹、腐朽、虫害等疵病,会造成木材构造的不连续性和破坏其组织,因而严重影响木材的力学性质,有时甚至使木材完全失去使用价值。木节的种类如图 7.6 所示。

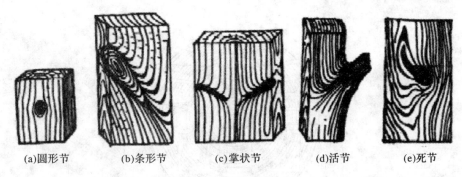

(a)圆形节　　(b)条形节　　(c)掌状节　　(d)活节　　(e)死节

图 7.6　木节的种类

7.2.2　含水量与湿胀干缩

木材的内部结构不均匀,各向异性,故木材的含水率对木材的湿胀干缩性和强度影响很大。

1. 木材中的水分

木材含水量用含水率表示,指木材中水分质量与干燥木材质量的百分比。木材中的水分有 3 种,即自由水、吸附水和化合水。自由水存在于木材细胞腔内和细胞间隙中的水;吸附水是被吸附在细胞壁内细纤维中的水分,吸附水含量的变化是影响木材强度和木材胀缩变形的最主要因素;化合水是组成细胞化合成分的水,它在常温下不变化,对木材的性能无影响。

影响木材物理力学性质和应用的最主要含水率指标是纤维饱和点和平衡含水率。

(1)木材的纤维饱和点

潮湿木材放在空气中干燥,首先蒸发细胞腔中的自由水,当自由水蒸发完毕,而细胞壁中的吸附水尚在饱和状态时,称为纤维饱和点。这时的木材含水率称为纤维饱和点含水率。纤维饱和点含水率因树种、气温和湿度而异,纤维饱和点是木材物理力学性质变异的转折点。

(2)木材的平衡含水率

木材长期放置于一定的温度和相对湿度的空气中,会达到相对恒定的含水率。此时的木材含水率称为平衡含水率。当木材的实际含水率小于平衡含水率时,木材吸收空气中水分;当木材实际含水率大于平衡含水率时,则木材蒸发水分。木材因含水率的变化而生产膨胀和收缩。在生产中一般要求木材达到平衡含水率再使用,这样才能使木材较少发生开裂和变形。木材的平衡含水率是木材进行干燥时的重要指标。

2.木材的湿胀与干缩

木材的吸湿性会使木材的物理力学性质随平衡含水率的变化而变化。因此,木材制品必须干燥,使其含水率与所处环境相对应,方可避免木材及其制品因温度、湿度的影响而出现胀缩、翘曲、开裂等现象。当木材的含水率在纤维饱和点以下时,随着含水率的增大,木材体积产生膨胀,随着含水率的减小,木材的体积收缩,这分别称为木材的湿胀和干缩。此时的含水率变化主要是吸附水的变化。当木材含水率在纤维饱和点以上,只是自由水增减变化时,木材的体积不发生变化,只有吸附水发生变化时才会引起木材的变形。

一般说来,在含水率相同的情况下,木材密度大者,横纹(径向、弦向)收缩大;密度小者,横纹收缩小,纵向收缩则相反。在同一树种中,弦向收缩最大,为6%~12%;径向次之,为3%~6%;纵向最小,为0.1%~0.35%。

湿材干燥后,其截面尺寸和形状会发生明显的变化。图7.7为木材干燥后其横截面上各部位的不同变形情况。

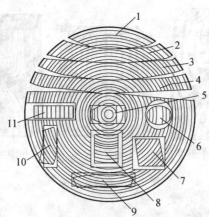

图7.7 木材干燥后其横截面形状的改变

1—弓形成橄榄核状;2、3、4—成反翘曲;

5—通过髓心径锯板两头缩小成纺锤形;6—圆形成椭圆形;

7—与年轮成对角线的正方形变菱形;8—两边与年轮平行的正方形变长方形;

9、10—长方形板的翘曲;11—边材径向锯板较均匀

7.3 木材的防护与应用

7.3.1 木材的防护

木材最大的缺点是易腐朽、易虫蛀和易燃,应采取必要的措施以提高木材的耐久性。

1. 木材的干燥

木材具有质轻、坚韧、耐酸、耐碱、绝缘性好、易于加工等优点,但必须是在木材的含水率符合规定的前提下,其特性才能充分发挥。故在使用前须将木材进行干燥,干燥的方法一般有自然干燥和人工干燥两种方法。

(1)自然干燥:把木材在空地合理地堆积,利用太阳照射的热量,使木材中的水分排出而达到干燥的目的。

(2)人工干燥:将木材堆积于干燥室内,通过加热对木材进行干燥处理,干燥的速度快。

2. 木材的防腐

(1)木材的腐朽

腐朽菌在木材中由菌丝分泌酵素,破坏细胞壁,引起木材腐朽。按腐朽后木材颜色的变化及形状的不同分为白色腐朽和褐色腐朽两类。白色腐朽是白腐菌侵入木材,腐蚀木质素,剩下纤维素,使木材呈现白色斑点,成为蜂窝状或筛孔状。褐色腐朽是褐腐菌腐蚀纤维素而剩下木质素,呈现红褐色,木材表面有纵横交错的裂隙,用手搓捻,即成粉末。

(2)木材防腐的措施

木材腐朽的主要原因是由于木腐菌的侵害,最适合木腐菌繁殖一般具备以下条件:

①水分。木腐菌分泌酵素以水为媒介,把木质本身分解为糖作为营养,木材含水率为30%～50%时最容易腐朽。

②空气。空气可以让木腐菌更快得繁殖,从而导致木材更快得腐朽。

③温度。木腐菌在一定的温度下最适合繁殖生存。

木材防腐可采取两种方式:一种是创造条件,使木材不适于真菌寄生和繁殖;另一种是把木材变为有毒的物质,使其不能作真菌和昆虫的养料。第一种方式最常用的方法是通过通风、排湿、表面涂刷油漆等措施,保证木结构经常处于干燥状态,使其含水率在20%以下;第二种方法通常是把化学防腐剂、防虫剂注入木材内,使木材成为对真菌和昆虫有毒的物质。

3. 木材的防火

所谓木材的防火,就是将木材经过具有阻燃性能的化学物质处理后,变成难燃的材料,以达到遇小火能自熄,遇大火能延缓或阻滞燃烧蔓延,从而赢得扑救的时间。木材的防火措施有:

(1)低于木材着火危险温度

木材属于易燃物质。在热作用下,木材会分解出可燃气体,并放出热量;当温度达到260 ℃时,即使在无热源的情况下,木材自己也会燃烧,因而木结构设计中将260 ℃称为木材着火危险温度。

(2)采用化学药剂

防火剂一般有两类:一类是浸注剂;另一类是防火涂料。其防火原理是,化学药剂遇火源时能产生隔热层,阻止木材着火燃烧。

7.3.2 木材的综合利用

在建筑工程中,一定要根据树种、等级、材质和规格经济合理地使用木材,对木材进行综合利用。

1. 木材

根据《木结构设计规范》,按承重结构受力情况和缺陷,将承重结构木构件材质等级分成 3 个等级,见表 7.2,设计时应根据构件受力种类合理选用。

表 7.2　承重结构木构件材质等级(GB 50005—2003)

项次	主要用途	材质等级
1	受拉或拉弯构件	I_a
2	受弯或压弯构件	II_a
3	受压构件及次要受弯构件(如吊顶、小龙骨等)	III_a

木材按加工程度分为原条、原木、锯材和枕木。原条指已经修枝、剥皮但尚未加工造材的木材,例如工程中木脚手架的脚手杆。原木是指树木经修枝并截成规定长度的木材,主要用作屋架、桩木。板方材是指由原木纵向锯成的板材和方材的统称。其中截面宽度为厚度的 3 倍以上的称为板材,截面宽度不足厚度的 3 倍的称为方材,主要用作模板、闸门和桥梁。枕木是指按枕木断面和长度加工而成的木材,主要用于铁道工程。

建筑用木材通常以原木、板材和方材 3 种型材供应。各种商品木材均按国家材质标准,根据木材的缺陷情况划分等级。

2. 人造板材

将碎块、废屑等下脚料进行加工处理,或将原木旋切成薄片进行胶合,可制成人造板材。

(1)胶合板

胶合板也称为夹板,行内俗称细芯板。生产时,先将圆木或方木在水中浸泡至其软化,然后旋切成薄片,在各层纤维互相垂直的方向,用胶黏剂黏合、热压而成的人造板材。

胶合板一般多用单数层,按其层数分为三夹板、五夹板、七夹板、九夹板和十一夹板。同一厚度的胶合板,其层数越多,质量就越好。

技 术 点 睛

胶合板为什么一般采用单数层?

实验证明,胶合板弯曲时最大水平剪应力作用于板的对称平面上。单层胶合板的对称平面是中间一层板,双层胶合板的对称平面是胶层。而胶合板所用的黏结剂的抗剪强度大多低于木材的抗剪强度,故胶合板均采用单数层。

普通胶合板可分成 3 类:Ⅰ类(NQF):耐气候、耐沸水胶合板;Ⅱ类(NS):耐水胶合板;Ⅲ类(NC):耐潮胶合板。其幅面尺寸规定见表 7.3。

表 7.3　胶合板的幅面尺寸　　　　　　　　　　　　mm

宽度	长度				
	915	1 220	1 830	2 135	2 440
915	915	1 220	1 830	2 135	
1 220		1 220	1 830	2 135	2 440

胶合板不仅广泛应用于建筑装修中的天棚板、隔墙板、门芯板、家具及室内装修,同时也作为模板大量用于混凝土结构施工中。

混凝土模板用的木胶合板通常由5、7、9、11层等奇数层单板经热压固化而胶合成型。我国模板用木胶合板的规格尺寸见表7.4。

表 7.4　模板用木胶合板的规格尺寸

厚度/mm	层数	宽度/m	长度/mm
12	至少5层	915	1 830
15		1 220	1 830
18	至少7层	915	2 135
		1 220	2 440

(2)细木工板

细木工板俗称大芯板,是由两片单板中心胶压拼接木板而成。它具有质轻、易加工、握钉力好、不变形等优点,是室内装修和高档家具制作的较理想材料。

细木工板按结构不同可分为芯板条不胶拼的和芯板条胶拼的两种;按表面加工状况可分为一面砂光、两面砂光和不砂光3种;按所使用的胶合剂不同,可分为Ⅰ类胶细木工板和Ⅱ类胶细木工板两种;按面板的材质和加工工艺质量不同,可分为一、二、三3个等级。其幅面规格尺寸见表7.5。

表 7.5　细木工板的幅面规格尺寸　　　　　　　　　　　　　　　　mm

宽度	长度				
	915	1 200	1 520	2 135	2 440
915	915	—	1 520	2 135	—
1 220	—	1 200	1 520	2 135	2 440

(3)纤维板

纤维板又名密度板,是以木质纤维或其他植物素纤维为原料,施加脲醛树脂或其他适用的胶黏剂制成的人造板,制造过程中可以施加胶黏剂和(或)添加剂。纤维板具有材质均匀、纵横强度差小、不易开裂等优点,用途广泛。

(4)刨花板和木丝板

刨花板是用木材碎料为主要原料,再掺加胶水、添加剂经压制而成的薄型板材。

木丝板是用选定种类的晾干木料刨成细长木丝,经化学浸渍稳定处理后,木丝表面浸有水泥浆再加压成水泥木丝板,简称为木丝板。

3. 木地板

木质地板主要分为实木地板、强化木地板、实木复合地板、多层复合地板等。

(1)实木地板

实木地板就是采用完整的木材制成的木板材。实木地板可分为以下几种:

①平口实木地板:六面均为平直的长方体或工艺形多面体木地板。

②企口实木地板:板面呈长方形,其中一侧为榫,另一侧有槽,背面有抗变形槽。

③拼花木地板:由许多条状小木块以一定的艺术性和规律性的图案拼接成的木地板。

④竖木地板:以木材的横切面为板面,呈矩形、正方形,正五、六、八等正多面体或圆柱体拼成的木地板。

(2)强化木地板

强化木地板又称为浸渍纸饰面层压木质地板,一般可分为以中、高密度纤维板为基材的强化木地板和以刨花板为基材的强化木地板两大类。其装饰层为电脑仿真制作的印刷纸,底层采用一定强度的厚纸在三聚氰胺中浸渍制得。

（3）实木复合地板

实木复合地板是由不同树种的板材交错层压而成的。实木复合地板分为多层实木地板和三层实木地板。三层结构板材用胶层压而成,多层实木复合地板是以多层胶合板为基材,以一定规格的硬木薄片镶拼板或刨切单板为面板,层压而成的。

7.3.3 人造木材中甲醛的释放量与检测

各种人造板材中由于使用了胶黏剂,含有甲醛。甲醛（HCHO）又名蚁醛,无色气体,具有辛辣刺激性气味。甲醛被世界卫生组织确定为致癌和致畸形的物质。

人造板产生甲醛的原因:

①木材本身在干燥时,因内部分解而产生甲醛。

②用于板材基材黏结的胶水是产生甲醛的主要原因之一。

凡是大量使用胶黏剂的木材,都会有甲醛释放,为了人身健康,对其必须严格加以控制。目前甲醛含量检测的方法主要有两种:一是穿孔法检测法,检测的是人造板材中游离甲醛的含量;二是干燥器法,检测的是人造板材的甲醛释放量。

民用建筑工程室内用人造木板及饰面人造木板,必须测定游离甲醛的含量或游离甲醛的释放量。人造板及其制品中甲醛释放量试验方法及限量值见表7.6。

表 7.6 人造板及其制品中甲醛释放量试验方法及限量值

产品名称	试验方法	限量值	使用范围	限量标志
中密度纤维板、高密度纤维板、刨花板、定向刨花板等	穿孔萃取法	≤9 mg/100 g	可直接用于室内	E1
		≤30 mg/100 g	必须经饰面处理后可允许用于室内	E2
胶合板、装饰单板贴面胶合板、细木工板等	干燥器法	≤1.5 mg/L	可直接用于室内	E1
		≤5.0 mg/L	必须经饰面处理后可允许用于室内	E2
饰面人造板（包括浸渍层压木质地板、实木复合地板、竹地板、浸渍胶膜纸饰面人造板等）	气候箱法	≤0.12 mg/m³	必须经饰面处理后可允许用于室内	E2
	干燥器法	≤1.5 mg/L	可直接用于室内	E1

注:①仲裁时采用气候箱法;
　　②E1 为可直接用于室内的人造板,E2 为必须经饰面处理后允许用于室内的人造板

技 术 点 睛 ::::::::::::::::::::::::::::

甲醛对人体健康的影响

甲醛对人体健康的影响主要表现在嗅觉异常、刺激、过敏、肺功能异常、肝功能异常和免疫功能异常等方面。甲醛在空气中浓度达到 $0.06\sim0.07$ mg/m³ 时,儿童就会发生轻微气喘。当室内空气中甲醛含量为 0.1 mg/m³ 时,就有异味和不适感;达到 0.5 mg/m³ 时,可刺激眼睛,引起流泪;达到 0.6 mg/m³ 时,可引起咽喉不适或疼痛;浓度更高时,可引起恶心呕吐,咳嗽胸闷,气喘甚至肺水肿;达到 30 mg/m³ 时,会立即致人死亡。

基础同步

一、填空题

1.木材的宏观构造通常从树干的_____、_____和_____3个切面上来进行观察。

2.木材在干燥时,沿_____方向的收缩最大。

3.木材中的水分有3种,即_____、_____和_____。

4.实木地板可分为_____、_____、_____和_____。

5.质量分数为35%～40%的甲醛水溶液俗称_____,易溶于_____和_____。人造板材的甲醛含量检测的方法主要有_____和_____两种。根据游离甲醛含量或游离甲醛释放量限量划分为_____类和_____类。

二、选择题

1.以下属于阔叶树的是(   )。

A.杉木   B.红豆杉   C.银杏   D.桦树

2.木节对木材的(   )强度影响最大。

A.抗弯   B.抗拉   C.抗剪   D.抗压

3.混凝土模板用木胶合板至少为(   )层。

A.3   B.5   C.7   D.9

4.对于木材的各强度关系,以下正确的是(   )。

A.顺纹抗压强度大于顺纹抗拉强度   B.顺纹抗拉强度大于横纹抗拉强度

C.顺纹抗剪强度大于横纹抗剪强度   D.横纹抗拉强度大于横纹切断强度

5.保证木结构经常处于干燥状态,使其含水率在(   )以下木材中的腐朽菌就停止繁殖和生存。

A.10%   B.20%   C.30%   D.40%

三、判断题

1.径切面指切面平行于树干方向,切面不通过髓心。   (   )

2.木材的横纹抗拉强度高于其顺纹抗拉强度。   (   )

3.化合水是组成细胞化合成分的水,它在常温下不变化,对木材的性能无影响。 (   )

4.木材的平衡含水率是一个常量,与外界无关。   (   )

5.细木工板尺寸稳定,不易变形,有效地克服木材各向异性。   (   )

四、简答题

1.简述木材的宏观构造。

2.胶合板为何一般采用单数层?

3.木材的边材与心材有何差别?

实训提升

1.为什么在使用木材之前,必须使木材的含水率接近使用环境下的平衡含水率?

2.混凝土施工常采用木模板,规定木模板的板条宽度不宜超过200 mm。试根据你所学的知识对此进行解释。

项目8 建筑钢材

项目目标 〉〉〉〉〉〉〉

【知识目标】
1. 理解钢材的性能及影响因素。
2. 掌握钢材的腐蚀原因与防止措施。

【技能目标】
掌握钢材在建筑工程中的应用。

【课时建议】
6 课时

8.1　钢材的冶炼与分类

8.1.1　钢材的冶炼

建筑钢材是主要的建筑材料之一,它包括钢结构用钢材(如钢板、型钢、钢管等)和钢筋混凝土用钢材(如钢筋、钢丝等)。钢材是在严格的技术控制条件下生产的材料,与非金属材料相比,具有品质均匀稳定、强度高、塑性韧性好、可焊接和铆接等优异性能。钢材的主要缺点是易锈蚀,维护费用大,耐火性差,生产能耗大。

1.钢材的冶炼过程

钢是由生铁冶炼而成的。生铁的冶炼过程是:将铁矿石、熔剂(石灰石)、燃料(焦炭)置于高炉中,约在1 750 ℃高温下,石灰石与铁矿石中的硅、锰、硫、磷等经过化学反应,生成铁渣,浮于铁水表面,铁渣和铁水分别从出渣口和出铁口放出,铁渣排出时用水急冷得到水淬矿渣,排出的生铁中含有碳、硫、磷、锰等杂质。生铁又分为炼钢生铁(白口铁)和铸造生铁(灰口铁)。生铁硬而脆,无塑性和韧性,不能焊接、锻造、轧制。

炼钢的过程就是将生铁进行精练,使碳的含量降低到一定的限度,同时把其他杂质的含量也降低到允许范围内。所以,在理论上凡含碳量在2%(质量分数)以下,含有害杂质较少的铁碳合金可称为钢。钢液在炼钢炉中冶炼完成之后,必须经盛钢桶(钢包)注入铸模,凝固成一定形状的钢锭或钢坯才能进行再加工。

2.钢的化学偏析

钢水脱氧后浇铸成钢锭,在钢锭冷却过程中,由于钢内某些元素在铁的液相中的溶解度高于固相,使这些元素向凝固较迟的钢锭中心集中,导致化学成分在钢锭截面上分布不均匀,这种现象称为化学偏析。其中尤以磷、硫等的偏析最为严重,偏析现象对钢的质量影响很大。

8.1.2　钢材的分类

钢与生铁的区别在于含碳量的多少。以铁为主,含碳量小于2%(质量分数)的称为钢;含碳量大于2%(质量分数)的称为生铁。

1.按照化学成分分类

(1)碳素钢

碳素钢的主要成分是铁,其次是碳,另外还含有少量的硅、锰、磷、硫等元素。按含碳量的大小将碳素钢分为低碳钢(含碳量小于0.25%(质量分数))、中碳钢(含碳量为0.25%~0.60%(质量分数))和高碳钢(含碳量大于0.60%(质量分数))。

(2)合金钢

在碳素钢中加入一种或几种改变钢材性能的金素元素(常用的是硅、锰、钒、钛等)即为合金钢。根据合金元素含量分为低合金钢(合金元素总含量小于5%(质量分数))、中合金钢(合金元素总含量为5%~10%(质量分数))和高合金钢(合金元素总含量大于10%(质量分数))。

2.按照冶炼时脱氧程度分类

在炼钢过程中,为了除去钢液中的氧,必须加入脱氧剂锰铁、硅铁及铝锭使之与FeO反应,生成

MnO、SiO_2 或 Al_2O_3 等钢渣而被除去,这一过程称为"脱氧"。根据脱脱氧程度不同,钢材分为:

(1)沸腾钢

炼钢时仅加入锰铁进行脱氧,脱氧不完全。这种钢液铸锭时,有大量的一氧化碳气体逸出,钢液呈沸腾状,故称为沸腾钢,代号为"F"。

沸腾钢组织不够致密,成分不太均匀,硫、磷等杂质偏析较严重,故质量较差。但因其成本低、产量高,故被广泛用于一般工程。

(2)镇静钢

镇静钢是脱氧较完全的钢,其代号为"Z"。它含有较少的有害氧化物杂质,而且氮多数是以氮化物的形式存在。镇静钢虽然成本较高,但其组织致密,成分均匀,含硫量较少,性能稳定,故质量好,适用于预应力混凝土等重要结构工程。

(3)特殊镇静钢

比镇静钢脱氧程度更充分彻底的钢,称为特殊镇静钢,代号为"TZ"。特殊镇静钢的质量最好,适用于特别重要的结构工程。

3. 按照炼钢设备分类

(1)空气转炉钢

空气转炉炼钢是以熔融状态的铁水为原料,在转炉底部或侧面吹入高压热空气,使杂质在空气中氧化而被除去。其缺点是在吹炼过程中,易混入空气中的氮、氢等有害气体,且熔炼时间短,化学成分难以精确控制,这种钢质量较差,但成本较低,生产效率高。

(2)氧气转炉钢

氧气转炉炼钢是以熔融铁水为原料,用纯氧代替空气,由炉顶向转炉内吹入高压氧气,能有效地除去磷、硫等杂质,使钢的质量显著提高,而成本却较低。氧气转炉钢常用来炼制优质碳素钢和合金钢。

(3)平炉钢

平炉炼钢以固体或液体生铁、铁矿石或废钢作原料,用煤气或重油为燃料进行冶炼。平炉钢由于熔炼时间长,化学成分可以精确控制,杂质含量少,成品质量高。其缺点是能耗大、成本高、冶炼周期长。

(4)电炉钢

电炉炼钢是以生铁或废钢原料,利用电能迅速加热,进行高温冶炼。其熔炼温度高,而且温度可以由调节,清除杂质容易。因此,电炉钢的质量最好,但成本高,主要用于冶炼优质碳素钢及特殊合金钢。

4. 按照质量分类

(1)普通碳素钢:含硫量(质量分数)=0.045%～0.050%,含磷量(质量分数)≤0.045%。

(2)优质碳素钢:含硫量(质量分数)≤0.035%,含磷量(质量分数)≤0.035%。

(3)高级优质钢:含硫量(质量分数)≤0.025%,高级优质钢的钢号后加"高"或"A",含磷量(质量分数)≤0.025%。

(4)特级优质钢:含硫量(质量分数)≤0.015%,特级优质钢后加"E",含磷量(质量分数)≤0.025%。

5. 按用途分类

(1)结构钢:工程结构用钢(建筑用钢、桥梁用钢)、机械零件用钢。

(2)工具钢:量具、刃具钢、模具钢。

(3)特殊性能钢:不锈钢、耐热钢、耐磨钢、电工用钢。

建筑上常用主要钢种是普通碳素钢中的低碳钢和合金钢中的低合金高强度结构钢。

8.2　钢材的主要性能

钢材的主要性能包括钢材的力学性能和工艺性能。

8.2.1　钢材的力学性能

1.拉伸性能

抗拉性能是建筑钢材的重要性能。反映建筑钢材拉伸性能的指标包括屈服强度、抗拉强度和伸长率。

低碳钢(软钢)是广泛使用的一种材料,它在拉伸试验中表现的力和变形关系比较典型。钢的拉伸试件示意图如图 8.1 所示。

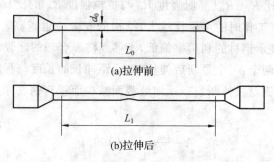

图 8.1　钢的拉伸试件示意图

将试件放在材料试验机上进行拉伸试验,观察加荷过程中产生的弹性变形和塑性变形,直至试件拉断。低碳钢在外力作用下的变形可分为 4 个阶段,即弹性阶段、屈服阶段、强化阶段和颈缩阶段,如图 8.2所示。

(1)弹性阶段(OA 段)

从图 8.2 中可以看出,钢材受拉开始阶段荷载较小,应力与应变呈正比关系,OA 是一条直线,应力增加,应变也增大。如果卸去外力,则试件恢复原状,即产生了弹性变形,称这个阶段为弹性阶段。弹性阶段的最高点(图中的 A 点)相对应的应力称为比例极限(或弹性极限),一般用 σ_p 表示。应力和应变的比值为弹性模量,用 E 表示,即 $E=\sigma/\varepsilon$。例如建筑上常用 Q235 钢的弹性模量 $E=0.21\times10^6$ MPa;25MnSi 钢的弹性模量 $E=0.2\times10^6$ MPa。弹性模量是衡量材料产生弹性变形能力的指标,E 越大,使钢材产生一定量变形的应力越大。

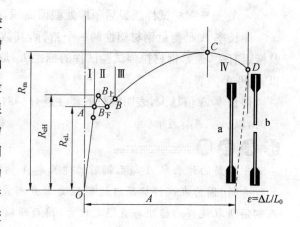

图 8.2　低碳钢拉伸 $\sigma-\varepsilon$ 曲线图

(2)屈服阶段(AB 段)

在 AB 范围内,应力和应变不再呈正比关系。这一阶段初始时的图像接近直线,当应力达到 $B_{上}$ 点时,即使作用于钢材的应力不增加,塑性变形急剧地增长,钢材失去抵抗外力的能力,钢材出现了"屈服"现象,称这一阶段为屈服阶段,即图 8.2 中的 AB 段。此时如果将拉力卸去,试件的变形不会完全恢复,即发生塑性变形(残余变形)。这个阶段有两个应力极值点,上屈服点(强度)($B_{上}$ 点对应的应力值)R_{eH}

和下屈服点(强度)(B_F 点对应的应力值)R_{eL},一般以 R_{eL} 代表钢材的屈服强度。钢材达到屈服点后,变形速度陡增,虽然钢材没有被破坏,但已不能满足施工要求。在结构设计中,要求构件在弹性变形范围内工作,否则有可能会造成结构构件由于过大的塑性变形而被破坏,所以一般采用屈服强度作为强度取值的依据。

(3)强化阶段(BC 段)

钢材进入 BC 段后,抵抗外力的能力又得以重新恢复,曲线呈上升的势头,故称为强化阶段。最高点 C 对应的应力称为极限强度,又称为抗拉强度,用 R_m 表示。

(4)颈缩阶段(CD 段)

当钢材强化达到最高点后,钢材抵抗外力的能力骤然下降,在试件薄弱的截面处将迅速产生较大的塑性变形,出现"颈缩现象",试件此时的形状如图 8.2 中的试件 a。此时应力快速下降,应变迅速增加,最后试件断裂,如图 8.2 中的试件 b。

屈服强度和极限抗拉强度是衡量钢材强度的两个重要指标。在实际应用中,人们希望获得较大的 R_{eL} 值,而且应有适当的屈强比 R_{eL}/R_m(屈服强度 R_{eL} 与抗拉强度 R_m 的比)。在相同的 R_m 下,屈强比越小,反映钢材受力超过屈服点工作时的可靠性越大,结构的安全性也越高。但屈强比过小时,则钢材的抗拉强度不能被充分利用,表示钢材的利用率偏低,不够经济。合理的屈强比通常应为 $0.60 \sim 0.75$。

钢材的塑性性能指标有两个:一个是断后伸长率(标距伸长的长度与标距原始长度的百分比),用 A 表示;另一个是断面收缩率(钢材试件断裂后颈缩处截面减少面积与钢筋原始截面面积的百分比),用 Z 表示。即

$$A = \frac{L_u - L_0}{L_0} \times 100\% \tag{8.1}$$

$$Z = \frac{A_0 - A_u}{A_0} \times 100\% \tag{8.2}$$

式中　L_0——钢材试件标距原始长度,mm;

　　　L_u——钢材试件断裂后标距的长度,mm;

　　　A_0——钢材试件原始截面面积,mm^2;

　　　A_u——钢材试件断裂后颈缩处截面面积,mm^2;

伸长率 A 是衡量钢材塑性的一个指标,其数值越大,钢材塑性越好。伸长率的大小与试件的长度及标距有关,通常钢材拉伸试验试件的标距 L_0 取值为钢材直径的 5 倍或 10 倍(比例试样),伸长率分别以 A 和 $A_{11.3}$ 表示。

伸长率 A 值越大,表明钢材的塑性越好。对于钢筋取标距长度为 50 mm、100 mm(非比例试样)检验时,以 A_{50}、A_{100} 表示。

技 术 点 睛 ┈┈┈┈┈┈┈┈

甲钢筋的伸长率 A 与乙钢筋的伸长率 $A_{11.3}$ 相等,则乙钢筋的塑性好。

分析:因为在试样标距内的塑性变形分布是不均匀的,离颈缩处越近的伸长值越大,反之则越小。乙钢筋所取试样的标距与直径之比大,因而颈缩处伸长值在总伸长值中所占的比例越小,所以伸长率也会小些。

实际工程中的钢筋试样标距分为比例标距和非比例标距两种,因而有比例试样和非比例试样之分。

①比例试样。

凡试样标距与试样原始横截面积有以下关系的,称为比例标距,试样称为比例试样。即

$$L_0 = k \sqrt{S_0} \tag{8.3}$$

式中　k——比例系数；

　　　S_0——原始横截面面积。

②非比例试样。

非比例标距（也称为定标距）与试样原始横截面面积不存在上式关系。

如果采用比例试样，应采用比例系数 $k=5.65$ 的值，因为此值为国际通用，除非采用此比例系数时不满足最小标距为 15 mm 的要求。在必须采用其他比例系数的情况下，$k=11.3$ 的值为优先采用，例如 $L_0=5d_0$ 或 $L_0=10d_0$。产品标准或协议可以规定采用非比例标距，例如 $L_0=100$ mm。不同的标距对试样的断后伸长率的测定影响明显。

伸长率的另外一种形式是最大力总伸长率，是钢材性能的重要指标，用"A_{gt}"表示。其中最大力是指试样在屈服阶段之后所能抵抗的最大力。

根据供需双方协议，伸长率类型可从 A 或 A_{gt} 中选定。如果伸长率类型未经协议确定，则伸长率采用 A，仲裁检验时采用 A_{gt}。在试样自由长度范围内，均匀划分为 10 mm 或 5 mm 的等间距标记，按《金属材料　拉伸试验　第 1 部分：室温试验方法》(GB/T 228.1—2010)规定进行拉伸试验，直至试样断裂。如图 8.3 所示，选择 Y 和 V 两个标记，这两个标记之间的距离在拉伸试验之前至少应为 100 mm。这两个标记都应当位于夹具离断裂点最远的一侧。两个标记离开夹具的距离都应不小于 20 mm 或钢筋公称直径 d（取二者之较大者）。这两个标记与断裂点之间的距离应不小于 50 mm 或 $2d$（取二者之较大者）。

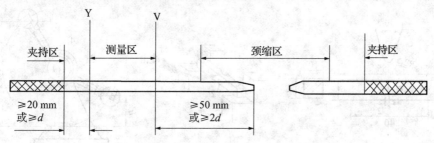

图 8.3　最大拉力下总伸长率测定

在最大拉力下总伸长率 A_{gt}（%）可按下式进行计算：

$$A_{gt}=\left(\frac{L-L_0}{L}+\frac{R_m^0}{E}\right)\times100\%$$　　　　　　　　(8.4)

式中　L——断裂后测量区的距离，mm；

　　　L_0——试验前同样标记间的距离，mm；

　　　R_m^0——抗拉强度实测值，MPa；

　　　E——弹性模量，其值可取为 2×10^5 MPa。

中碳钢或高碳钢（硬钢）在受力条件下屈服现象不明显，其应力-应变曲线与低碳钢的明显不同，其抗拉强度高，塑性变形小，如图 8.4 所示。对于没有明显屈服强度的钢，屈服强度特征值 R_{eL} 应采用 0.2% 残余变形时的应力值，即比例延伸强度 $R_{p0.2}$。

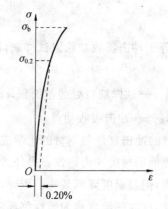

图 8.4　中碳钢、高碳钢的拉伸应力—应变曲线

技 术 点 睛

新、旧标准符号表示的差异见表8.1。

表 8.1　新、旧标准符号表示的差异

标准	强度			伸长率			断面收缩率
GB/T 228—2002（新）	R_{eL}	R_m	$R_{p0.2}$	A	$A_{11.3}$	A_x	Z
GB/T 228—1987（旧）	σ_s	σ_b	$\sigma_{0.2}$	δ_5	δ_{10}	δ_x	Ψ
备注				试棒的标距等于5倍直径（短标距）	试棒的标距等于10倍直径（长标距）	试棒的标距为定标距（定标距）	

2.冲击韧性

冲击韧性是指钢材抵抗冲击荷载而不被破坏的能力。规范规定是以将带有 V 形或 U 形缺口的试件,进行摆锤冲击试验,以破坏在后缺口处单位横截面面积上所吸收的功来表示,即冲击韧性值 α_K。α_K 是反映材料抵抗冲击载荷的综合性能指标。α_K 值越大,所消耗的功越大,说明钢材的韧性越好。冲击韧性试验如图 8.5 所示。

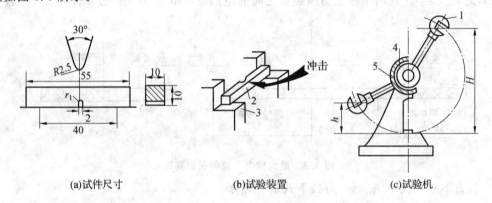

(a)试件尺寸　　　　　(b)试验装置　　　　　(c)试验机

图 8.5　冲击韧性试验

1—摆锤;2—试件;3—试验台;4—指针;5—刻度盘;
H—摆锤扬起的高度;h—摆锤向后摆动高度

α_K 等于冲击吸收功除以试样缺口底部处横截面面积所得的商,即

$$\alpha_K = A_K/A \tag{8.5}$$

式中　A——试样缺口处的截面积,cm^2;

$\qquad A_K$——冲击吸收功,J。

钢材的冲击韧性与钢材的化学成分、组成状态以及冶炼轧制加工等有关。钢材中硫和磷的含量、杂物均会降低钢材的冲击韧性。另外,冲击韧性还受温度和时间的影响,一般常温下,温度降低,冲击韧性下降缓慢,但当温度降到某一范围时,冲击韧性值 α_K 突然明显下降而且破坏呈脆性,这种性质称为钢材的冷脆性,这时的温度称为脆性临界温度。它的数值越低,钢材耐低温冲击性能越好,在北方严寒地区选择钢材时必须对其进行冷脆性检验试验。规范中一般要求的是在气温为 $-20\ ℃$ 或 $-40\ ℃$ 时的负温冲击指标。

3.硬度

硬度是指金属材料在表面局部体积内,抵抗硬物压入表面的能力,即材料表面抵抗塑性变形的能力。测定钢材硬度采用压入法,即以一定的静荷载(压力),把一定的压头压在金属表面,然后测定压痕的面积或深度来确定硬度。按压头或压力不同,有布氏法、洛氏法等,相应的硬度试验指标称为布氏硬度(HB)和洛氏硬度(HR)。较常用的方法是布氏法,其硬度指标是布氏硬度值。

钢材的硬度和强度有一定的关系,钢材的强度越高,硬度值也越大,故在结构上可通过测定钢的硬度后间接推算近似的强度值。

4.耐疲劳性

钢材在交变荷载反复多次作用下,可以在远低于抗拉强度的情况下突然破坏,这种破坏称为疲劳破坏。一般把钢材在荷载交变 10^7 次时不被破坏的最大应力定义为疲劳强度或疲劳极限。

8.2.2　钢材的工艺性能

建筑用钢材的主要工艺性能有冷弯性、焊接性、热处理等。

1.冷弯性能

钢材在常温下能承受弯曲而不破裂的性能称为冷弯性,它是钢材重要的工艺性能。冷弯是将钢材用规定的弯心(图 8.6)进行试验,弯曲至规定的程度(90°或 180°),如图 8.7 所示,从而检验钢材受弯曲时塑性变形的能力和其存在的缺陷。冷弯性能用弯曲角度 α(90°或 180°)以及弯心直径 d 与钢材厚度(或直径)a 的比值来表示。出现裂纹前能承受的弯曲程度越大,则材料的冷弯性能越好。α 越大或 d/a 越小,则材料的冷弯性越好。

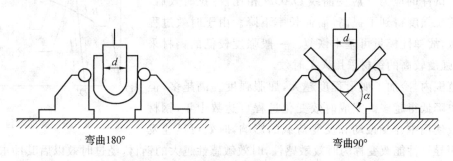

弯曲180°　　　　　　　　　弯曲90°

图 8.6　钢材冷弯用规定的弯心

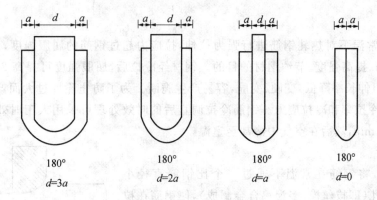

180°　　　　180°　　　　180°　　　　180°
$d=3a$　　　$d=2a$　　　$d=a$　　　$d=0$

图 8.7　钢材冷弯弯曲角度

钢的技术标准中对各牌号钢的冷弯性能指标都有规定,建筑钢材的冷弯,一般是通过检验试件经规定的弯曲程度后,若弯曲处外表面无裂纹、起层或断裂现象,即可认为冷弯性能合格。工程中经常须对钢材进行冷弯加工,冷弯试验就是模拟钢材弯曲加工而确定的,是考察钢材在复杂应力状态下塑性变形能力的一项指标。在土木工程中,常用冷弯试验来检验钢材焊接接头的质量。

工程中弯曲成形的结构用钢或者重要的结构用钢,其冷弯性能必须达到标准要求。

2. 冷加工

钢材在常温下进行的加工称为冷加工。建筑钢材的冷加工包括冷拉、冷拔、冷扭、冷轧等。通过冷加工产生塑性变形,不但改变钢材的形状和尺寸,而且还能改变钢的晶体结构,从而改变钢的性能。对土木工程用钢筋在常温下进行冷拉、冷拔和冷轧,使之产生塑性变形,从而提高屈服强度和硬度,相应降低塑性和韧性,这种加工方法称为冷加工,即钢材的冷加工强化处理。

冷加工强化处理只有在超过弹性范围后,产生冷塑性变形时才会生。建筑中需要冷加工的钢材主要是钢筋,以下描述均以钢筋来叙述。如图 8.8 所示,钢材的应力-应变曲线为 $OABCD$,若将钢材拉伸至超过屈服强度而小于抗拉强度的某一应力,即图中的 K 点,然后放松应力,则曲线沿 KO' 下降,达到 O' 点。此时如果立即进行拉伸,则应力与应变曲线将按 $O'KCD$ 发展,屈服点出现在 K 点附近,高于冷拉前的 A 点,而抗拉强度仍在 D 点,与原来基本持平。

冷加工后的钢材,其强度、硬度和脆性会随着放置时间而增长,而塑性、韧性下降的现象称为时效。将经冷加工的钢材在常温下放置 $15\sim20$ d,或加热至 $100\sim200$ ℃,保持 $1\sim2$ h,钢材的屈服强度、抗拉强度以及硬度都进一步提高,而塑性、韧性持续降低直至完成时效过程,前者称为自然时效,后者称为人工时效。若将上述冷拉钢材放置一段时间经时效处理后再进行拉伸,则应力与应变关系线将成为 $O'K_1C_1D_1$。由图 8.8 可知,与未经冷拉和时效试件的应力-应变曲线 $OACD$ 相比,冷拉时效后,屈服强度及抗拉强度得到了提高,而伸长率下降。由于时效过程中内应力消减,故弹性模量可基本恢复。一般强度较低的钢材采用自然时效,强度较高的钢材采用人工时效。

在一定范围内,冷加工变形程度越大,屈服强度提高越多,但塑性及韧性也降低得越多。完成时效变化过程可达数十年,钢材经受冷加工或使用中经受振动和反复荷载的影响,时效可迅速发

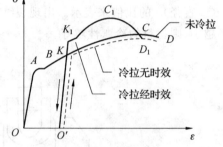

图 8.8　钢筋冷拉曲线

展。因时效而导致性能改变称为时效敏感性,时效敏感性越大的钢材,经过时效以后其冲击韧性的降低越显著。为了保证安全,对于承受振动、冲击荷载的重要结构(如桥梁、吊车梁等),应选用时效敏感性小的钢材。

(1)冷拉

钢筋冷拉是在常温下对热轧钢筋进行强力拉伸,拉应力超过钢筋的屈服强度,使钢筋产生塑性变形,以达到调直钢筋、提高强度、节约钢材的目的。钢材经冷拉后,屈服强度可提高 20%～30%,可节约钢材 10%～20%,但伸长率降低,变硬、变脆,容易产生脆断。为了防止脆性过大而产生损坏,冷拉操作重要的问题是控制冷拉率和冷拉应力。钢筋冷拉调直后的时效处理可采用人工时效方法,即将试件在100 ℃沸水中煮 60 min,然后在空气中冷却至室温。

(2)冷拔

在强力作用下,将钢筋在常温下通过一个比钢筋直径小 $0.5\sim1.0$ mm 的模孔(即拔丝模,多为钨合金制成),使钢筋在拉应力和压应力作用下强行被拔过去,如图 8.9 所示。

钢筋的冷拔多在预制工厂生产,常用直径为 $6.5\sim8$ mm 的碳素结构钢的 Q235(或 Q215)盘条,冷拔成比原直径小的钢丝,如果经多次冷拔,可得规格更小的钢丝,称为冷拔低碳钢丝。经

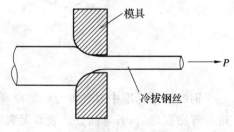

图 8.9　冷拔示意图

过数次冷拔的钢筋称为低碳冷拔钢丝,强度提高 40%~60%,塑性降低,没有明显的屈服阶段。

(3)冷轧

将热轧钢筋或钢板通过冷轧机,轧成一定变形规律的钢筋或薄钢板。冷轧变形钢筋能提高强度,节约钢材,且具有规律的凹凸不平的表面,可提高钢筋与混凝土的黏结力。

3.热处理

热处理是指采用适当的方式对钢材进行加热、保温和冷却,以获得预期的组织结构与性能的工艺。热处理是提高钢材使用性能和改善工艺性能的重要加工工艺,常用的为整体热处理,方法有淬火、回火、退火和正火。

(1)淬火

将钢材加热至 723 ℃(变相温度)以上某个温度,保持一段时间,迅速放入冷却介质(盐水、冷水或矿物油)中冷却,这个过程称为称为淬火处理。淬火的目的是提高钢材的硬度、强度及耐磨性。

(2)回火

经淬火处理的钢,再重新加热至 723 ℃以下某个温度,保温一段时间后再缓慢地或较快地冷却至室温,这一过程称为回火处理。回火处理的主要目的是调整材料硬度,提高韧性及消除内部应力。

(3)退火

将钢材加热至 723 ℃以上某个温度,保持一段时间,然后在退火炉中缓慢冷却的处理过程称为退火。退火是为了软化金属,调整结晶组织,去除内部应力,改善冷轧加工及切削性的热处理方法。

(4)正火

将钢材加热至 723 ℃以上某个温度,保持相当长的时间,然后在空气中缓慢冷却的处理过程称为正火。正火后的钢材硬度较退火处理的高,塑性也差,但由于正火后钢的结晶较韧且均匀,故强度有所提高。

4.可焊性

土木工程中,钢材间的连接绝大多数采用焊接方式来完成。因此要求钢材具有良好的可焊接性能。

可焊性也就是钢材之间通过焊接方法连接在一起的结合性能,指钢材在一定的焊接工艺条件下,在焊缝及附近过热区是否产生裂缝及硬脆倾向,焊接后接头强度是否与母体相近的性能。可焊性良好的钢材,焊缝处性质应与钢材尽可能相同,焊接才牢固可靠。

钢的化学成分、冶炼质量及冷加工等都可影响焊接性能。含碳量小于 0.25%(质量分数)的碳素钢具有良好的可焊性,含碳量超过 0.3%(质量分数)可焊性变差。硫、磷及气体杂质会使可焊性降低,加入过多的合金元素,也将降低可焊性。对于高碳钢和合金钢,为改善焊接质量,一般需要采用预热和焊后处理,以保证质量。此外,正确的焊接工艺也是保证焊接质量的重要措施。

8.2.3　钢材性能的影响因素

1.化学成分

钢是铁碳合金,除铁和碳以外,还有硅、锰、硫、磷、钛、钒、氧、氮等元素。这些元素有些是由于矿石和燃料等原因而夹杂进入钢材的,还有一部分是冶炼中为了充分改善钢材的性能而有意添加的。这些元素的存在都对钢材的性能产生一定的影响。

(1)碳(C)

碳是决定钢材性能的主要元素,含碳量小于 0.8%(质量分数)的碳素钢,随着含碳量的增加,钢的强度和硬度相应提高,而塑性和韧性降低。当含碳量大于 0.8%(质量分数)时(如高碳钢),随着含碳量的增加,钢的抗拉强度反而下降。含碳量过多会使焊接性能恶化,使焊缝附近热影响区组织和性能产生不良变化,引起局部硬化脆裂。结构钢材一般含碳量不应超过 0.22%(质量分数),对于焊接结构不应超过 0.2%(质量分数)。

(2)硅(Si)

炼钢时为了脱氧去硫而加入硅,也是低合金钢冶炼中主要的添加合金元素,少量的硅对钢是有益的。当含硅量小于 1%(质量分数)时,能显著提高钢的强度及硬度,且对塑性和韧性无显著影响,还可提高抗腐蚀能力,改善钢的质量。硅含量过多时,会使钢筋的塑性和韧性降低,从而导致它的可焊性变差。

(3)锰(Mn)

锰本是制钢过程中的一种主要脱氧剂,它同时还能够除去钢中以硫化铁形式存在的硫,所以能减轻热脆影响,有利于改善钢的焊接性能。锰含量在 1.0%(质量分数)以下时,能显著提高钢材的强度和硬度,显著改善耐腐及耐磨性,消除钢的热脆性,改善热加工性,几乎不降低塑性和韧性。但锰含量大于 1.0%(质量分数)时,将降低钢的塑性、韧性和可焊性。锰含量达 11%~14%(质量分数)时,称为高锰钢,具有较高的耐磨性。

(4)磷(P)

磷可使钢的屈服点和抗拉强度提高,但塑性和韧性显著降低,特别是在低温条件下的韧性降低得更剧烈,当温度低于 −200 ℃时,容易导致钢筋发生脆断,即出现"冷脆现象"。冷脆现象对承受冲击荷载或在负温下使用的钢筋十分有害,而焊接时焊缝金属容易产生冷裂纹并继续扩展,因此,磷是降低钢材可焊性的一种化学元素。磷的危害性随含碳量的增加而增大,对于含碳量较高的钢筋,如含磷量过高,由于冷脆性能影响的塑性降低尤为显著。磷的含量一般不得超过 0.045%(质量分数),但磷可提高钢的耐磨性和耐蚀性,为充分利用这一特性,当磷含量较大时,应适量减少钢中碳的含量。

(5)硫(S)

硫不溶于铁,在钢中以 FeS 形式存在,FeS 的熔点低,FeS 的融化会在炼钢或者热加工过程中使钢材内部产生断裂,称这种现象为热脆性,硫将大大降低钢的热加工性、可焊性、冲击韧性、疲劳强度和抗腐蚀性。因此,对于承受冲击荷载或重复荷载的钢筋是非常有害的。硫的含量应严格控制,一般不得超过 0.05%(质量分数)。

(6)氧(O)和氮(N)

氧常以 FeO 的形式存在于钢中,它将降低钢的塑性、韧性、冷弯性能和焊接性能以及强度,并显著降低疲劳强度,增加热脆性。氧是钢中有害杂质,在钢中其一般不得超过 0.05%(质量分数),但氧有促进时效性的作用。

氮虽可以提高钢的屈服点、抗拉强度和硬度,但使塑性,特别是韧性显著下降,并增大钢的时效敏感性和冷脆性,降低焊接性能及冷弯性能。

(7)钛(Ti)和钒(V)

钛和钒都是炼钢时的强脱氧剂,也是合金钢常用的合金元素,适量加入钢内,可改善钢材的组织结构,使晶体细化,显著提高钢的强度,改善钢的韧性。

(8)铌(Nb)和铬(Cr)

钢中加入少量的铌以提高钢筋硬度,并使强度提高。铬的硬度高,抗腐蚀能力强,钢中加适量铬用以提高强度。

(9)铝(Al)

铝作为脱氧剂或合金化元素加入钢中,铝脱氧能力比硅、锰强得多。铝在钢中的主要作用是细化晶粒,固定钢中的氮,从而显著提高钢的冲击韧性,降低冷脆倾向和时效倾向性。铝还可提高钢的抗腐蚀性能,特别是与钼、铜、硅、铬等元素配合使用时,效果更好。

2.冶炼缺陷

钢的冶炼过程对钢材的性能有直接的影响。钢冶炼后按脱氧程度不同可分为沸腾钢、镇静钢和特殊镇静钢。钢材的冶炼缺陷越少,质量越好,主要的冶炼缺陷有:

①偏析。偏析指钢材中的某些杂质元素分布不均匀,即杂质元素集中在某一部分。偏析将严重影响钢材的性能,特别是硫、磷等元素的偏析将会使钢材的塑性、冲击韧性和冷弯性变差。

②非金属夹杂。如夹杂的硫化物、氧化物等对钢材的性能产生恶劣的影响。

③裂纹和分层。在厚度方向分成多层但仍然相互连接而并未分离称为分层。这种缺陷降低了钢材的冷弯性能和冲击韧性以及疲劳强度和抗脆断能力。在顺轧制方向出现在型钢表面上的线形开裂称为裂纹,一般呈直线形,有时呈"Y"形。

3.轧制及加工处理

钢材的轧制能使金属的晶粒变细,也能使气泡、裂纹等弥合,因而改善了钢材的力学性能。

一般钢材以热轧状态交货,某些高强度钢材则在轧制后经热处理才出厂。热处理的目的在于取得高强度的,同时能够保持良好的塑性和韧性。

施工中,利用变形强化原理,通过冷拉、冷拔、冷轧等加工手段可提高钢材的屈服强度。冷加工可提高钢材的屈服点,使塑性、韧性下降,但抗拉强度维持不变。

时效处理也可使屈服点进一步提高,抗拉强度增长,塑性、韧性继续下降,还可使冷加工产生的内应力消除。钢材的弹性模量在时效处理后基本维持不变。

此外影响钢材性能的因素还有残余应力、温度、应力集中等。

8.3 钢材的标准与选用

8.3.1 建筑钢材的主要钢种牌号

目前,我国工程使用的建筑钢材主要有普通碳素结构钢、优质碳素结构钢和低合金高强度结构钢。

1.普通碳素结构钢

普通碳素结构钢简称普通碳素钢,含碳量为 0.06%～0.22%(质量分数),属于低碳钢,每个金属牌号表示该钢种在厚度小于 16 mm 时的最低屈服点。与优质碳素钢相比,它对含碳量以及磷、硫和其他残余元素含量的限制较宽。普通碳素结构钢一般热轧成钢板、钢带、型材和棒材。

同一种钢,平炉钢和氧气转炉钢的质量优于空气转炉钢;特殊镇静钢优于镇静钢,镇静钢优于沸腾钢;牌号增加,强度和硬度增加,塑性、韧性和可加工性能逐步降低;同一牌号内质量等级越高,钢的质量越好,可作为重要焊接结构使用。

普通碳素结构钢应用范围非常广泛,强度较低的 Q195、Q215 钢用于制作低碳钢丝、钢丝网等。Q235 钢具有中等强度,并具有良好的塑性和韧性,而且易于成形和焊接。

根据《碳素结构钢》(GB/T 700—2006)标准,普通碳素钢牌号的表示方法:代表屈服点的字母 Q、屈服强度数值、质量等级符号、脱氧方法符号 4 个部分按顺序组成,例如 Q235AF。

屈服强度用"屈"字汉语拼音首位字母 Q 表示,屈服点数值共分为 195 MPa、215 MPa、235 MPa 和 275 MPa 共 4 种,牌号越大,钢中含碳量越高,其强度和硬度增加,塑性、韧性和工艺性能降低。质量等级以有害成分硫、磷含量由多到少分 4 级,分别用 A、B、C、D 表示。脱氧方法 F 表示沸腾钢,Z 表示镇静钢,TZ 表示特殊镇静钢。在牌号组成表示方法中,Z 与 TZ 可予省略。

例如 Q255—BZ 表示屈服点为 255 MPa 的 B 级镇静钢。

钢碳素结构钢的牌号、等级和化学成分应符合表 8.2 的规定,其拉伸和冲击力学性能、冷弯性能应符合表 8.3 和 8.4 的规定。

表 8.2　碳素结构钢的牌号、等级和化学成分

牌号	统一数字代号①	等级	厚度(或直径)/mm	脱氧方法	化学成分(质量分数)/%,≤				
					C	Si	Mn	P	S
Q195	U11952	—	—	F、Z	0.12	0.30	0.50	0.035	0.040
Q215	U12152	A	—	F、Z	0.15	0.35	1.20	0.045	0.050
	U12155	B							0.045
Q235	U12352	A	—	F、Z	0.22	0.35	1.40	0.045	0.050
	U12355	B		F、Z	0.20②			0.045	0.045
	U12358	C		Z	0.17			0.040	0.040
	U12359	D		TZ				0.035	0.035
Q275	U12752	A	—	F、Z	0.24	0.35	1.50	0.045	0.050
	U12755	B	≤40	Z	0.21			0.045	0.045
			>40	Z	0.22				
	U12758	C	—	Z	0.20			0.040	0.040
	U12759	D		TZ				0.035	0.035

注:①沸腾钢牌号的统一数字代号如下:
Q195F—U11950;Q215AF—U12150;Q215BF—12153;Q235AF—U12350,Q235BF—U12353;Q275AF—U12750
②经需方同意,Q235B 的含碳量可不大于 0.22%(质量分数)

表 8.3　碳素结构钢的拉伸和冲击力学性能

牌号	等级	屈服强度 R_{eH}/(N·mm⁻²),不小于						抗拉强度 R_m/(N·mm⁻²)	断后伸长率 A/%,不小于					冲击试验(V 形缺口)	
		厚度(或直径)/mm							厚度(或直径)/mm					温度/℃	冲击吸收功(纵向)/J
		≤16	>16~40	>40~60	>60~100	>100~150	>150~200		≤40	>40~60	>60~100	>100~150	>150~200		
Q195	—	195	185	—	—	—		315~430	33	—	—	—	—	—	—
Q215	A	215	205	195	185	175	165	335~450	31	30	29	27	26	—	—
	B													20	≥27
Q235	A	235	225	215	215	195	185	370~500	26	25	24	22	21	—	—
	B													20	≥27③
	C													0	
	D													-20	
Q275	A	275	265	255	245	225	215	410~540	22	21	20	18	17	—	—
	B													20	≥27
	C													0	
	D													-20	

表 8.4　碳素结构钢的冷弯性能

牌号	试样方向	冷弯试验 180°，$B=2a$[①]	
		钢材厚度(或直径)[②]/mm	
		≤60	>60～100
		弯心直径 d/mm	
Q195	纵	0	—
	横	0.5a	
Q215	纵	0.5a	1.5a
	横	a	2a
Q235	纵	a	2a
	横	1.5a	2.5a
Q275	纵	1.5a	2.5a
	横	2a	3a

注：①B 为试样宽度，a 为试样厚度(或直径)；

②钢材厚度(或直径)大于 100 mm 时，弯曲试验由双方协商确定

2. 优质碳素结构钢

优质碳素结构钢中有害杂质元素 S、P 的含量比普通碳素钢低，且脱氧程度优于普通碳素钢，故其性能优于碳素结构钢。优质碳素钢的牌号表示方法：表示钢平均含碳量的万分数的两位数字，如 08、10、15、20、25、30、35、40、45、50、……、80 等；如为沸腾钢则在钢号后标明，例如平均碳含量为 0.1%（质量分数）的沸腾钢，其钢号为 10F；锰含量较高的优质非合金钢，应将锰元素标出，如 45Mn。《优质碳素结构钢》（GB/T 699—1999）中，优质碳素钢共有 31 个牌号，除 3 个牌号是沸腾钢外，其余都是镇静钢。优质碳素结构钢的化学成分及力学性能应符合表 8.5 规定。

3. 低合金高强度结构钢

低合金高强度结构钢又称为普通低合金结构钢，含碳量为 0.1%～0.25%（质量分数），加入合金元素锰、硅、钒、铌和钛铬、镍和铜等，其总的质量分数不超过 5%，而使钢材性能发生变化，得到比一般碳钢性能更为优良的钢。它主要用于轧制各种型钢、钢板、钢管及钢筋，广泛用于钢结构和钢筋混凝土结构中。

依据国家标准《低合金高强度结构钢》（GB/T 1591—2008）的规定，低合金高强度结构的牌号的表示方法：代表屈服点的字母 Q、屈服强度数值、质量等级符号 3 个部分按顺序组成。例如 Q460B，表示屈服强度为 460 MPa，质量等级为 B 级。

屈服强度用"屈"字汉语拼音首位字母 Q 表示，屈服点数值共分为 345 MPa、390 MPa、420 MPa、460 MPa、500 MPa、550 MPa、620 MPa、690 MPa 8 种；质量等级以有害成分硫、磷含量由多到少分 5 级，分别用 A、B、C、D、E 表示。低合金高强度结构钢的化学成分和力学性能、工艺性能符合表 8.6～8.9 的要求。

表 8.5　优质碳素结构钢的化学成分及力学性能

序号	统一数字代号	牌号	化学成分（质量分数）/%						力学性能				
			C	Si	Mn	Cr	Ni	Cu	R_{eH}/Pa	R_{eL}/MPa	A/%	Z/%	A_K/J
						≤	≤	≤		≥	≥	≥	≥
1	U20080	08F	0.05~0.11	≤0.03	0.25~0.50	0.10	0.30	0.25	295	175	35	60	
2	U20100	10F	0.07~0.13	≤0.07	0.25~0.50	0.15	0.30	0.25	315	185	33	55	
3	U20150	15F	0.12~0.18	≤0.07	0.25~0.50	0.25	0.30	0.25	355	205	29	55	
4	U20082	08	0.05~0.11	0.17~0.37	0.35~0.65	0.10	0.30	0.25	325	195	33	60	
5	U20102	10	0.07~0.13	0.17~0.37	0.35~0.65	0.15	0.30	0.25	335	205	31	55	
6	U20152	15	0.12~0.18	0.17~0.37	0.35~0.65	0.25	0.30	0.25	375	225	27	55	
7	U20202	20	0.17~0.23	0.17~0.37	0.35~0.65	0.25	0.30	0.25	410	245	25	55	
8	U20252	25	0.22~0.29	0.17~0.37	0.50~0.80	0.25	0.30	0.25	450	275	23	50	71
9	U20302	30	0.27~0.34	0.17~0.37	0.50~0.80	0.25	0.30	0.25	490	295	21	50	63
10	U20352	35	0.32~0.39	0.17~0.37	0.50~0.80	0.25	0.30	0.25	530	315	20	45	55
11	U20402	40	0.37~0.44	0.17~0.37	0.50~0.80	0.25	0.30	0.25	570	335	19	45	47
12	U20452	45	0.42~0.50	0.17~0.37	0.50~0.80	0.25	0.30	0.25	600	355	16	40	39
13	U20502	50	0.47~0.55	0.17~0.37	0.50~0.80	0.25	0.30	0.25	630	375	14	40	31
14	U20552	55	0.52~0.60	0.17~0.37	0.50~0.80	0.25	0.30	0.25	645	380	13	35	
15	U20602	60	0.57~0.65	0.17~0.37	0.50~0.80	0.25	0.30	0.25	675	400	12	35	
16	U20652	65	0.62~0.70	0.17~0.37	0.50~0.80	0.25	0.30	0.25	695	410	10	30	
17	U20702	70	0.67~0.75	0.17~0.37	0.50~0.80	0.25	0.30	0.25	715	420	9	30	
18	U20752	75	0.72~0.80	0.17~0.37	0.50~0.80	0.25	0.30	0.25	1080	880	7	30	

续表 8.5

序号	统一数字代号	牌号	化学成分(质量分数)/%						力学性能				
			C	Si	Mn	Cr	Ni ≤	Cu	R_{eH}/Pa	R_{eL}/MPa	A/% ≥	Z/%	A_K/J
19	U20802	80	0.77~0.85	0.17~0.37	0.50~0.80	0.25	0.30	0.25	1080	930	6	30	
20	U20852	85	0.82~0.90	0.17~0.37	0.50~0.80	0.25	0.30	0.25	1130	980	6	30	
21	U21152	15Mn	0.12~0.18	0.17~0.37	0.70~1.00	0.25	0.30	0.25	410	245	26	55	
22	U21202	20Mn	0.17~0.23	0.17~0.37	0.70~1.00	0.25	0.30	0.25	450	275	24	50	
23	U21252	25Mn	0.22~0.29	0.17~0.37	0.70~1.00	0.25	0.30	0.25	490	295	22	50	71
24	U21302	30Mn	0.27~0.34	0.17~0.37	0.70~1.00	0.25	0.30	0.25	540	315	20	45	63
25	U21352	35Mn	0.32~0.39	0.17~0.37	0.70~1.00	0.25	0.30	0.25	560	335	18	45	55
26	U21402	45Mn	0.37~0.44	0.17~0.37	0.70~1.00	0.25	0.30	0.25	590	355	17	45	47
27	U21452	50Mn	0.42~0.50	0.17~0.37	0.70~1.00	0.25	0.30	0.25	620	375	15	40	39
28	U21502	60Mn	0.48~0.56	0.17~0.37	0.70~1.00	0.25	0.30	0.25	64S	390	13	40	31
29	U21602	65Mn	0.57~0.65	0.17~0.37	0.70~1.00	0.25	0.30	0.25	695	410	11	35	
30	U21652	70Mn	0.62~0.70	0.17~0.37	0.90~1.20	0.25	0.30	0.25	735	430	9	30	
31	U21702	45Mn	0.67~0.75	0.17~0.37	0.90~1.20	0.25	0.30	0.25	785	450	8	30	

注:表中所列牌号为优质钢。如果是高级优质钢,在牌号后面加"A"(统一数字代号最后一位数字改为"3");如果是特级优质钢,在牌号后面加"E"(统一数字代号最后一位数字改为"6");对于沸腾钢,牌号后面为"F"(统一数字代号最后一位数字为"0");对于半镇静钢,牌号后面为"b"(统一数字代号最后一位数字为"1")。

表 8.6　低合金高强度结构钢的化学成分

牌号	质量等级	化学成分[①,②]（质量分数）/%													
		C	Si	Mn	P	S	Nb	V	Ti	Cr	Ni	Cu	N	Mo	B	Als
							≤									≥
Q345	A	≤0.20	≤0.50	≤1.70	0.035	0.035	0.07	0.15	0.20	0.30	0.50	0.30	0.012	0.10	—	—
	B				0.035	0.035										
	C				0.030	0.030										
	D	≤0.18			0.030	0.025										0.015
	E				0.025	0.020										
Q390	A	≤0.20	≤0.50	≤1.70	0.035	0.035	0.07	0.20	0.20	0.30	0.50	0.30	0.015	0.10	—	—
	B				0.035	0.035										
	C				0.030	0.030										
	D				0.030	0.025										0.015
	E				0.025	0.020										
Q420	A	≤0.20	≤0.50	≤1.70	0.035	0.035	0.07	0.20	0.20	0.30	0.80	0.30	0.015	0.20	—	—
	B				0.035	0.035										
	C				0.030	0.030										
	D				0.030	0.025										0.015
	E				0.025	0.020										
Q460	C	≤0.20	≤0.60	≤1.80	0.030	0.030	0.11	0.20	0.20	0.30	0.80	0.55	0.015	0.20	0.004	0.015
	D				0.030	0.025										
	E				0.025	0.020										
Q500	C	≤0.18	≤0.60	≤1.80	0.030	0.030	0.11	0.12	0.20	0.60	0.80	0.55	0.015	0.20	0.004	0.015
	D				0.030	0.025										
	E				0.025	0.020										
Q550	C	≤0.18	≤0.60	≤2.00	0.030	0.030	0.11	0.12	0.20	0.80	0.80	0.80	0.015	0.30	0.004	0.015
	D				0.030	0.025										
	E				0.025	0.020										
Q620	C	≤0.18	≤0.60	≤2.00	0.030	0.030	0.11	0.12	0.20	1.00	0.80	0.80	0.015	0.30	0.004	0.015
	D				0.030	0.025										
	E				0.025	0.020										
Q690	C	≤0.18	≤0.60	≤2.00	0.030	0.030	0.11	0.12	0.20	1.00	0.80	0.80	0.015	0.30	0.004	0.015
	D				0.030	0.025										
	E				0.025	0.020										

注：① 型材及棒材 P、S 的含量可提高 0.005%（质量分数），其中 A 级钢上限可为 0.045%（质量分数）；

② 当细化晶粒元素组合加入时，$w(Nb+V+Ti) \leqslant 0.22\%$，$w(Mo+Cr) \leqslant 0.30\%$

表8.7　低合金高强度结构钢的拉伸性能（GB/T 1591—2008）

拉伸试验①②③

牌号	质量等级	下屈服强度 R_{eL}/MPa 以下公称厚度（直径,边长）/mm									抗拉强度 R_m/MPa 以下公称厚度（直径,边长）/mm							断后伸长率 A/% 公称厚度（直径,边长）/mm					
		≤16	>16~40	>40~63	>63~80	>80~100	>100~150	>150~200	>200~250	>250~400	≤40	>40~63	>63~80	>80~100	>100~150	>150~250	>250~400	≤40	>40~63	>63~100	>100~150	>150~250	>250~400
Q345	A	≥345	≥335	≥325	≥315	≥305	≥285	≥275	≥265	—	470~630	470~630	470~630	470~630	450~600	450~600	—	≥20	≥19	≥19	≥18	≥17	—
	B																						
	C																						
	D	≥345	≥335	≥325	≥315	≥305	≥285	≥275	≥265	≥265	470~630	470~630	470~630	470~630	450~600	450~600	450~600	≥21	≥20	≥20	≥19	≥18	≥17
	E																						
Q390	A	≥390	≥370	≥350	≥330	≥330	≥310	—	—	—	490~650	490~650	490~650	490~650	470~620	—	—	≥20	≥19	≥19	≥18	—	—
	B																						
	C																						
	D																						
	E																						
Q420	A	≥420	≥400	≥380	≥360	≥360	≥340	—	—	—	520~680	520~680	520~680	520~680	500~650	—	—	≥19	≥18	≥18	≥18	—	—
	B																						
	C																						
	D																						
	E																						
Q460	C	≥460	≥440	≥420	≥400	≥400	≥380	—	—	—	550~720	550~720	550~720	550~720	530~700	—	—	≥17	≥16	≥16	≥16	—	—
	D																						
	E																						

续表 8.7

牌号	质量等级	拉伸试验①②③ 下屈服强度（直径,边长）/mm ≤16	>16~40	>40~63	>63~80	>80~100	>100~150	>150~200	>200~250	>250~400	抗拉强度 Rm/MPa（直径,边长）/mm ≤40	>40~63	>63~80	>80~100	>100~150	>150~250	>250~400	断后伸长率 A/%（直径,边长）/mm ≤40	>40~63	>63~100	>100~150	>150~250	>250~400
Q500	C	≥500	≥480	≥470	≥450	≥440	—	—	—	—	610~770	600~760	590~750	540~730	—	—	—	≥17	≥17	≥17	—	—	—
Q500	D	≥500	≥480	≥470	≥450	≥440	—	—	—	—	610~770	600~760	590~750	540~730	—	—	—	≥17	≥17	≥17	—	—	—
Q550	C	≥550	≥530	≥520	≥500	≥490	—	—	—	—	670~830	620~810	600~790	590~780	—	—	—	≥16	≥16	≥16	—	—	—
Q550	D	≥550	≥530	≥520	≥500	≥490	—	—	—	—	670~830	620~810	600~790	590~780	—	—	—	≥16	≥16	≥16	—	—	—
Q550	E	≥550	≥530	≥520	≥500	≥490	—	—	—	—	670~830	620~810	600~790	590~780	—	—	—	≥16	≥16	≥16	—	—	—
Q620	C	≥620	≥600	≥590	≥570	—	—	—	—	—	710~880	690~880	670~860	—	—	—	—	≥15	≥15	≥15	—	—	—
Q620	D	≥620	≥600	≥590	≥570	—	—	—	—	—	710~880	690~880	670~860	—	—	—	—	≥15	≥15	≥15	—	—	—
Q620	E	≥620	≥600	≥590	≥570	—	—	—	—	—	710~880	690~880	670~860	—	—	—	—	≥15	≥15	≥15	—	—	—
Q690	C	≥690	≥670	≥660	≥640	—	—	—	—	—	770~940	750~920	730~900	—	—	—	—	≥14	≥14	≥14	—	—	—
Q690	D	≥690	≥670	≥660	≥640	—	—	—	—	—	770~940	750~920	730~900	—	—	—	—	≥14	≥14	≥14	—	—	—
Q690	E	≥690	≥670	≥660	≥640	—	—	—	—	—	770~940	750~920	730~900	—	—	—	—	≥14	≥14	≥14	—	—	—

注：① 当屈服不明显时,可用 $R_{p0.2}$ 代替下屈服强度;
② 宽度不小于 600 mm 的扁平材,拉伸试验取横向试样;宽度小于 600 mm 的扁平材、型材及棒材取纵向试样,断后伸长率最小值相应提高 1%（绝对值）;
③ 厚度大于 250~400 mm 的数值适用于扁平材。

表8.8 低合金高强度结构钢的冲击吸收能量(夏比V形缺口试验)

牌号	质量等级	试验温度/℃	冲击吸收能量(冲击试验取纵向试样)/J		
			公称厚度(直径,边长)/mm		
			120～150	>150～250	>250～400
Q345	B	20	≥34	≥27	—
	C	0			
	D	−20			27
	E	−40			
Q390	B	20	≥34	—	—
	C	0			
	D	−20			
	E	−40			
Q420	B	20	≥34	—	—
	C	0			
	D	−20			
	E	−40			
Q460	C	0	≥34	—	—
	D	−20			
	E	−40			
Q500	C	0	≥55	—	—
Q550 Q620	D	−20	≥47	—	—
Q690	E	−40	≥31	—	—

表8.9 低合金高强度结构钢的弯曲性能

牌号	试样方向	180°弯曲试验 a为试样厚度(直径)	
		钢材厚度(直径,边长)/mm	
		≤16	>16～100
Q345 Q390 Q420 Q460	宽度不小于600 mm的扁平材,拉伸试验取横向试样;宽度小于600 mm的扁平材、型材及棒材,拉伸试验取纵向试样	2a	3a

8.3.2 钢材的选用

1. 热轧钢筋

热轧钢筋主要有用低碳钢轧制的光圆钢筋和合金钢轧制的带肋钢筋。

钢筋的公称直径为 6~50 mm。热轧钢筋牌号的构成及其含义见表 8.10。对有抗震结构的适用牌号为：在普通热轧钢筋或细晶粒热轧钢筋后加 E(如 HRB400E、HRBF400E)。

表 8.10 热轧钢筋牌号的构成及其含义

类别	钢筋级别	牌号	牌号构成	英文字母含义
热轧光圆钢筋	I	HPB235	由 HPB+屈服强度特征值构成	HPB 是热轧光圆钢筋的英文(Hot rolled Plain Bars)缩写
		HPB300		
普通热轧带肋钢筋	II	HRB335	由 HRB+屈服强度特征值构成	HRB 是热轧带肋钢筋的英文(Hot rolled Ribbed Bars)缩写
	III	HRB400		
	IV	HRB500		
细晶粒热轧带肋钢筋	II	HRBF335	由 HRBF+屈服强度特征值构成	HRBF 是在热轧带肋钢筋的英文缩写后加"细"的英文(Fine)首位字母
	III	HRBF400		
	IV	HRBF500		

注：于 2011 年 7 月 1 日实施的《混凝土结构设计规范》(GB 50010—2010)明确提出：优先使用 400 MPa 级钢筋，积极推广 500 MPa 级钢筋，取消 HPB235 级光圆钢筋，代之 HPB300 级光圆钢筋

HPB300 钢筋用碳素结构钢轧制，具有塑性好、伸长率高、便于弯折成形等特点，可用作中小型钢筋混凝土结构的受力钢筋或箍筋。热轧带肋钢筋用低合金结构钢轧制，其横截面为圆形，表面带有两条纵肋和沿长度方向均匀分布的横肋。表面有突起部分的圆形钢筋称为带肋钢筋，它的肋纹形式有月牙形、螺纹形和人字形，如图 8.10 所示，钢筋表面带有两条纵肋和沿长度方向均匀分布的横肋。横肋的纵截面呈月牙形，且与纵肋不相交的钢筋称为月牙形钢筋。横肋的纵截面高度相等，且与纵肋相交的钢筋，称为等高肋钢筋，有螺旋纹和人字纹两种。

(a)月牙形   (b)螺纹形   (c)人字形

图 8.10 热轧钢筋外形

热轧钢筋力学性能和冷弯性能见表 8.11。

表 8.11　热轧钢筋的力学性能和冷弯性能

牌号	公称直径/mm	R_{eL}/MPa	R_{eH}/MPa	A/%	A_{gt}/%	弯芯直径 D 180°
		≥				
HPB300	6～22	300	420	25	10	d
HRB335 HRBF335	6～25	335	455	17	7.5	$3d$
	28～40					$4d$
	40～50					$5d$
HRB400 HRBF400	6～25	400	540	16	7.5	$4d$
	28～40					$5d$
	40～50					$6d$
HRB500 HRBF500	6～25	500	630	15	7.5	$6d$
	28～40					$7d$
	40～50					$8d$

注：D 为弯曲压头直径，d 为钢筋直径

表 8.11 中，R_{eL} 为钢筋的屈服强度，R_{eH} 为抗拉强度，A 为断后伸长率，A_{gt} 为最大力总伸长率。表 8.11 中所列各力学性能特征值，可作为交货检验的最小保证值。

技 术 点 睛::

螺纹钢的标志

新标准在钢筋的标志识别上做了改变：旧标准 HRB335 用"2"表示，HRB400 用"3"表示，HRB500 用"4"表示，新标准：HRB335 用"3"表示，HRB400 用"4"表示，HRB500 用"5"表示；增加细晶粒热轧钢筋：HRBF335 用"C3"表示，HRBF400 用"C4"表示，HRBF500 用"C5"表示。牌号带 F 的抗震钢筋在标牌和"质保书"上要明示。有较高要求的抗震结构适用牌号：在牌号后加 E（如 HRB400E、HRBF400E），钢筋表面刻着"4"，如 HRB400（原Ⅲ级螺纹）钢筋。

::

2.冷轧带肋钢筋

根据《冷轧带肋钢筋》（GB 13788—2008），冷轧带肋钢筋的牌号由 CRB 和钢筋的抗拉强度最小值构成。C、R、B 分别为冷轧（Cold Rolled）、带肋（Ribbed）、钢筋（Bar）3 个词的英文首位字母，分为 CRB550、CRB650、CRB800、CRB970 4 个牌号。CRB550 为普通钢筋混凝土用钢筋，其他牌号为预应力混凝土用钢筋。

与冷拔低碳钢丝相比，冷轧带肋钢筋具有强度高、塑性好、质量稳定、与混凝土黏结牢固等优点，是一种新型、高效节能建筑用钢材。

热轧圆盘条经冷轧后，在其表面带有沿长度方向均匀分布的三面或两面横肋，即成为冷轧带肋钢筋。钢筋冷轧后充许进行低温回火处理。CRB550 钢筋的公称直径为 4～12 mm，CRB650 及以上牌号钢筋的公称直径为 4 mm、5 mm、6 mm。冷轧带肋钢筋的力学性能和工艺性能及弯曲半径应符合表 8.12 和表 8.13 的要求。

表 8.12　冷轧带肋钢筋的力学性能和工艺性能

牌号	$R_{p0.2}$/MPa	R_m/MPa	伸长率/%		弯曲试验 180°	反复弯曲次数	应力松弛初始应力应相当于公称抗拉强度的 70%
			$A_{11.3}$	A_{100}			1 000 h 松弛率/%
CRB550	≥500	≥550	≥8.0	—	$D=3d$	—	—
CRB650	≥585	≥650	—	≥4.0	—	3	≤8
CRB800	≥720	≥800	—	≥4.0	—	3	≤8
CRB970	≥875	≥970	—	≥4.0	—	3	≤8

注:D 为弯心直径,d 为钢筋公称直径

表 8.13　冷轧带肋钢筋反复弯曲试验的弯曲半径

钢筋公称直径/mm	4	5	6
弯曲半径/mm	10	15	15

目前冷轧带肋钢筋被广泛应用于多层和高层建筑的多孔楼板、现浇楼板、高速公路、机场跑道、水泥电杆、输水管、桥梁及各种建筑工程。

3.余热处理钢筋

余热处理钢筋指钢筋热轧后利用热处理原理进行表面控制冷却,并利用芯部余热自身完成回火处理所得的成品钢筋,其基圆上形成环状的淬火自回火组织,钢筋的形状通常为月牙肋。

余热处理钢筋的强度较高,塑性和焊接性能较好,因表面带肋,加强了钢筋与混凝土之间的黏结力,广泛用于大、中型钢筋混凝土结构的受力钢筋,经过冷拉后可用作预应力钢筋。

钢筋混凝土用余热处理钢筋按屈服强度特征值分为 400 级和 500 级;按用途分为可焊和非可焊。其牌号的构成及含义见表 8.14,力学性能和工艺性能见表 8.15。

表 8.14　余热处理钢筋牌号的构成及含义

类别	牌号	牌号构成	英文字母含义
余热处理钢筋	RRB400 RRB500	由 RRB+规定的屈服强度特征值构成	RRB 是余热处理钢筋的英文缩写
	RRB400W	由 HRB+规定的屈服强度特征值构成+可焊	W 是焊接的英文缩写

注:表中的可焊性指的是焊接规程中规定的闪光对焊和电弧焊等工艺

表 8.15　余热处理钢筋的力学性能和工艺性能

牌号	R_{eL}/MPa	R_{eH}/MPa	A/%	A_{gt}/%	公称直径/mm	弯心直径
	≥					
RRB400	400	540	14	5.0	8~25	$4d$
RRB500	500	630	13	—	28~40	$5d$
RRB400W	430	570	16	7.5	8~25	$6d$

带肋钢筋的表面标志:以阿拉伯数字加英文字母表示,RRB400 以 K4 表示,RRB500 以 K5 表示,RRB400W 以 K4W 表示。公称直径不大于 10 mm 的钢筋,可不轧制标志,可采用挂牌的方法。

4.冷轧扭钢筋

冷轧扭钢筋是由 Q215、Q235 热轧圆盘条作母材,经专用钢筋冷轧扭机调直、冷轧并冷扭一次成型,具有规定截面形状和节距的连续螺旋状钢筋。这种钢筋有较高的强度,良好的塑性,与混凝土的握裹力、黏结锚固性能明显优于光圆钢筋,是一种强度高、性能好、加工制作方便的新型高效换代钢筋,工程使用后,可节约 30% 的钢筋。它广泛适用于钢筋混凝土结构中的基础、梁、板、剪力墙等非预应力钢筋工程,凡是直径小于等于 16 mm 的结构构件应优先采用。由于其良好的抗裂性,还可用于水池、水箱施工中。

冷轧扭钢筋按截面形状和截面位置沿钢筋轴线旋转变化不同分为以下 3 种类型,如图 8.11 所示。

①近似矩形截面为Ⅰ型。

②近似正方形截面为Ⅱ型。

③近似圆形截面为Ⅲ型。

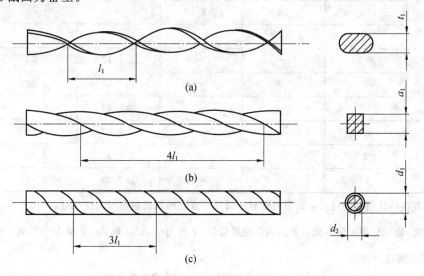

图 8.11　冷轧扭钢筋的形状和截面

冷轧扭钢筋的标记:由产品名称代号、强度级别代号、标志代号、主参数代号及类型代号组成,如图 8.12 所示。

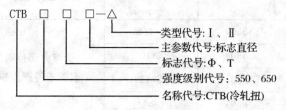

类型代号:Ⅰ、Ⅱ
主参数代号:标志直径
标志代号:Φ、T
强度级别代号:550、650
名称代号:CTB(冷轧扭)

图 8.12　冷轧扭钢筋的标记

例:冷轧扭钢筋 550 级Ⅱ型,标志直径 10 mm,标记为 CTB550ΦT10—Ⅱ。

例:冷轧扭钢筋 650 级Ⅲ型,标志直径 8 mm,标记为 CTB650ΦT8—Ⅲ。

冷轧扭钢筋采用的低碳钢的牌号应为 Q235 或 Q215,当采用 Q215 牌号时,其含碳量不应低于 0.12%(质量分数)。550 级Ⅱ型和 650 级Ⅲ型冷轧扭钢筋应采用 Q235。冷轧扭钢筋截面控制尺寸及节距见表 8.16,其力学性能和工艺性能见表 8.17。

表 8.16　冷轧扭钢筋截面控制尺寸及节距

| 强度级别 | 型号 | 标志直径 d/mm | 截面控制尺寸/mm | | | | 节距 l_1/mm |
			轧扁厚度 (t_1)	正方形边长 (a_1)	外圆直径 (d_1)	内圆直径 (d_2)	
CTB550	I	6.5	—	—	—	—	≤75
		8	≥3.7	—	—	—	≤95
		10	≥4.2	—	—	—	≤110
		12	≥5.3	—	—	—	≤150
	II	6.5	≥6.2	≥5.40	—	—	≤30
		8	—	≥6.50	—	—	≤40
		10	—	≥8.10	—	—	≤50
		12	—	≥9.60	—	—	≤80
	III	6.5	—	—	≥6.17	5.67	≤40
		8	—	—	≥7.59	7.09	≤60
		10	—	—	≥9.49	8.89	≤70
CTB650	III	6.5	—	—	≥6.00	5.50	≤30
		8	—	—	≥7.38	6.88	≤50
		10	—	—	≥9.22	8.67	≤70

注:①轧扁厚度指冷轧扭钢筋成型后矩形截面较小边尺寸或菱形截面短向对角线尺寸;

②l_1 为节距,指冷轧扭钢筋截面位置沿钢筋轴线旋转（I 型为 $\frac{1}{2}$ 周期(180°);II 型为 $\frac{1}{4}$ 周期(90°);III 型为 $\frac{1}{3}$ 周期(120°))时的前进距离

表 8.17　冷轧扭钢筋力学性能和工艺性能

| 强度级别 | 型号 | R_m/MPa | $A_{11.3}$/% | 180°弯曲试验 (弯心直径为 3d) | 应力松弛率 (当 $\sigma_{con}=0.7$ MPa) | |
					10 h	1 000 h
CTB550	I	≥550	≥4.5	受弯曲部位钢筋表面不得产生裂纹	—	—
	II	≥550	≥10		—	—
	III	≥550	≥12		—	—
CTB650	III	≥650	≥4		≤5	≤8

注:σ_{con} 为预应力钢筋的张拉控制应力

5.预应力混凝土用钢丝和钢绞线

预应力混凝土用钢丝和钢绞线是使用优质碳素钢经冷加工、再回火、冷轧或绞捻等加工而成,也称为优质碳素钢丝及钢绞线。

大型预应力混凝土构件,由于受力很大,常采用强度很高的预应力高强度钢丝和钢绞线作为主要受力钢筋。冷拉钢丝的力学性能应符合表 8.18 规定。

表 8.18　冷拉钢丝的力学性能

公称直径 d_n/mm	抗拉强度 σ_b/MPa	规定非比例伸长应力 $\sigma_{P0.2}$/MPa	最大力下总伸长率（L_0=200 mm）δ_{gt}/%	弯曲次数（次/180°）	弯曲半径 R/mm	断面收缩率 ϕ/%	每 210 mm 扭矩的扭转次数 n	初始应力相当于70%公称抗拉强度时，1 000 h后应力松弛率 r/%
3.00	≥1 470	≥1 100			7.5	—	—	
4.00	≥1 570	≥1 180		≥4	10		≥8	
	≥1 670	≥1 250				≥35		
5.00	≥1 770	≥1 330	>1.5		15		≥8	≤8
6.00	≥1 470	≥1 100			15		≥7	
	≥1 570	≥1 180		≥5	20		≥6	
7.00	≥1 670	≥1 250			20	≥30		
8.00	≥1 770	≥1 330			20		≥5	

国家标准《预应力混凝土用钢绞线》(GB/T 5224—2003)规定,钢绞线按结构分为 5 类,其代号为:(1×2)用两根钢丝捻捻制的钢绞线;(1×3)用 3 根钢丝捻制的钢绞线;(1×3I)用 3 根刻痕钢丝捻制的钢绞线;(1×7)用 7 根钢丝捻制的标准型钢绞线;(1×7C)用 7 根钢丝捻制又经模拨的钢绞线,如图8.13所示。

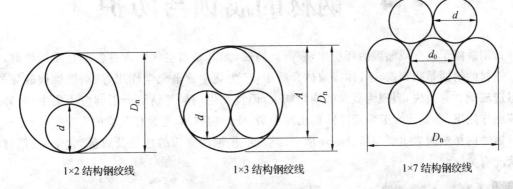

1×2 结构钢绞线　　　1×3 结构钢绞线　　　1×7 结构钢绞线

图 8.13　预应力钢绞线截面图

图 8.13 中,D_n 为钢绞线直径,mm;d_0 为外层钢丝直径,mm;A 为 1×3 结构钢绞线测量尺寸,mm。

预应力钢丝和钢绞线强度高,具有较好的塑性、质量稳定、施工简便、应用中不需要接头的优点,工程中特别适用于大跨度、重荷载、曲线配筋的预应力钢筋混凝土结构。

6. 型钢

(1)钢板和压型钢板

经光面轧辊轧制而成的扁平钢材,以平板状供货的称为钢板,以卷状供货的称为钢带。钢板按轧制温度不同,可分热轧钢板和冷轧钢板。热轧钢板按厚度可分为薄板(厚度为 0.35~4 mm)和厚板(厚度大于 4 mm)两种。冷轧钢板只有薄板(厚度为 0.2~4 mm)。

生产钢板和钢带使用的钢种主要是碳素结构钢,重型结构、大跨度桥梁、高压容器等也可采用低合金钢板。

压型钢板是用薄钢板经冷压或冷轧成型的钢材,具有单位质量轻、强度高、抗震性能好、施工快速、外形美观等优点,是良好的建筑材料和构件,主要用于围护结构、楼板,也可用于其他构筑物。根据不同使用功能要求,压型钢板可压成波形、双曲波形、肋形、V 形、加劲型等。制作压型钢板的钢材采用有机涂层薄钢板(或称彩色钢板)、镀锌薄钢板、防腐薄钢板(含石棉沥青层)或其他薄钢板等。

(2)热轧型钢

常见的热轧型钢根据型钢截面形式的不同可分为角钢、工字钢、槽钢、H 形钢、T 形钢、Z 形钢、钢轨和钢板桩等。我国的建筑用热轧型钢,目前主要采用普通碳素钢 Q235—A(碳质量分数为 0.14%～0.22%),其特点是冶炼容易,成本低廉,强度适中,塑性和可焊性较好,适合建筑工程使用。使用的低合金钢主要有两种:Q345(16Mn)及 Q390(15MnV),用于承受动荷载及大跨度结构。

在建筑工程中,热轧型钢主要用于工业和民用房屋、桥梁的承重骨架(梁、柱、桁架等)、塔桅结构、高压输电线支架等。

(3)冷弯薄壁型钢

冷弯薄壁型钢常用厚度为 2～6 mm 的钢板或钢带经冷弯或模压制成。冷弯薄壁型钢可用作钢架、桁架、梁、柱等主要承重构件,也被用作屋面檩条、墙架梁柱、龙骨、门窗、屋面板、墙面板、楼板等次要构件和围护结构。冷弯薄壁型钢结构构件通常有压型钢板、檩条、墙梁、刚架等。

(4)钢管

钢管有热轧无缝钢管和焊接钢管两种。无缝钢管以优质碳素结构钢或低合金高强度结构钢为原材料,采用热轧或冷拔无缝方法制造,主要用作输送水、蒸汽、煤气的管道及高压管道。焊接钢管由钢板卷焊而成,用于送水、输气、采暖管道及扶手、栏杆、施工脚手架等。

8.4 钢材的腐蚀与防护

钢材长期暴露于空气或潮湿的环境中,表面会锈蚀,尤其是当空气中含有各种介质污染时,情况更为严重。钢材的锈蚀是指钢铁在气体或液体介质中,产生化学或电化学作用,逐渐腐蚀被破坏的现象。锈蚀不但造成钢材的损失,表现为截面的均匀减少,而且产生的局部锈坑会引起应力集中,另外在冲击反复负荷载作用下,会促使疲劳强度降低而出现脆裂,使结构破坏,危及建筑物的安全。

钢材锈蚀的影响因素主要与所处的环境中的湿度、侵蚀性介质的性质及数量、含尘量、钢材的材质和表面状况有关。

8.4.1 钢材的腐蚀

钢材受腐蚀的原因很多,可根据其与环境介质的作用分为化学腐蚀和电化学腐蚀两类。

1. 化学腐蚀

化学腐蚀指钢材与干燥气体及非电解质液体反应而产生的锈蚀,通常是由于氧化作用引起,使金属形成体积疏松的氧化物而引起锈蚀。其反应速度随温度、湿度提高而加速。干湿交替环境下腐蚀更为厉害,在干燥环境下腐蚀速度缓慢。

2. 电化学腐蚀

电化学腐蚀是由于电化学现象在钢材表面产生局部电池作用的腐蚀。

钢材在潮湿的空气中,由于吸附作用,在其表面覆盖一层极薄的水膜,由于表面成分或者受力变形等的不均匀,使邻近的局部产生电极电位的差别,形成了许多微电池。在阳极区,铁被氧化成 Fe^{2+} 进入水膜,因为水中溶有来自空气中的氧,在阴极区氧被还原为 OH^-,两者结合成不溶于水的 $Fe(OH)_2$,并进一步氧化成疏松易剥落的红棕色铁锈 $Fe(OH)_3$。在工业大气的条件下,钢材较容易锈蚀。

钢材在大气中的腐蚀,实际上是化学腐蚀和电化学腐蚀同时作用所致,但以电化学腐蚀为主。

8.4.2　钢材的防护

1.合金化

在碳素钢中加入能提高抗腐蚀能力的合金元素,如铬、镍、锡、钛和铜等,制成不同的合金钢,能有效地提高钢材的抗腐蚀能力。

2.金属覆盖

用耐腐蚀性能好的金属,以电镀或喷镀的方法覆盖在钢材的表面,提高钢材的耐腐蚀能力,如镀锌、镀铬、镀铜和镀镍等。

3.化学保护法

对于一些不能和不易覆盖保护层的地方的钢结构,接上比钢材更为活泼的金属,如锌、镁等。在介质中形成原电池时,这些更为活泼的金属成为阳极而遭到腐蚀,而钢结构作为阴极得到保护。

基础同步

一、填空题

1.低碳钢在拉伸实验中,其变形过程一般可分为_____、_____、_____、_____4个阶段。

2.伸长率是衡量钢材塑性的一个指标,伸长率的大小与试件的_____及_____有关。

3.时效分为_____时效和_____时效,前者指在_____下搁置15～20 d,后者指在_____下保持2 h左右。

4.Q215-B·F的含义是_____。

5.CDW550是指_____。

二、选择题

1.以下各元素对钢材性能的影响是有利的是(　　)。

A.适量 S　　　　　B.适量 P　　　　　C.适量 O　　　　　D.适量 Mn

2.钢筋牌号的质量等级中,表示钢材质量最好的等级是(　　)。

A.A　　　　　B.B　　　　　C.C　　　　　D.D

3.普通碳素钢按屈服点、质量等级及脱氧方法划分为若干个牌号。随牌号提高,钢材(　　)。

A.强度提高,伸长率提高　　　　　B.强度降低,伸长率降低

C.强度提高,伸长率降低　　　　　D.强度降低,伸长率提高

4、牌号 Q235-Bb 中,235 表示(　　),b 表示(　　)。

A.屈服强度,质量等级　　　　　B.屈服强度,半镇静钢

C.抗拉强度,半镇静钢　　　　　D.抗拉强度,质量等级

5.承受冲击荷载的重要结构选用的钢材的(　　)。

A.冷加工强化小　　　　　B.时效时间短

C.时效敏感性小　　　　　D.塑性、韧性降低

三、判断题

1.钢材的强度随着含碳量的增大而提高,其可焊性也有所改善。　　　　　(　　)

2.冷弯试验是考察钢材在复杂应力状态下发展弹性变形能力的一项指标。　　　　　(　　)

3.钢材的屈强比越大,表示该钢材在结构使用时越安全。　　　　　(　　)

4.对钢材进行冷拉加工,是为提高其强度和塑性,以期减少钢材用量。 （ ）

5.对钢材的冷弯性能要求越高,试验时采用的弯曲角度越小,弯心直径对试件直径的比值也越小。
（ ）

四、简答题

1.画出低碳钢拉伸时的应力应变图,指出其中重要参数及其意义。

2.为什么用材料的屈服点而不是其抗拉强度作为结构设计时取值的依据?

3.冷加工、时效后钢材的性质发生了哪些变化?

1.北方某燃气管道施工须焊接室外支撑钢架,请对下列钢材选用,并简述理由。

(1)Q235-AF 价格便宜。

(2)Q235-C 价格高于 a。

2.某热轧钢筋试件,直径为 20 mm,做拉伸试验,屈服点荷载为 104 kN,拉断时荷载为 166 kN,拉断后,测得试件断后标距伸长量为 28 mm。试求该钢筋的屈服强度、抗拉强度、断后伸长率 A 和屈强比。

项目9 建筑防水材料

项目目标 〉〉〉〉〉〉

【知识目标】

1. 掌握石油沥青的性能及影响因素。

2. 了解各类防水涂料、密封材料的常用品种、技术要求及应用。

【技能目标】

1. 熟悉防水卷材的主要性质指标及应用。

2. 掌握在建筑工程中防水材料的选用。

【课时建议】

6课时

9.1 沥 青

沥青是一种有机胶凝材料,是由一些合成高分子碳氢化合物及其非金属(氮、氧、硫等)衍生物所构成的混合物。常温下沥青为黑色至黑褐色的固体、半固体或黏稠液体,能溶于多种有机溶剂,具有良好的防潮、防水、防腐性。它广泛用于防潮、防水及防腐蚀工程和水利水工建筑物与道路工程。

9.1.1 沥青的分类

按产源,沥青分为地沥青与焦油沥青两大类。地沥青包括天然沥青和石油沥青;焦油沥青是干馏煤、木材、页岩等有机材料所得的副产品,包括煤沥青、木沥青、泥炭沥青和页岩沥青。建筑工程中使用最多的是石油沥青,煤沥青的防腐性能和黏结性能较好,但防水性较差,煤沥青也有少量应用。

1.石油沥青

石油沥青是石油原油提炼出各种石油产品(如汽油、煤油、润滑油等)后的残留物,再经加工而得的副产品。它是由多种极其复杂的高分子碳氢化合物及其非金属(氧、氮、硫等)衍生物组成的混合物。

石油沥青一般可分为油分、树脂、地沥青质 3 大组分,此外,还有一定的石蜡固体。石油沥青的组分及其主要特性见表 9.1。

表 9.1　石油沥青的组分及其主要特性

组分	状态	颜色	密度/(g·cm⁻³)	含量(质量分数)	作用
油分	黏性液体	淡黄色至红褐色	小于 1	40%～60%	使沥青具有流动性
树脂	黏稠固体	红褐色至黑褐色	略大于 1	15%～30%	使沥青具有良好的黏性和塑性
地沥青质	粉末颗粒	深褐色至黑褐色	大于 1	10%～30%	能提高沥青的黏性和耐热性含量提高,塑性降低

(1)油分

油分为沥青中最轻的组分,呈淡黄至红褐色,密度为 $0.7 \sim 1 \text{ g/cm}^3$。在 170 ℃以下较长时间加热可以挥发。它能溶于大多数有机溶剂,但不溶于酒精。在石油沥青中,其含量为 40%～60%(质量分数)。油分使沥青具有流动性。

(2)树脂

树脂为密度略大于 1 g/cm^3 的黑褐色或红褐色黏稠物质,能溶于汽油、三氯甲烷和苯等有机溶剂,但在丙酮和酒精中溶解度很低。它在石油沥青中含量为 15%～30%(质量分数)。它使石油沥青具有塑性与黏结性。

(3)沥青质

沥青质为密度大于 1 g/cm^3 的黑色固体物质,不溶于汽油、酒精,但能溶于二硫化碳和三氯甲烷中。它在石油沥青中含量为 10%～30%(质量分数)。它决定石油沥青的温度性和黏性,它的含量越多,则石油沥青的软化点越高,脆性越大。

沥青中的油分和树脂可以互溶,树脂可以浸润地沥青质,组成以地沥青质为核心的胶团,周围吸附部分树脂质和油分的胶团,分散于油分中形成了胶体结构,因此石油沥青属胶体结构。大多数优质的石油沥青属于凝胶型胶体结构,在建筑工程中使用较多的氧化沥青多属凝胶型胶体结构。

技 术 点 睛··

石油沥青"老化"

石油沥青的状态随外界温度的不同而改变。温度升高,固体沥青中的易熔成分逐渐变为液体,沥青流动性提高;温度降低时,沥青又恢复为原来的状态。固体沥青中的油分、树脂减少,地沥青质增多的这一过程称为"沥青老化"。此时,沥青层的塑形降低,脆性增加,变硬,出现脆裂,失去水分,防腐蚀效果变差。

··

建筑石油沥青多用于屋面与地下防水工程,还可用作建筑防腐蚀材料。道路石油沥青多用于路桥工程、车间地坪及地下防水工程等。还有防水防潮石油沥青,软化点高,质量好,它特别适宜作为油毡的涂敷材料,也可作为屋面及地下防水的黏结材料。

技 术 点 睛··

石油沥青的选用

石油沥青的牌号主要依据针入度来划分,但延度与软化点等也须符合规定。同一品种中,牌号越小则针入度越小,(黏性增大),延度越小(塑性越差),软化点增高(温度稳定性越好)。现实中应根据工程性质、气候条件及工作环境来选择沥青的品种与牌号,如一般屋面用沥青材料的软化点应比本地区屋面最高温度高20 ℃以上。在满足使用要求的前提下,应尽量选用牌号较大者为好。

··

2.煤沥青

煤沥青是炼焦厂和煤气厂的副产品,是煤焦油经分馏加工提取轻油、中油、重油(其中重油为常用的木材防腐油)等以后所得的残渣。煤沥青按蒸馏温度、程度不同,分为低温煤沥青、中温煤沥青和高温煤沥青。建筑工程中多用低温煤沥青。

与石油沥青相比,煤沥青有以下几个特性:毒性大,防腐能力强;黏结力较强,不易脱落;温度稳定性及大气稳定性差;塑性差,容易因变形而开裂。

煤沥青主要适用于木材防腐、制造涂料等地下防水层或防腐蚀材料。煤沥青不能与石油沥青混合使用,使用时应鉴别分开,鉴别方法可参考表9.2。

表 9.2　石油沥青与煤沥青的鉴别

鉴别方法	石油沥青	煤沥青
密度/(g·cm⁻³)	近于 1.0	1.25～1.28
燃烧	烟少、无色、有松香味、无毒	烟多、黄色、臭味大、有毒
锤击	声哑、有弹性、韧性好	声脆、韧性差
颜色	辉亮褐色	浓黑色
溶解	易溶于煤油或汽油中,棕黑色	难溶于煤油或汽油,黄绿色

3.改性沥青

改性沥青对普通石油沥青进行氧化、乳化、催化或者掺入橡胶、树脂和矿物填料等物质,使得沥青的性质发生不同程度的改善。在石油沥青中加入填充料(粉状为滑石粉等,纤维状,如石棉绒),可提高沥青的黏性与耐热性,减少沥青对温度的敏感性。

(1)橡胶改性沥青

常用天然橡胶、氯丁橡胶、丁基橡胶、再生橡胶与耐热性丁苯橡胶(SBS)等作为石油沥青的改性材料。由于橡胶的品种不同,因而有各种橡胶改性沥青,常用的品种有氯丁橡胶改性沥青、丁基橡胶改性沥青、再生橡胶改性沥青、苯乙烯-丁二烯-苯乙烯(SBS)改性沥青。橡胶改性沥青具有一定橡胶特性，其气密性、低温柔性、耐化学腐蚀性、耐光性、耐臭氧性、耐气候性和耐燃烧性得到大大改善。掺入方法有溶剂法和水乳法，可用作卷材、片材、密封材料或涂料。

(2)合成树脂类改性沥青

树脂作为改性材料可使得到的改性沥青提高耐寒性、耐热性、黏性及不透气性。但由于石油沥青中含芳香性化合物很少，树脂与石油沥青的相溶性较差，故可用的树脂品种较少，常用的有古马隆树脂(又名香豆桐树脂，属热塑性树脂)、聚乙烯树脂、酚醛树脂、天然松香、环氧树脂、无规聚丙烯均聚物(APP)以及 APAO 改性沥青等。

(3)橡胶和树脂改性沥青

同时加入树脂与橡胶来改善石油沥青，使沥青兼具树脂与橡胶的优点与特性，性能更加优良，主要用作卷材、片材、密封材料等。

(4)矿物填充料改性沥青

矿物填充料改性沥青是为了提高沥青的黏结力和耐热性，减少沥青的温度敏感度，在沥青中掺入适量的矿物填充料。常用的矿物填充料有粉状和纤维状两大类，粉状的有滑石粉、石灰石粉、白支石粉、磨细砂、粉煤灰和水泥等，其合适掺量一般为沥青质量的 $10\% \sim 25\%$；纤维状的有石棉等，其合适掺量一般为沥青质量的 $5\% \sim 10\%$，矿物填充料既可热用也可冷用。矿物填充料改性沥青主要用于粘贴卷材、嵌缝、接头、补漏及作防水层的底层。

9.1.2 沥青的主要性质指标

1. 黏滞性(黏性)

黏滞性(黏性)是反映沥青材料在外力作用下，材料内部阻碍其相对流动(变形)的能力，表示沥青的软硬、稀稠程度，是划分沥青牌号的主要性能指标。石油沥青的黏性在工程上常用相对黏度(条件黏度)表示。

液态石油沥青的黏滞性用黏度表示。对在常温下固体或半固体状态石油沥青的黏滞性用"针入度"表示。黏度和针入度是沥青划分牌号的主要指标。

黏度是指液体沥青在定一定温度($20\ ℃$、$25\ ℃$、$30\ ℃$或$60\ ℃$)条件下，经规定直径($3\ mm$、$5\ mm$或$10\ mm$)的孔，漏下$50\ cm^3$所需要的时间(s)，常用符号 C_t^d 表示。黏度值越大，表示沥青的稠度大。

针入度是指在温度为 $25\ ℃$ 的条件下，以质量为 $100\ g$ 的标准针，经 $5\ s$ 贯入沥青中的深度(单位为mm，并规定 $0.1\ mm$ 为 1 度)来表示。它反映沥青抵抗剪切变形的能力，针入度的数值越小，表明流动性小，黏度越大。针入度一般为 $5 \sim 200$。

2. 塑性

塑性是指石油沥青在受外力作用下产生变形而不破坏(产生裂缝或断开)，除去外力后仍能保持变形后的形状不变的性质，又称为延展性。塑性表示沥青开裂后自愈能力及受机械应力作用后变形而不破坏的能力。沥青的塑性用延度(也称延伸度、延伸率)表示，延度越大，塑形越好，柔性和抗裂性越好。

技 术 点 睛

沥青延伸度测定

按标准试验方法，测定延度是将沥青制成"8"字形标准试件，试件中间最狭处断面积为 $1\ cm^2$，安放在延伸仪上，在规定温度(一般为 $25\ ℃$)和规定速度($5\ cm/min$)的条件下进行拉伸，试件拉细而断裂时的长度值(cm)即为延度。

沥青的延度与其组分及温度有关，树脂含量越多，沥青的塑形越大，温度升高，沥青的塑形增大。

3.温度稳定性

温度稳定性是指沥青的黏滞性和塑性随温度升降而变化的性能。

温度稳定性大小用软化点来表示。软化点是沥青材料由固态转变为具有一定流动性膏体时的温度。软化点大小可通过"环球法"试验测定。

技 术 点 睛

沥青软化点测定

"环球法"试验测定沥青软化点。将沥青试样装入规定尺寸的铜环(内径为18.9 mm)中,上置规定尺寸、质量的钢球(3.5 g),再将置钢球的铜环放在有水或甘油的烧杯中,以5 ℃/min的速率加热至沥青软化下垂达25.4 mm与底板接触时的温度(℃)即为沥青软化点。

不同沥青的软化点不同,一般为25～100 ℃。软化点越高,说明沥青的耐热性越好,温度稳定性越好(即温度敏感性小),但软化点过高,又不易加工;软化点低的沥青,夏季易产生变形,甚至流淌。故在实际使用时为了提高沥青的耐寒性和耐热性,常常对沥青进行改性,例如在沥青中掺入增塑剂、橡胶、树脂和填料等。

温度稳定性较大的石油沥青,其黏滞性、塑性随温度的变化较小,作为屋面防水材料,受日照辐射作用可能发生流淌和软化,失去防水作用而不能满足使用要求。建筑工程中,有时通过加入滑石粉、石灰石粉等矿物掺合料来减小沥青的温度敏感性。

4.大气稳定性

大气稳定性是指石油沥青在温度、阳光、空气和潮湿等大气因素的长期综合作用下性能的稳定程度,是沥青抵抗老化的性能,它反映沥青的耐久性。一般用蒸发试验(160 ℃,5 h)测定,其指标用沥青试样在加热蒸发前后的蒸发损失率和针入度比来表示。蒸发损失率越小,针入度比越大,则表示沥青的大气稳定性越好,即老化慢。一般石油沥青的蒸发损失率不超过1%,针入度比不小于75%。

以上4种性质是沥青的主要性质,此外,还有其他性质,如闪点、燃点和耐蚀性。

闪点是沥青加热而挥发的可燃气体与空气混合遇火时发生闪火现象时的最低温度,也称为闪火点。熬制沥青时,加热的温度不应超过闪点。燃点是沥青加热后,一经引火,燃烧就能继续下去的最低温度。耐蚀性是指石油沥青对多数酸碱盐都具有耐蚀能力,但能溶解于多数有机溶剂中,使用时应予以注意。

9.1.3 石油沥青的应用与掺配

1.石油沥青的标准

根据《建筑石油沥青》(GB/T 494—2010),建筑石油沥青的技术要求见表9.3。

表9.3　建筑石油沥青的技术要求(GB/T 494—2010)

项目	质量指标			试验方法
	10号	30号	40号	
针入度(25 ℃,100 g,5 s)/(0.1 mm)	10～25	26～35	36～50	GB/T 4509
针入度(46 ℃,100 g,5 s)/(0.1 mm)	报告①	报告①	报告①	
针入度(0 ℃,200 g,5 s)/(0.1 mm)	≥3	≥6	≥6	
延度(25 ℃,5 cm/min)/cm	≥1.5	≥2.5	≥3.5	GB/T 4508
软化点(环球法)/℃	≥95	≥75	≥60	GB/T 4507

续表 9.3

项目	质量指标			试验方法
	10 号	30 号	40 号	
溶解度(三氯乙烯)/%	≥99.0			GB/T 11148
蒸发后质量变化(163 ℃,5 h)/%	≤1			GB/T 11964
蒸发后 25 ℃针入度比②/%	≥65			GB/T 4509
闪点(开口杯法)/℃	≥260			GB/T 267

注:①报告应为实测值;
　　②测定蒸发损失后样品的 25 ℃针入度与原 25 ℃针入度之比乘以 100 后,所得的百分比称为蒸发后针入度比

根据《道路石油沥青》(NB/SH/T 0522—2010),道路石油沥青的技术要求见表 9.4。

表 9.4　道路石油沥青的技术要求(NB/SH/T 0522—2010)

项目	质量标准					试验方法
	200 号	180 号	140 号	100 号	60 号	
针入度(25 ℃,100 g,5 s)/(0.1 mm)	200~300	150~200	110~150	80~110	50~80	GB/T 4509
延度①(25 ℃)/cm	≥20	≥100	≥100	≥90	≥70	GB/T 4508
软化点/℃	30~48	35~48	38~51	42~55	45~58	GB/T 4507
溶解度/%	≥99.0					GB/T 11148
闪点(开口)/℃	≥180	≥200	≥230			GB/T 267
密度(25 ℃)/(g·cm⁻³)	报告					GB/T 8928
蜡含量/%	≤4.5					SH/T 0425
薄膜烘箱试验(163 ℃,5 h)	163 ℃,5 h					
质量变化/%	≤1.3	≤1.3	≤1.3	≤1.2	≤1.0	GB/T 5304
针入度比/%	报告					GB/T 4509
延度(25 ℃)/cm	报告					GB/T 4508

注:如果 25 ℃延度达不到,15 ℃延度达到时,也认为是合格的,指标要求与 25 ℃延度一致

根据《防水防潮石油沥青》(SH/T 0002—1990),防水防潮石油沥青的技术要求见表 9.5。

表 9.5　防水防潮石油沥青的技术要求(SH/T 0002—1990)

项目	质量指标				试验方法
牌号	3 号	4 号	5 号	6 号	
软化点/℃	≥85	≥90	≥100	≥95	GB/T 4507
针入度/(0.1 mm)	25~45	20~40	20~40	30~50	GB/T 4509
针入度指数	≥3	≥4	≥5	≥6	SH/T 0002
蒸发损失(163 ℃,5 h)/%	≤1				GB/T 11964
闪点(开口)/℃	≥250	≥270			GB/T 267
溶解度/%	≥98	≥98	≥95	≥92	GB/T 11148
脆点/℃	≤-5	≤-10	≤-15	≤-20	GB/T 4510
垂度/mm			≤8	≤10	SH/T 0424
加热安定性/℃	≤5				SH/T 0002

针入度指数表明沥青的温度特性,通称感温性,针入度指数越大,感温性越小,沥青应用温度范围越宽。

2. 石油沥青的选用原则

选用沥青材料时,应根据工程所在地的环境及工程性质,在满足使用要求的前提下,尽量选用牌号较大的品种,以保证具有较长的使用年限。

用于屋面防水的沥青材料,要求黏性大,以便与基层黏结牢固,而且要求软化点高,以防夏季高温流淌,冬季低温脆裂。一般屋面沥青材料的软化点要高于当地历年来最高气温 20 ℃以上。对于夏季气温高、坡度较大的屋面,常选用 10 号或 10 号和 30 号掺配的混合沥青。建筑石油沥青具有良好的防水、黏结、耐热及温度稳定性,但是黏度大、延伸变形能力较差,主要用于建筑工程的屋面、防水和防腐工程,用于制作油毡、防水涂料、沥青嵌缝油膏等。道路石油沥青黏性差、塑性好、容易浸透和乳化,但是弹性、耐热性、温度稳定性较差,主要用于道路路面及厂房地面,用于拌制沥青砂浆和沥青混凝土,也可用作密封材料以及沥青涂料等。

3. 石油沥青的掺配

在选用沥青时,因生产和供应的限制,如果现有沥青不能满足要求时,可按使用要求,对沥青进行掺配,得到满足技术要求的沥青。掺配量可按下式计算:

$$较软沥青掺量 = \frac{较硬沥青的软化点 - 要求沥青的软化点}{较硬沥青的软化点 - 较软沥青的软化点} \times 100\% \tag{9.1}$$

$$较硬沥青掺量 = 100\% - 较软沥青掺量 \tag{9.2}$$

在实际掺配中,按上式得到的掺配沥青,其软化点总是低于计算软化点。一般来说,如果两种沥青计算值各占 50%,则在实配时其高软化点的沥青应多加 10% 左右。

如果用 3 种沥青时,可先求出两种沥青的配比,然后再与第 3 种沥青进行配比计算。

【案例实解】

某工程需要用软化点为 80 ℃的石油沥青,现有 10 号和 60 号的两种石油沥青,从满足工程需要上应如何掺配?

解:由试验测得:10 号、60 号石油沥青的软化点分别为 95 ℃和 45 ℃,估算的掺配量为:

$$60 号石油沥青掺量(\%) = \frac{95\ ℃ - 80\ ℃}{95\ ℃ - 45\ ℃} \times 100\% = 30\%$$

$$10 号石油沥青掺量(\%) = 100\% - 30\% = 70\%$$

经过试配,测定掺配后沥青的软化点,最终掺量以试配结果(掺配比-软化点曲线)来确定满足要求软化点的掺配比例。

9.2　新型防水卷材

9.2.1　高聚物改性沥青防水卷材

高聚物改性沥青卷材是以合成高分子聚合物改性后的沥青为涂盖层,以纤维织物或纤维毡为胎基,以粉状、粒状、片状或薄膜材料为防粘隔离层制成的防水材料。它具有高温不流淌、低温不脆裂、拉伸强度高、延伸率较大等优异性能。常见的有 SBS 改性沥青防水卷材、APP 改性沥青防水卷材、PVC 改性焦油沥青防水卷材、再生胶改性沥青防水卷材等。此类防水材料按厚度可分为 3 mm、4 mm、5 mm 等规格,一般单层铺设,也可复合使用。根据不同卷材,可采用热熔法、冷粘法、自粘法等施工方法。

高聚物改性沥青卷材的技术要求见表9.6。

表 9.6　高聚物改性沥青卷材的技术要求(GB 18242—2008,GB 18243—2008)

规格(公称厚度)/mm		3			4			5		
上表面材料		PE	S	M	PE	S	M	PE	S	M
下表面材料		PE	PE、S		PE	PE、S		PE	PE、S	
面积/ (m²·卷⁻¹)	公称面积	10、15			10、7.5			7.5		
	偏差	±0.10			±0.10			±0.10		
单位面积质量/(kg·m⁻²)		≥3.3	≥3.5	≥4.0	≥4.3	≥4.5	≥5.0	≥5.3	≥5.5	≥6.0
厚度/ mm	平均值	≥3.0			≥4.0			≥5.0		
	最小单值	2.7			3.7			4.7		

常见的高聚物改性沥青卷材的特点和适用范围见表9.7。

表 9.7　常见的高聚物改性沥青卷材的特点和适用范围

卷材名称	特点	适用范围	施工工艺
SBS 改性沥青防水卷材	耐高性、低温性能有明显提高,卷材的弹性和耐疲劳性明显改善	单层铺设的屋面防水工程或复合适用,适用于寒冷地区和结构变形频繁的建筑	冷施工铺贴或热熔铺贴
APP 改性沥青防水卷材	具有良好的强度、延伸度、耐热性、耐紫外线照射及耐老化性能	单层铺设,适用于紫外线辐射强烈和炎热地区屋面使用	热熔法或冷粘法铺设
PVC 改性焦油沥青防水卷材	具有良好的耐低温和耐热性能,最低开卷温度为−18 ℃	冬季负温度下施工	热作业或冷施工
再生胶改性沥青防水卷材	有一定的延伸性,且低温柔性较好,有一定的防腐蚀能力,价格低廉,属于低档防水卷材	变形较大或档次较低的防水工程	热沥青粘贴
废橡胶粉改性沥青防水卷材	比普通石油沥青纸胎油毡的抗拉强度、低温柔性均明显改善	叠层适用于一般屋面防水工程,宜在寒冷地区使用	热沥青粘贴

根据《弹性体改性沥青防水卷材》(GB 18242—2008)、《塑性体改性沥青防水卷材》(GB 18243—2008),SBS、APP 卷材的品种见表9.8。

表 9.8　SBS、APP 卷材的品种(GB 18242—2008)

胎基 上表面材料	聚酯毡	玻纤毡	玻纤增强聚酯毡
聚乙烯膜(PE)	PY—PE	G—PE	PYG—PE
细砂(S)	PY—S	G—S	PYG—S
矿物粒(片)(M)	PY—M	G—M	PYG—M

细砂为粒径不超过 0.6 mm 的矿物颗粒。表面隔离材料不得采用聚酯膜(PET)和耐高温聚乙烯膜。其规格为:卷材公称宽度为 1 000 mm,聚酯毡卷材公称厚度为 3 mm、4 mm、5 mm;玻纤毡卷材公称厚度为 3 mm、4 mm;玻纤增强聚酯毡卷材公称厚度为 5 mm,每卷卷材公称面积为 7.5 m²、10 m²、15 m²。

1. 弹性体改性沥青防水卷材(SBS 卷材)

弹性体改性沥青防水卷材是以 SBS 热塑性弹性体作改性剂,以聚酯胎(PY)、玻纤胎(G)或玻纤增强聚酯毡(PYG)为胎基,两面覆盖聚乙烯膜(PE)、细砂(S)、粉料或矿物粒(片)料(M)制成的卷材,简称 SBS 卷材,属弹性体沥青防水卷材。根据《弹性体改性沥青防水卷材》(GB 18242—2008),SBS 卷材材料性能应符合表 9.9 的要求。

表 9.9　SBS 卷材材料性能(GB 18242—2008)

序号	项目			指标				
				I		II		
				PY	G	PY	G	PYG
1	可溶物含量/(g·m⁻²)		3 mm	≥2 100			—	
			4 mm	≥2 900			—	
			5 mm			3 500		
			试验现象	—	胎基不燃	—	胎基不燃	
2	耐热性		℃	90		105		
			mm			≤2		
			试验现象			无流淌、滴落		
3	低温柔性/℃			−20		−25		
						无裂缝		
4	不透水性 30 min			0.3 MPa	0.2 MPa		0.3 MPa	
5	拉力	最大峰拉力/(N·(50 mm)⁻¹)		≥500	≥350	≥800	≥500	≥900
		次高峰拉力/(N·(50 mm)⁻¹)		—	—	—		≥800
		试验现象				拉伸过程中,试件中部无沥青涂盖层开裂或与胎基分离现象		
6	延伸率	最大峰时延伸率/%		≥30		≥40		
		第二峰时延伸率/%		—		—		≥15
7	浸水后质量增加/%	PE、S				≤1.0		
		M				≤2.0		
8	热老化	拉力保持率/%				≥90		
		延伸率保持率/%				≥80		
		低温柔性/℃			−15		−20	
						无裂缝		
		尺寸变化率/%		≤0.7	—	≤0.7	—	≤0.3
		质量损失/%				≤1.0		
9	掺油性	张数				≤2		
10	接缝剥离强度/(N·mm⁻¹)					≥1.5		
11	钉杆撕裂强度① /N				—			≥300
12	矿物粒料黏附性② /g					≤2.0		

续表9.9

序号	项目		指标				
			I		II		
			PY	G	PY	G	PYG
13	卷材下表面沥青涂盖层厚度③/mm		≥1.0				
14	人工气候加速老化	外观	无滑动、流淌、滴落				
		拉力保持率/%	≥80				
		低温柔性/℃	−15		−20		
			无裂缝				

注:①仅适用于单层机械固定施工方式卷材;
　　②仅适用于矿物粒料表面的卷材;
　　③仅适用于热熔施工的卷材

技 术 点 睛……………………

SBS卷材产品标记

SBS卷材产品按名称、型号、胎基、上表面材料、下表面材料、厚度、面积和标准编号顺序标记。例如面积为10 m²、厚3 mm、上表面为矿物粒料、下表面为聚乙烯膜聚酯毡I型弹性体改性沥青防水卷材标记为SBS I PY M PE 3 10 GB 18242—2008。

2.塑性体改性沥青防水卷材(APP卷材)

塑性体改性沥青防水卷材是以聚酯毡(PY)、玻纤毡(G)、玻纤增强聚酯毡(PYG)为胎基,无规聚丙烯(APP)或聚烯烃类聚合物作为改性剂,两面覆以隔离材料制成的防水卷材,简称APP卷材。

技 术 点 睛……………………

APP卷材产品标记

APP卷材产品按名称、型号、胎基、上表面材料、下表面材料、厚度、面积和标准编号顺序标记。例如面积为10 m²、厚3mm、上表面为矿物粒料、下表面为聚乙烯膜聚酯毡I型塑性体改性沥青防水卷材标记为APP I PY M PE 3 10 GB 18243—2008。

塑性体沥青防水卷材适合于紫外线辐射强烈及炎热地区屋面使用。它广泛用于工业与民用建筑的屋面及地下防水工程,以及道路、桥梁等建筑物的防水,尤其适用于较高气温环境的建筑防水。

根据《塑性体改性沥青防水卷材》(GB 18243—2008),APP卷材材料性能见表9.10。

以上两种改性沥青防水卷材均以10 m²卷材的标称质量(kg)作为卷材的标号。玻纤毡胎基的卷材分为25号、35号和45号3种标号;聚酯毡胎基的卷材分为25号、335号、45号和55号4种标号,厚度有2 mm、3 mm、4 mm、5 mm等规格。

根据现行标准,高聚物改性沥青防水卷材外观质量要求应符合下列要求:成卷卷材应卷紧卷齐,端面里进外出不得超过10 mm;胎基应浸透,不应有未被浸渍处;卷材表面应平整,不允许有孔洞、缺边和裂口、疙瘩;矿物粒料粒度应均匀一致并紧密地黏附于卷材表面;每卷卷材接头处不应超过一个,较短的一般长度不应少于1 000 mm,接头应剪切整齐,并加长150 mm。

表 9.10　APP 卷材材料性能(GB 18243—2008)

序号	项目			指标				
				I		II		
				PY	G	PY	G	PYG
1	可溶物含量/(g·m⁻²)		3 mm	≥2 100				—
			4 mm	≥2 900				—
			5 mm	≥3 500				
			试验现象	—	胎基不燃	—	胎基不燃	—
2	耐热性		℃	110		130		
			mm	≤2				
			试验现象	无流淌、滴落				
3	低温柔性/℃			−7		−15		
				无裂缝				
4	不透水性 30 min			0.3 MPa	0.2 MPa	0.3 MPa		
5	拉力	最大峰拉力/(N·(50 mm)⁻¹)		≥500	≥350	≥800	≥500	≥900
		次高峰拉力/(N·(50 mm)⁻¹)		—	—	—	—	≥800
		试验现象		拉伸过程中,试件中部无沥青涂盖层开裂或与胎基分离现象				
6	延伸率	最大峰时延伸率/%		≥25		≥40		—
		第二峰时延伸率/%		—		—		≥15
7	浸水后质量增加/%	PE、S		≤1.0				
		M		≤2.0				
8	热老化	拉力保持率/%		≥90				
		延伸率保持率/%		≥80				
		低温柔性/℃		−2		−10		
				无裂缝				
		尺寸变化率/%		≤0.7	—	≤0.7	—	≤0.3
		质量损失/%		≤1.0				
9	接缝剥离强度/(N·mm⁻¹)			≥1.0				
10	钉杆撕裂强度①/N			—				≥300
11	矿物粒料黏附性②/g			≤2.0				
12	卷材下表面沥青涂盖层厚度③/mm			≥1.0				
13	人工气候加速老化	外观		无滑动、流淌、滴落				
		拉力保持率/%		≥80				
		低温柔性/℃		−2		−10		
				无裂缝				

注:①仅适用于单层机械固定施工方式卷材;

②仅适用于矿物粒料表面的卷材;

③仅适用于热熔施工的卷材

高聚物改性沥青防水卷材可用纸包装、塑胶袋包装、盒包装或塑料袋包装。纸包装时应以全柱面包装,柱面两端未包装长度总计不超过 100 mm。产品应在包装或产品说明书中注明储存与运输注意事项。储存与运输时,不同类型、规格的产品应分别存放,不应混杂,避免日晒雨淋,注意通风。储存温度不应高于 50 ℃,立放储存只能单层,运输过程中立放不超过两层。运输时防止倾斜或横压,必要时加盖苦布。在正常储存、运输条件下,储存期自生产之日起为 1 年。

9.2.2　合成高分子防水卷材

合成高分子防水卷材是以合成橡胶、合成树脂或两者的共混体为基料,加入适量的化学助剂和添加剂,经特定工序制成的防水卷材(片材),属高档防水材料。目前我国常用的合成高分子防水卷材按所用的主体材料分为橡胶系列(聚氨酯、三元乙丙橡胶、丁基橡胶等)、塑料系列(聚乙烯、聚氯乙烯等)和橡胶塑料共混系列防水卷材 3 大类,其中又可分为加筋增强型和非加筋增强型两种。常见的品种有三元乙丙橡胶防水卷材、氯化聚乙烯防水卷材、氯化聚乙烯-橡胶共混防水卷材等。

合成高分子防水卷材具有高弹性、拉伸强度和抗撕裂强度高、耐热性和低温柔性好、断裂伸长率大、耐腐蚀、耐老化、冷施工、单层防水和使用寿命长等优异的性能,是新型高档防水卷材。目前国内这一类卷材每卷长大多为 20 m。常见的合成高分子防水卷材的特点和适用范围见表 9.11。

表 9.11　常见的合成高分子防水卷材的特点和适用范围

卷材名称	特点	适用范围	施工工艺
氯化聚乙烯防水卷材	具有良好的耐候性、耐臭氧性、耐化学腐蚀性、耐热老化、耐油性及抗撕裂的性能	单层或复合适用,适用于紫外线强的炎热地区	冷粘法施工
丁基橡胶防水卷材	具有良好的耐油性、耐候性、抗拉强度和延伸率,耐低温性能稍低于三元乙丙橡胶防水卷材	单层或复合适用,适用于要求较高的防水工程	冷粘法施工
三元乙丙橡胶防水卷材	耐臭氧性、耐化学腐蚀性、弹性和耐候性好,防水性能优异,对基层变形开裂的适应性强,质量轻,使用温度范围广,寿命长,但价格高,黏结材料尚需配套完善	单层或复合适用,适用于防水要求较高、防水层耐用年限要求长的工业与民用建筑	冷粘法或自粘法施工
氯化聚乙烯-橡胶共混防水卷材	延伸率较大,耐老化性能较好,具有较高的拉伸和撕裂强度,原材料丰富,价格便宜,容易黏结	单层或复合适用,尤其适用于寒冷地区或变形较大的防水工程	冷粘法施工
聚氯乙烯防水卷材	延伸率较大,弹性较好,对基层变形开裂的适应性较强,耐高温、低温性能好,耐腐蚀性能优良,具有很好的难燃性	适合于有腐蚀介质影响及寒冷地区的防水工程	热风焊接法或冷粘法施工
三元乙丙橡胶-聚乙烯共混防水卷材	是热塑性弹性材料,具有良好的耐臭氧性、耐老化性能,使用寿命长,低温柔性好,可在负温下施工	单层或复合外露防水屋面,宜适用于寒冷地区	冷粘法施工

9.3 防水涂料

防水涂料是流态或半流态物质,涂布在基层表面,经溶剂或水分挥发或各组分间的化学反应,形成一定柔性和厚度的连续薄膜,使基层表面与水隔绝,起防水、防潮作用这种防水做法称为涂膜防水。

防水涂料固化成膜后的防水涂膜具有良好的防水性能,适合于各种立面、阴阳角、凹凸不平等复杂、不规则部位的防水,能形成无接缝的完整的防水膜,大多采用冷施工。此外,涂布的防水涂料既是防水层的主体,又是胶黏剂,因而施工质量容易保证,维修也较简单。但是防水涂料须人工采用刷子或刮板等逐层涂刷(刮),防水膜的厚度较难保持均匀一致。因此,防水涂料适用于防水较低的工业与民用建筑屋面防水工程,广泛适用地下室防水工程和地面防潮、防渗等。

防水涂料按液态类型可分为溶剂型、水乳型和反应型 3 种;按成膜物质的主要成分可分为沥青类、高聚物改性沥青类和合成高分子类。

9.3.1 改性沥青防水涂料

高聚物改性沥青防水涂料是以沥青为基料,用再生橡胶、合成橡胶或 SBS 等合成高分子对沥青进行改性制成的水乳型或溶剂型防水涂料。这类涂料在柔韧性、抗裂性、拉伸强度、耐高低温性能、使用寿命等方面比沥青基涂料有很大改善。其品种有再生橡胶改性沥青防水涂料、水乳型氯丁橡胶沥青防水涂料、SBS 橡胶改性沥青防水涂料等。它适用于 Ⅱ、Ⅲ、Ⅳ 级防水等级的屋面、地面、混凝土地下室和卫生间等的防水工程,涂膜厚度分别不少于 3 mm、3 mm、2 mm。常见高聚物改性沥青防水涂料的特点和适用范围见表 9.12。

表 9.12 常见高聚物改性沥青防水涂料的特点和适用范围

涂料名称	特点	适用范围
再生橡胶改性沥青防水涂料	具有良好的黏结性、耐热性、抗裂性、不透水性和抗老化性	适用于屋面、墙体、地面及地下室等工程,也可用以嵌缝及防腐工程等
氯丁橡胶沥青防水涂料	有较好的耐水性、耐腐蚀性,成膜快,涂膜致密完整,延伸性好,抗荃层变形性能较强,能适应多种复杂面层,耐候性能好	各大城市应用范围广,防水可靠,成本不高,属于中档防水涂料
硅橡胶防水涂料	具有良好的防水性、渗透性、成膜性、弹性、黏结性、耐水性和耐湿热低温性	具有良好的防水性、渗透性、成膜性、弹性、黏结性、耐水性和耐湿热低温性,价格较高

9.3.2 合成高分子防水涂料

合成高分子防水涂料是以合成橡胶或合成树脂为主要成膜物质,加入其他辅料制成的单组分或双组分的防水涂料。这类涂料具有高弹性、高耐久性及优良的耐高、低温性能,品种有聚氨酯防水涂料、丙烯酸酯防水涂料、聚合物水泥涂料和有机硅防水涂料等。它适用于 Ⅰ、Ⅱ、Ⅲ 级防水等级的屋面、地下室、水池及卫生间等的防水工程,涂膜厚度分别不少于 1.5 mm、1.5 mm、2 mm。常见合成高分子防水涂料的特点和适用范围见表 9.13。

表 9.13　常见合成高分子防水涂料的特点和适用范围

涂料名称	特点	适用范围
聚氨酯防水涂料	具有弹性高、延伸率大、耐高低温性好、耐油、耐化学药品等性能,高档防水涂料,价格较高	适用于各种屋面防水工程(需覆盖保护层)、地下防水工程、厨房厕浴间防水工程,水池游泳池防水防漏、地下管道防水防腐蚀等
有机硅防水涂料	具有优良的耐高低温、耐候、耐水、耐各种气体、耐臭氧和耐紫外线降解等性能	各类墙壁,防水层的寿命可长达 10～15 年,是一类理想的建筑防水材料
丙烯酸酯防水涂料	具有保色性、耐候性好,光泽和硬度高,色浅、保光性好	广泛应用于涂膜防水工程

9.4　密封材料

密封材料又称为接缝材料或建筑密封膏,是嵌入建筑物缝隙中,能承受位移且能达到气密、水密目的的材料。密封材料有良好的黏结性、耐老化性和对高、低温度的适应性,能长期经受被粘构件的收缩与振动而不被破坏。

9.4.1　密封材料的分类

密封材料分为定型密封材料(包括密封条与压条)和不定型密封材料(包括密封膏或密封胶)两大类。不定型密封材料按原材料及其性能可分为 3 大类:塑性密封膏,是以改性沥青和煤焦油为主要原料制成的,其价格低,具有一定的弹塑性和耐久性,但弹性差,延伸性也较差,使用年限在 10 年以下;弹塑性密封膏,由聚氯乙烯胶泥及各种塑料油膏为主,其弹性较低,塑性较大,延伸性和黏结性较好,使用年限在 10 年以上;弹性密封膏,是由聚硫橡胶、有机硅橡胶、氯丁橡胶、聚氨酯和丙烯酸萘为主要原料制成,其综合性能较好,使用年限在 20 年以上。

9.4.2　密封材料的选用

防水油膏是一种非定型建筑密封材料,也称为密封膏、密封胶、密封剂。有时为保证建筑物或某结构部位不渗漏、不透气,必须使用合适的防水油膏。因此要求防水油膏与被粘基层具有较高的黏结强度,具备良好的水密性和气密性,良好的耐高低温性和抗老化性能,具有一定的弹塑性和拉伸-压缩循环性能。

防水油膏的选用,应考虑它的黏结性能和使用部位。密封材料与被粘基层的良好黏结,是保证密封的必要条件。因此,应根据被粘基层的材质、表面状态和性质来选择黏结性良好的防水油膏。

目前工程上常用的品种有聚氨酯密封膏、丙烯酸类密封膏、沥青嵌缝油膏、聚氯乙烯接缝膏、塑料油膏、聚硫密封膏和硅酮密封膏等。常见密封材料的特点和适用范围见表 9.14。

表 9.14　常见密封材料的特点和适用范围

密封材料品种	特点	适用范围
沥青嵌缝油膏	具有良好的耐热性、黏结性、保油性和低温柔韧性，可冷施工	主要用作屋面、墙面、沟槽等处作防水层的嵌缝材料，也可用于混凝土跑道、道路、桥梁及各种构筑物的伸缩缝、施工缝等
聚氯乙烯接缝膏	具有良好的弹塑性、延伸性、黏结性、防水性、耐腐蚀性，耐热、耐寒、耐候性能较好	适用于各种坡度的建筑屋面和耐腐蚀要求的屋面的接缝防水及水利设施和地下管道的接缝防渗
丙烯酸类密封膏	具有优良的抗紫外线性能，弹性好，延伸率好，耐候性能优异，耐高温性能好，黏结强度高，耐水、耐酸碱性好，并有良好的着色性，但耐水性不算很好	适用于混凝土、金属、木材、天然石料、砖、瓦、玻璃之间的密封防水，广泛应用于屋面、墙板、门、窗嵌缝隙。由于其耐水性不佳，所以不宜用于经常受水浸湿的工程
塑料油膏	用废旧聚氯乙烯（PVC）塑料代替聚氯乙烯树脂粉，成本相对较低，有良好的黏结性、防水性、弹塑性，耐热、耐寒、耐腐蚀和抗老化性好	宜热施工，并可冷用，适用于各种层面嵌缝或表面涂布作为防水层，也可用于水渠、管道等输、供水系统接缝，工业厂房自防水屋面嵌缝、大型墙板嵌缝等
聚氨酯密封膏	延伸率大、弹性、黏结性及耐气候老化性能特别好，耐低温、防水性好，具有良好的耐油、耐酸碱性、耐久性及耐磨性，使用年限长	主要用于屋面、墙面的水平或垂直接缝，广泛用于各种装配式建筑屋面板、墙面、楼地面、阳台、窗框、卫生间等部位的接缝、施工缝的密封，给排水管道、储水池等工程的接缝密封，尤其适用于游泳池工程，还可用于混凝土裂缝的修补、公路及机场跑道的补缝及接缝、玻璃、金属材料的嵌缝密封
聚硫密封膏	具有黏结力强、适应适应温度范围宽（－40～80 ℃）、低温柔韧性好、抗紫外线曝晒以及抗冰雪和水浸能力强	适用于各种建筑的防水密封，更适合用于长期浸泡在水中的（如水库、堤坝、游泳池等）、严寒地区的工程或冷库、受疲劳荷载作用的工程（如桥梁、公路、机场跑道等）
硅酮密封膏	具有优异的耐热性、耐寒性，使用温度为－50～250 ℃，并具有良好的耐候性，使用寿命为 30 年以上，与各种材料都有较好的黏结性能，耐拉伸-压缩疲劳性强，耐水性好，耐拉伸压缩疲劳性强	应用于玻璃、幕镜、大型玻璃幕墙、水族箱、石材、金属屋面、陶瓷面砖等领域
氯丁橡胶密封膏	具有良好的黏结性、延伸性、耐候性、弹性	适用于室内墙面、地板、门窗框、卫生间的接缝，室外小位移量的建筑缝密封

有必要提及，改革开放以来，我国公路建设发展很快，路面切缝、封缝需要用嵌缝密封材料。由于市场上用于路面嵌缝密封材料质量差异很大，有的公路使用嵌缝密封材料没几年就失去封缝作用，出现断裂、脱开现象，严重影响路面的正常使用和寿命。因此，2004 年我国制定统一的公路混凝土路面嵌缝密封材料技术指标和质量要求，即《水泥混凝土路面嵌缝密封材料》(JT/T 589—2004)行业标准。该标准对常温施工和加热施工式密封材料的主要品种、性能指标要求及试验检测方法都做了明确规定。

基础同步

一、填空题

1. 建筑沥青是以_____划分牌号的。

2. 石油沥青的牌号越高,则沥青的塑性越_____、软化点越_____和使用寿命越_____。

3. 改性沥青的改性材料主要有_____、_____和_____。

4. 石油沥青的主要组分是_____、_____和_____。

5. 改性石油沥青有_____、_____和_____。

二、选择题

1. 沥青玛琋脂的标号是由(　　)来确定的。

A. 软化点 　　　　　　B. 耐热度 　　　　　　C. 延伸度 　　　　　　D. 强度

2. 石油沥青随牌号的增大,(　　)。

A. 其强度由小变大 　　　　　　　　　　　　B. 其针入度由大变小

C. 其延度由小变大 　　　　　　　　　　　　D. 其软化点由低变高

3. 石油沥青延伸度指标反映了沥青的(　　)。

A. 耐热性 　　　　　　B. 强度 　　　　　　C. 黏结性 　　　　　　D. 温度稳定性

4. 冷底子油通常是加热溶化的沥青与(　　)。

A. 水玻璃 　　　　　　B. 沥青胶 　　　　　　C. 汽油或煤油 　　　　　　D. 聚合物

5. 在进行沥青沥青实验时,要特别注意(　　)。

A. 室内温度 　　　　　　　　　　　　　　　B. 试件所在水中的温度

C. 试件所在容器中的水量 　　　　　　　　　D. 试件的养护条件

三、判断题

1. 沥青胶的性质决定于沥青和填充料的性质。　　　　　　　　　　　　　　　　(　　)

2. 石油沥青的延度值越小,则表示塑性越好。　　　　　　　　　　　　　　　　(　　)

3. 沥青燃烧的烟都是有毒的。　　　　　　　　　　　　　　　　　　　　　　　(　　)

4. 沥青中的矿物填充料不包括滑石粉。　　　　　　　　　　　　　　　　　　　(　　)

5. 划分黏稠石油沥青牌号的主要依据是闪点。　　　　　　　　　　　　　　　　(　　)

四、简答题

1. 石油沥青的牌号是依据什么划分的? 牌号的大小与沥青的主要性能有什么联系?

2. 为什么石油沥青使用若干年后会逐渐变得脆硬甚至开裂?

3. 某工程要使用软化点为 75 ℃的石油沥青,今有软化点分别为 95 ℃和 25 ℃的两种石油沥青,问应如何掺配?

4. 传统建筑防水材料与新型建筑防水材料有何区别?

5. 石油沥青的主要技术指标是什么? 各用什么表示?

1. 北方某住宅工地因抢工期,在 12 月份喷涂外墙乳胶,后来发现有较多的裂纹,请分析原因。

2. 某住宅水池需选用防水材料,有两种涂料可选:沥青基防水材料和水泥基防水材料,请问该选哪种? 原因何在?

项目10 建筑装饰材料与保温隔热材料

项目目标 >>>>>>

【知识目标】

1. 了解各类建筑装饰材料的含义、性能与应用。
2. 掌握几类建筑装饰材料的主要品种、性能及应用。
3. 了解几种保温、隔热材料的含义、性能与选用。

【技能目标】

掌握在建筑工程中不同装饰材料的选用。

【课时建议】

6 课时

10.1 建筑装饰材料的概述

建筑工程中将主要起装饰和装修作用的材料称为建筑装饰材料。建筑装饰材料的应用范围很广，主要用于建筑物内外墙面、地面、吊灯、屋面、室内环境等的装饰、装修等。

10.1.1 建筑装饰材料的基本性质

1.装饰性质

色彩是建筑的重要的视觉要素，给人以不同的感觉。光泽可以改善室内的环境；花纹图案、质感使建筑具有不同的装饰效果。除了色彩、光泽、花纹图案外，材料还要具有耐污性、耐摩擦性的特点。

2.物理性质

建筑装饰材料在承受各种介质的作用及各种物理作用时，必须具有抵抗各种作用的能力。建筑装饰材料的物理性质包括密度、表观密度、孔隙率、吸水性、耐水性、抗冻性、导热性、耐火性、吸声性等。

3.力学性质

建筑装饰材料在运输、安装及使用过程中应具有抵抗各种作用的能力。建筑装饰材料的力学性质包括强度、硬度、耐磨性、弹性、塑性、脆性和韧性等。

10.1.2 建筑装饰材料的分类与作用

1.建筑装饰材料的分类

建筑装饰材料依据不同的划分标准，其类型也不一样。建筑装饰材料按化学组成分为有机装饰材料、无机装饰材料和复合装饰材料；按材质分为石材类、陶瓷类、玻璃类、木质类、金属类等；按材料使用部位分为内墙装饰材料、外墙装饰材料、地面装饰材料、吊顶与屋面装饰材料等。

2.建筑装饰材料的作用

建筑装饰材料在建筑结构中主要起装饰、保护、改善建筑的功能等作用。具体表现在建筑装饰材料对建筑物表面进行装饰，体现出建筑外墙、内墙、地面和屋顶的质感、线条、色彩，从而影响建筑物的外观和城市面貌，同时也可以影响人们的心理。

另外建筑装饰材料也能有效地提高建筑物的耐久性，降低维修费用。如外墙结构长期受到外界各种因素的作用，所以选择适当的建筑装饰材料可以提高材料的耐久性。

建筑装饰材料除具有装饰和保护作用外，还应具有保温、隔热和吸声等功能。如内墙和顶棚使用的石膏装饰板，能起到调节室内空气的相对湿度，改善环境的作用；又如木地板、地毯等材料能起到保温、隔声、隔热的作用，使人感到温暖舒适，改善室内的生活环境。

技 术 点 睛

建筑装饰材料的选用原则

不同工程在外界环境和基本使用要求条件下，对装饰材料的选用也不同，总的来说，应满足使用功能、装饰效果、材料的耐久性、安全性及环保性 、便于施工等几项基本原则。

10.2　建筑玻璃

玻璃以石英砂、纯碱、石灰石和长石等为主要原料，经 1 550～1 600 ℃高温熔融、成型、冷却并裁割而得到的有透光性的固体材料。它是无规则结构的非晶态固体，没有固定的熔点，在物理和力学性能上表现为均质的各向同性。其主要成分为：72％（质量分数）左右的 SiO_2、15％（质量分数）左右的 Na_2O、9％（质量分数）左右的 CaO，另外，还含有少量的 Al_2O_3 和 MgO 等，这些氧化物在玻璃中起非常重要的作用，对玻璃的各种基本性能影响较大。

10.2.1　建筑玻璃的主要性质

1.密度

玻璃属于致密材料，内部几乎没有孔隙，其密度与化学组成密切相关。不同的玻璃，密度相差较大，普通玻璃的密度为 2.5～2.6 g/cm^3。

2.光学性能

光学性质是玻璃最重要的物理性质，因此玻璃被广泛用于建筑采光和装饰，也用于光学仪器和日用器皿等。

光线射入玻璃时，表现有反射、吸收和透射 3 种性质。许多具有特殊功能的新型玻璃（如吸热玻璃、热反射玻璃等），都是利用玻璃的这些特殊光学性质而研制出来的。由于玻璃光学性能的差异，必须在建筑中选用不同性能的玻璃以满足实际需求。用于遮光和隔热的热反射玻璃，要求反射率高，而用于隔热、防眩作用的吸热玻璃，要求既能吸收大量的红外线辐射能，同时又能保持良好的进光性。

3.玻璃的热工性质

玻璃的热工性质主要指导热性和热稳定性等主要指标。

（1）导热性

玻璃是热的不良导体，常温时大体上与陶瓷制品相当，而远远低于各种金属材料，但随着温度的升高，玻璃的热导率增大。玻璃的导热性能除与温度有关外，还与玻璃的化学组成、密度和颜色等影响有关。

（2）热稳定性

玻璃经受剧烈的温度变化而不破坏的性能称为玻璃的热稳定性。玻璃的热稳定性用热膨胀系数来表示。热膨胀系数越小，玻璃的热稳定性越高。玻璃的热稳定性与玻璃的化学组成、体积及玻璃表面缺陷等因素有关。

4.玻璃的力学性质

玻璃的力学性质包括抗压强度、抗拉强度、抗弯强度、弹性模量和硬度等。玻璃的力学性质与玻璃的化学组成、制品形状、表面性质和加工方法等有关。除此之外，如果玻璃中含有未熔杂物、结石或具有微细裂纹，这些缺陷都会造成玻璃应力集中的现象，从而使其强度降低。

在建筑工程中，玻璃经常承受弯曲、拉伸、冲击和震动的作用，很少受到压力的作用，所以玻璃的力学性质的主要指标为抗拉强度和脆性指标。玻璃的抗拉强度较小，为 30～60 MPa。在冲击力的作用下，玻璃极易破碎，是典型的脆性材料。普通玻璃的脆性指标为 1 300～1 500，脆性指标越大，说明脆性越大。

另外,常温下玻璃具有较好的弹性,常温下普通玻璃的弹性模量为$(6\sim7.5)\times10^4$ MPa,约为钢材的1/3,但随着温度的升高,弹性模量下降,直至出现塑性变形。玻璃具有较高的硬度,一般玻璃的莫氏硬度为4~7,接近长石的硬度。

5.化学稳定性

建筑玻璃具有较好的化学稳定性,通常情况下,能对酸、碱、盐以及化学试剂或气体等有很好的抵抗能力,能抵抗氢氟酸以外的各种酸类的侵蚀。但若长期遭受侵蚀性介质的腐蚀,也能导致变质和破坏。

10.2.2 建筑玻璃的品种与选用

1.建筑玻璃的品种

建筑玻璃的品种繁多,分类的方法也有多种,可以按照化学组成和用途进行分类。按化学组成可以分为钠玻璃、钾玻璃、铝镁玻璃、硼硅玻璃、石英玻璃和铅玻璃等;按照用途可分为建筑玻璃、光学玻璃、工艺玻璃、化学玻璃和泡沫玻璃等;按照功能特性可以分为建筑节能玻璃、建筑装饰玻璃和其他功能玻璃,如隔声玻璃、屏蔽玻璃等;按照制造方法可以分为平板玻璃、深加工玻璃、熔铸成形玻璃,其中平板玻璃是建筑工程中应用量较大的建筑材料之一。各种玻璃的特性与适用条件见表10.1。

表 10.1 各种玻璃的特性与适用条件

玻璃名称	品种	特点	适用范围
平板玻璃	普通平板玻璃和浮法玻璃	透光率较高,具有一定的强度,但质地较脆,易切割	主要用于装配门窗,起采光、围护、保温和隔声等作用;可作为钢化玻璃、夹层玻璃、镀膜玻璃、中空玻璃等深加工玻璃的原片
装饰玻璃	彩色玻璃	具有耐酸、耐碱、图案精美、不易退色掉色的特点,有良好的化学稳定性和装饰性	常用于室内饰面层,也可用于大厅、楼道等饰面层或建筑物的外墙饰面和易腐蚀、易污染的建筑部位
	花纹玻璃	立体感强,具有透光不透视的特点,花纹样式丰富,造型优美	可用于家居、办公室门窗、吊顶、隔断,卫生间隔断,或有特殊光线要求的建筑物门窗等
	磨砂玻璃	表面粗糙,透光而不透视,可使透过它的光线产生漫反射,使室内光线柔和	广泛应用于办公室、住宅、会议室等的门、窗(毛面朝向室内一侧)以及卫生间、浴室等部位(毛面朝外),还可用作黑板
	镜面玻璃	涂层色彩丰富,反射能力强,反射的物象不失真,并可调节室内的明亮程度,使光线柔和舒适,同时还具有一定的节能效果	常用于咖啡厅、酒吧等装潢,建筑物的墙面装饰
	玻璃马赛克	样式多、美观,性能稳定,耐久性好,施工方便,价格合理	主要用于建筑物外墙饰面的保护和装饰,特别适合于高层建筑的外墙面装饰,也可用于浴室、厨房的等部位装饰
	空心玻璃砖	采光性能独特,具有比较好的隔热、隔音性能和控制光线性能,可防止结露现象和减少灰尘透过,具有高的热绝缘性能、防火性能和抗压强度	主要用于非承重墙及有透光要求的墙体,如体育馆、医院等,另外还可用作办公楼、写字楼、住宅等内部非承重墙的隔断、柱子等

续表 10.1

玻璃名称	品种	特点	适用范围
安全玻璃	钢化玻璃	热稳定性高于普通玻璃,在急冷急热作用时,玻璃不易发生炸裂	平面型钢化玻璃用于建筑物的门窗、幕墙、橱窗、家具、桌面等;曲面型钢化玻璃用于汽车车窗;半钢化型玻璃用于暖房、温室玻璃窗
	夹丝玻璃(钢丝玻璃)	具有良好的耐冲击性和耐热性,可以切割	主要用于建筑物的天窗、采光屋顶、仓库门窗、防火门窗及其他要有防盗、防火功能要求的建筑部位,还可用于室内隔断、居室门窗等
	夹层玻璃	具有抗冲击能力强、安全性高、耐用和使用范围广等特点,一般不可切割;具有良好的耐热、耐寒、耐湿、隔声和保温等性能,长期使用不变色、不老化;具有隔声和保温等辅助功能	用于商店、银行橱窗、隔断及水下工程,或其他有防弹、防盗等特殊安全要求的建筑门窗、天窗、楼梯栏板等处,除此之外,还可作为汽车、飞机的挡风玻璃,用于交通工程
	钛化玻璃	具有防碎性,抗热破裂性高,不会自爆	新型玻璃
节能玻璃	吸热玻璃	吸收太阳辐射热、太阳可见光,具有一定的透明度、色泽经久不变	用于高档建筑物的门窗或玻璃幕墙以及车、船等的挡风玻璃等部位
	热反射玻璃	对光线的反射和遮蔽性强,具有单向透视性,镜面效应,具有装饰性和节能作用	主要用于玻璃幕墙、内外门窗及室内装饰等(单面镀膜玻璃安装时,需将膜面朝向室内)
	低辐射镀膜玻璃("Low—E"玻璃)	具有良好的保温效果、较强的阻止紫外线透射性能	一般不单独使用,常与普通平板玻璃、浮法玻璃、钢化玻璃等配合,制成高性能的中空玻璃
	中空玻璃	可见光透过率、太阳能反射率、吸收率及色彩变化范围很大,隔热、隔声、隔热、保温性能良好,具有较好的装饰性能	主要用于采暖、空调、隔声、抵抗结露等建筑物上,特别适用于严寒和寒冷地区

技 术 点 睛

钢化玻璃的自爆

　　钢化玻璃的自爆是指钢化玻璃的内应力很高,当玻璃表面受到偶然因素作用被破坏时,则内、外拉压应力平衡状态被瞬间失衡而自动破坏,玻璃将破裂成很多小碎块的现象。但这些小碎块没有尖锐棱角,不会对人身安全造成伤害。

　　钢化玻璃不能在施工现场切割、磨削,也不能挤碰,需要厂家定做,还要根据其使用环境,控制其钢化程度,避免自爆。

2.建筑玻璃的选用

　　建筑玻璃除了要满足遮风、避雨和采光的基本功能,还有具有节能性、装饰性、安全性的功能。在保证安全性的前提下,根据建筑的应用部位科学合理地选择建筑玻璃的品种,使其充分发挥作用。

(1)安全性

建筑玻璃在正常使用条件下不被破坏,强度和刚度应符合规范要求,有些建筑部位须使用安全玻璃,以保证人的安全。

(2)功能性

建筑玻璃具有隔热性、隔声性、防火性等功能。如防火玻璃能有效地限制玻璃表面的热传递,在受热后变成不透明,并且具有一定的抗热冲击能力。

(3)经济性

在保证安全性和功能性前提下,应尽量降低造价,科学合理地选择玻璃的品种。如在严寒和寒冷地区选择中空玻璃,不但隔热性能好,而且可以减少制冷和采暖能耗。

技术点睛

浮法玻璃的生产

首先将石英砂、硅砂和白云石等原料在玻璃熔窑中高温熔化,然后使熔融的玻璃液经过流槽砖连续流进已通入还原性气体(氮气、氢气)盛有金属锡液的锡槽中。由于玻璃液的密度较锡液小,玻璃液便浮在锡液表面上,在其本身的重力及表面张力的作用下,均匀地摊平在锡液表面,同时玻璃的上表面受到高温区的抛光作用,从而使玻璃的两个表面均很平整。然后经过定型、冷却后,进入退火窑退火、冷却,最后经切割成为原片。浮法玻璃的特点是玻璃表面平整光洁,厚薄均匀,具有机械磨光玻璃的质量。

10.3　建筑装饰石材

建筑装饰石材分为天然装饰石材和人造装饰石材两种。天然装饰石材采用天然岩石经加工或未经加工而成,其原料来源广泛,强度高、装饰性好、耐磨性和耐久性好,应用广泛。人造装饰石材是一种合成装饰材料,装饰效果和技术性能较高,是一种新型的饰面材料。

10.3.1　天然装饰石材

天然装饰石材主要包括天然大理石和天然花岗石。

1. 天然花岗石

花岗石是花岗岩的俗称,它属于深成岩,分布十分广泛,如辉长岩、闪长岩、辉绿岩、玄武岩、安山岩、正长岩等,这些岩石一般质地较硬。

天然花岗石的主要矿物组成为长石和石英,并含有少量云母及暗色矿物,其中石英含量为60%(质量分数)以上。其颜色决定于所含成分的种类和数量,常呈灰色、白色、黄色、红色等,以深色花岗岩比较名贵。

天然花岗石的二氧化硅含量较高,结构均匀致密,抗压强度大,耐磨性好,吸水率小,耐高温,耐酸碱性好、抗冻性好,装饰性效果好,质感斑润,华丽高贵,花纹细腻。一般耐用年限为75～200年。

天然花岗石的缺点是:硬度大,不易开采加工;自重大;质脆,耐火性差,当温度达到800 ℃以上,晶型转变,膨胀爆裂,失去强度;另外,某些花岗石含有微量放射性元素,这类花岗石应避免用于室内。

在我国,花岗石资源极为丰富,储量大,分市地域广阔,花色品种达百种,主要有济南青、将军红、莱州白、岑溪红等。

天然花岗石板材按加工质量和外观质量分为优等品(A)、一等品(B)和合格品(C)3个等级,国家标准《天然花岗石建筑板材》(GB/T 18601—2009)对天然花岗石板材的命名和标记方法做出了一定规定。

天然花岗岩是一种优良的建筑石材,外观色泽可保持百年以上,它常用于基础、桥墩、台阶及路面,也可用于砌筑房屋、围墙,在我国各大城市的大型建筑中,曾广泛采用花岗岩作为建筑物立面的材料,也可用于室内地面和立柱装饰,耐磨性要求高的台面和台阶踏步等,特别适宜做大型公共建筑大厅的地面。但由于其坚硬的特点,在开采加工过程中也比较困难,加工费用和铺贴费工较高,因此天然花岗岩板材是一种价格较高的装饰材料。

技 术 点 睛

花岗岩的选用

选择花岗岩,色调、花纹除了要满足建筑装饰要求外,还要与其他部位的材料色彩相协调。由于花岗岩价格较贵,应谨慎选择,避免造成浪费。

2. 天然大理石

大理石是大理岩的俗称,天然装饰石材中应用最多的就是大理石。大理石是由石灰岩和白云岩在高温、高压下矿物重新结晶变质而成的。装饰工程领域所说的大理石是广义的,除指大理岩外,还泛指具有装饰功能,可以磨平、抛光的各种碳酸盐类的沉积岩和与其有关的变质岩,如石灰岩、白云岩、砂岩和灰岩等,它们的力学性能有较大差异。

大理石的主要矿物为方解石和白云石,它属于中硬石材,常呈层状结构,有明显的结晶和纹理,具有致密的隐晶结构。

天然大理石结构致密,抗压强度高,加工性好,不变形;装饰性好,纯色柔润,浅色庄雅,深色高贵;吸水率小、耐腐蚀、耐久性好。

天然大理石的缺点是硬度相对较低,如在地面上使用,磨光面易损坏,抗风化能力、耐腐蚀性差。我国大理石资源非常丰富,不仅储存量大,而且品种繁多。

技 术 点 睛

室外大理石变色的原因

用于室外的大理石,易受到酸雨的侵蚀,酸雨与大理石中的方解石反应,生成二水石膏,发生局部体积膨胀,从而造成大理石表面强度降低,使表面失去光泽,变得粗糙多孔,影响建筑物的装饰效果。

天然大理石板材表面光亮,易污染,在储存运输时,应尽量储存在室内。

天然大理石板材是一种高级装饰材料,可用于大型公共建筑如宾馆、展厅、商场、机场、车站等室内墙面、柱面、楼梯踏板、栏板、台面、窗台板、踏脚板等部位,也可用于家具台面或整体的材料。但在使用时需要注意大理石一般不适用人流量很大的公共场所的地面,且由于其耐酸性较差,除个别品种外,一般只适用于室内。大理石板材如果开裂或产生裂纹,允许黏结和修补,但黏结和修补后不影响板材的装饰效果和物理性能。

另外,大理石和花岗石的下脚料还可经破碎筛选后作为骨料用于人造大理石、水磨石、斩假石等建筑物的装饰工程中,装饰效果好。

10.3.2　人造装饰石材

随着建筑业的快速发展,作为建筑装饰工程中重要的材料之一的天然石材虽然具备优良性能,但因其资源的相对局限性以及较高的成本,往往会给工程预算带来负担。因此人造石材作为一种新型的饰面材料,正在被广泛地应用于建筑室内装饰。

人造石材是指采用无机或有机胶凝材料作为黏结剂,以天然砂、碎石、石粉和工业废渣等为粗、细骨料,经成型、固化、表面处理而成的一种人造材料。人造石材主要以人造大理石和人造花岗石为主,其中以人造大理石的应用较为广泛。

人造石材一般具有质量轻、强度高、耐腐蚀、耐污染、色泽鲜艳、装饰性能好、生产工艺简单、价格便宜等特点。人造石材的缺点是某些人造石材表面耐刻划能力较差或使用中易发生翘曲变形。

人造石材按照使用的原材料和制造工艺的不同分为4类:水泥型人造石材、聚酯型人造石材、复合型人造石材和烧结型人造石材。

技术点睛

人造石材的发展

在国外,人造石材已有60多年的历史。1948年,意大利首先研究出了水泥型人造大理石,20世纪50年代末开始,美、德、日、苏(前苏联)等国都相继开始了人造大理石方面的研究、生产和应用。我国于20世纪70年代末期开始由国外引进人造大理石技术与设备,发展极其迅速,在质量、产量与花色品种方面都积累了广泛的经验,目前有些产品质量已经达到了国际水平。

10.4 建筑装饰陶瓷

建筑装饰陶瓷坚固耐用,装饰性好,功能性强,自古以来就是建筑物的重要材料。随着人们生活水平的不断提高,建筑陶瓷具有的良好特性逐渐被人们所认识,新产品不断涌现。建筑陶瓷在建筑工程及建筑装饰工程中的应用将更广泛。

10.4.1 建筑装饰陶瓷的概念与分类

1. 建筑装饰陶瓷的概念

建筑装饰陶瓷是指以黏土为主要原料,经原料处理、配料、制坯、干燥和焙烧而制成的无机非金属材料,通常是指用于建筑物饰面或作为建筑构件的陶瓷制品。建筑装饰陶瓷具有强度高、性能稳定、耐磨、耐腐蚀性好、防水、防火、易清洗和装饰性好等特点。

2. 建筑装饰陶瓷的分类

陶瓷制品的品种繁多,它们之间的化学成分、矿物组成、物理性质以及制造方法,相互接近交错,分类方法目前尚未统一规定。

(1)按坯体的物理性质和特征分类

①陶器:主要以陶土、河砂等为原料,经低温烧制而成的。其烧结程度相对较低,通常具有一定的气孔率,吸水率较大,抗冻性较差,断面粗糙无光,不透明,敲之声音粗哑,可施釉或无釉。根据原料中杂质的多少瓷器可分为粗陶和精陶,粗陶一般含杂质较多,表面不施釉,如建筑上常用的砖瓦、陶管等;精陶一般含杂质较少,经素烧或釉烧而成,如建筑上常用的地砖、卫生洁具、外墙砖和釉面砖等。

②瓷器:以高岭石或磨细的岩石粉(如石英粉、长石粉、瓷土粉)为原料,经过精细加工成型后,在1 250～1 450 ℃的高温下烧制而成。瓷器烧结程度较高,坯体致密,断面细致,色泽好,强度高,基本不吸水,坚硬耐磨性好,具有半透明性,表面通常施釉。根据原料中杂质的多少,瓷器可分为粗瓷和精瓷,日用餐具、花瓶和茶具等均是精瓷,工业用瓷(电瓷)及化学工业化瓷均是粗瓷。

③炻器:以耐火黏土为主要原料,在1 200～1 300 ℃的高温下烧制而成。它是介于陶器与瓷器之间

的一类产品,统称为炻器,也称为半瓷。其烧成后呈浅黄色或白色,按其坯体是否细密、均匀及粗糙程度分为粗炻器和细炻器。建筑装饰用的外墙砖、地砖以及耐酸化工陶瓷、水缸等均属于粗炻器。日用炻器如中西餐具、茶具等属于细炻器。

(2)按功能分类

①卫生陶瓷:洁洗具、坐便器等。

②园林陶瓷:花瓶、盆景陶瓷等。

③釉面砖:各种釉面砖、瓷砖、瓷砖画。

④墙地砖:陶瓷锦砖(马赛克)、地砖等。

⑤古建筑陶瓷:琉璃装饰、琉璃瓦、琉璃制品等。

10.4.2　建筑装饰陶瓷的选用

1. 釉面砖

(1)釉面砖的概念

釉面砖也称为瓷砖、瓷片、釉面内墙砖,釉面砖是以难熔黏土为主要原料,加入一定的助熔剂及非可塑性掺合料,经研磨、烘干成为含一定水分的坯料之后,再经烘干、铸模、施釉和烧结等工序制成的。这种瓷砖由坯体和釉面两部分构成,釉面色彩丰富,颜色稳定,经久不变。

(2)釉面内墙砖的性能特点

釉面内墙砖正面有釉,背面有凹凸纹,强度高,耐磨性好,具有良好的耐腐蚀性、抗急冷急热性、抗冻性、耐污性、易清洗性,表面细腻,图案和色彩丰富,极富装饰性。在选用釉面内墙砖时,应注意其表面质量和装饰效果,还应重视其抗折、抗冲击性能。

(3)釉面内墙砖的应用

釉面内墙砖主要用于卫生间、浴室、厨房、实验室、精密仪器车间及医院等室内墙面、台面等。通常釉面内墙砖不宜用于室外,因釉面内墙砖是多孔精陶坯体,在外长期与空气的接触过程中,特别是在潮湿的环境中使用,吸水率较大,吸收大量水分后会产生吸湿膨胀现象。但外层釉的吸湿膨胀非常小,当坯体吸湿胀的程度增长,应力超过釉的抗张强度时,釉面发生开裂或剥落。所以在地下走廊、运输巷道、建筑墙柱脚等特殊部位和空间,最好选用吸水率低于 5% 的釉面砖。

技 术 点 睛

釉面内墙砖的铺贴要求

釉面砖铺贴前,必须浸水 2 h 以上,然后取出晒干至表面无明水,才可经行粘贴施工。

施工时不宜用灰浆,采用水泥浆,以保证铺贴时有足够的时间对所贴砖进行接缝调整,也有利于提高铺贴质量,还可以提高施工效率。

2. 陶瓷墙地砖

陶瓷墙地砖为陶瓷外墙装饰面砖和室内外陶瓷铺地砖的统称,由于可以墙、地两用,故称为墙地砖。陶瓷墙地砖强度高、较密实、吸水率小,耐急冷急热性、耐磨耐蚀性、防火防水性及抗冻性均较好。墙地砖一般色彩鲜艳、表面平整,可拼成各种图案,还可仿天然石材的色泽和质感,但造价偏高。

墙地砖包括炻质砖和细炻砖,有施釉和不施釉两种,墙地砖背面有凹凸的沟槽背纹,并有一定的吸水性,用以和基层墙面黏结。陶瓷墙地砖的常见品种有玻化墙地砖、劈离砖、陶瓷艺术砖及渗花砖,主要用于装饰等级较高的建筑内外墙、柱面及门厅、展厅、室内外通道、走廊、浴室、厨房及人流量较大的商场、站台、广场等公共场所的地面,也可用于工作台面及耐腐蚀工程的衬面。

陶瓷墙地砖的应用

玻化墙地砖适用于各类大中型商业建筑、旅游建筑、观演建筑的室内外墙面和地面的装饰,也适用于民用住宅的室内地面装饰。劈离砖(又称为劈裂砖)广泛用于建筑的内墙、外墙、地面、台阶、地坪及游泳池等建筑部位,厚度较大的劈离砖还适用于公园、广场、停车场、人行道等露天地面的铺设。陶瓷艺术砖适用于宾馆、酒店、大型办公楼、机场、车站、公园等公共场所的墙面装饰。渗花砖适用于商业建筑、酒店、车站等室内外地面和墙面的装饰。

3. 陶瓷锦砖

陶瓷锦砖又称为陶瓷马赛克,是一种将边长不大于 40 mm 片状瓷片铺贴在牛皮纸上形成色彩丰富、图案多样的装饰砖,所以又称为纸皮砖。这种产品出厂时,已将带有花色图案的锦砖根据设计要求反贴在牛皮纸上,称为一联,每 40 联为一箱。陶瓷锦砖的表面有无釉和有釉两种,目前我国生产的多为无釉品种。

陶瓷锦砖采用优质瓷土烧制而成,具有质地坚硬、抗压强度高、耐磨、耐酸碱、耐火、不渗水、易清洗、吸水率小(小于 0.2%)、抗急冷及急热、防滑性好、颜色丰富、图案多样美观等特点,造价较低。陶瓷锦砖主要用于室内地面铺贴,不仅适于洁净车间、餐厅、门厅、卫生间、化验室等处的地面和墙面饰面,还可用于室内外游泳区、海洋馆的池底、池边沿及地面的铺设。而当其用作内外墙饰面时,又可镶拼成各种壁画,形成别具风格的锦砖壁画艺术。

4. 琉璃制品

琉璃制品是以难熔优质黏土作为原料,经配料、成型、干燥、素烧、施色釉,再经烧制而成的制品。琉璃制品的特点是质地细腻坚实,表面光滑,耐久性强,不易褪色,耐污性好,色泽丰富多彩,造型古朴,富有中国传统的民族特色,是我国陶瓷宝库中的古老珍品。

建筑琉璃制品分为瓦类、脊类和饰件类,主要用于宫殿式建筑和纪念性建筑,园林的亭、楼、阁、台等建筑中以及陈设用的各种工艺品,如琉璃桌、花盆、绣墩、花瓶等。琉璃瓦是我国古建筑中一种高级屋面材料,用琉璃制品装饰的建筑物富丽堂皇,雄伟壮观,富有我国传统的民族特色。

5. 建筑卫生陶瓷

建筑卫生陶瓷是用作卫生设施的有釉陶瓷制品的总称,是以磨细的石英粉、长石粉及黏土等为主要原料,经细加工注浆成型,一次烧制而成的表面有釉的陶瓷制品。卫生陶瓷具有结构致密、强度较高、耐化学侵蚀、热稳定性好、吸水率小、便于清洗等特点。

卫生洁具是现代建筑中室内配套不可缺少的组成部分,主要有洗面器、浴缸、大便器、小便器等。建筑卫生陶瓷正朝着功能化、高档化和艺术化方向发展。

10.5　建筑装饰涂料

建筑装饰涂料是一种流态或半流态物质,涂敷于建筑构件的表面,经溶剂或水分挥发或各组分间的化学反应能与构件表面材料牢固黏结,经固化干燥形成连续性涂膜的物质。建筑装饰涂料是一种广泛使用的建筑装饰装修材料,它具有装饰功能,同时兼具有保护建筑物和其他特殊功能(防水、防火、防霉、防冻、防结露、吸声、隔声、保温、隔热等)。

1. 建筑装饰涂料的组成

建筑装饰涂料主要由主要成膜物质、次要成膜物质和辅助成膜物质组成。主要成膜物质又称为基料,俗称胶黏剂,是涂料的主要组成物质,它包括油脂和树脂,其主要作用是将其他组分黏结成整体,并能附着在被涂基层表面形成坚韧的保护膜。次要成膜物质主要指涂料中的颜料,它不能单独成膜,必须通过主要成膜物质的作用与其一起构成涂层,从而使涂膜呈现颜色和遮盖力。辅助成膜物质对涂料的成膜过程或对涂膜的性能起到辅助作用,主要包括溶剂和辅助材料(催化剂、增塑剂等)。

2.建筑装饰涂料的分类

建筑装饰涂料的品种繁多,没有统一的划分方法,可按不同的方式分类。按涂料的化学组成分为无机涂料、有机涂料、有机/无机复合涂料;按使用的部位分为内墙涂料、外墙涂料、地面涂料、顶棚涂料和屋面涂料等;按使用功能分为防水涂料、防霉涂料、防火涂料、吸声或隔音涂料、隔热保温涂料、防结露料和防辐射涂料;按涂膜的状态分为厚质涂层涂料、薄质涂层涂料、粒状涂料、复合层涂料等。

3.建筑涂料的主要技术性能要求

建筑涂料的主要技术性能包括涂料和涂膜两个方面。涂料的主要技术性能包括涂料在容器中的状态、含固量、黏度、细度、干燥时间和最低成膜温度等。涂膜的主要技术要求包括遮盖力、附着力、涂膜颜色、黏结强度、耐候性、耐水性、耐冻融性、耐碱性和耐洗刷性等。

10.5.1　内墙涂料

内墙涂料的主要功能是装饰及保护内墙墙面和顶棚。对内墙装饰涂料的要求是无毒无味,符合环保标准;色彩丰富协调、涂膜平滑细洁、装饰性好;耐碱性、耐水性、耐擦洗性好,不易粉化;干燥快、遮盖力好、涂刷方便、重涂容易;刷痕很小和无流挂现象。

常用的内墙涂料分为乳液型内墙涂料、水溶性内墙涂料和其他建筑涂料,其主要类型及适用条件见表 10.2。

表 10.2　内墙涂料的类型与适用条件

涂料类型	品种名称	成膜或基料物质	特点	适用条件
乳液型内墙涂料	聚醋酸乙烯乳胶漆内墙涂料	聚醋酸乙烯乳液	安全无毒、涂膜细腻、透气性好、无结露现象、色彩丰富、装饰效果良好;耐水性、耐酸碱性及耐候性差	涂刷内墙中档内墙涂料
	乙—丙乳胶漆内墙涂料	聚醋酸乙烯与丙烯酸酯共聚乳液	耐水性、耐候性、耐碱性好	住宅、办公室、会议室等内墙及顶棚中、高档内墙涂料
	苯—丙乳胶漆内墙涂料	苯乙烯、甲基丙烯酸等三元共聚乳液	具有良好的耐候性、耐水性和抗粉化性	高档内墙装饰涂料用于内、外墙涂料
水溶性内墙涂料	聚乙烯醇水玻璃内墙涂料	聚乙烯醇和水玻璃	具有良好的耐候性、防霉性和耐水性	住宅、普通公用建筑等的内墙、顶棚,不适合用于潮湿环境
	水玻璃内墙涂料	碱金属硅酸盐和二氧化硅	具有不燃性、无烟性、耐热性、耐候性、防霉性以及不容易受到机械损伤等优点	各潮湿环境下的内墙、顶棚
	聚乙烯醇缩甲醛内墙涂料	聚乙烯醇与甲醛	耐水性、耐候性较好	用于住宅、一般公用建筑的内墙和顶棚
其他建筑涂料	多彩内墙涂料		经一次喷涂即可获得具有多种色彩的立体涂膜	适用于建筑物内墙和顶棚水泥、混凝土、砂浆、石膏板、木材、钢、铝等多种基面的装饰

10.5.2 外墙涂料

外墙涂料是涂于建筑物或构筑物的外立面,起装饰和保护建筑物外墙的涂料,使建筑物外观整洁美观,达到美化环境的作用,延长其使用寿命等功效。另外,它还具有较好的耐水性、耐污染、抗冻融和耐气候性等功能。

常用的外墙涂料有水溶性外墙涂料、溶剂型外墙涂料、合成乳液型外墙涂料和其他类型(砂壁状涂料、复层涂料)等,其主要类型及应用条件见表10.3。

表 10.3　外墙涂料的类型与适用条件

涂料的品种名称	成膜或基料物质	特点	适用条件
彩砂涂料	醋酸乙烯－丙烯酸酯共聚乳液、苯乙烯－丙烯酸酯共聚乳液、纯丙烯酸酯共聚乳液	具有丰富的色彩与质感,且保色性、耐水性、耐候性良好,涂膜坚实,骨料不易脱落	办公楼、商店等公共建筑的外墙
丙烯酸酯树脂外墙涂料	热塑性丙烯酸酯树脂	耐候性好,不褪色、不粉化,耐碱性好,涂膜坚韧,附着力强,施工方便,可刷、滚、喷,可在零摄氏度以下及潮湿的工作面上施工	民用、工业、高层建筑及高级宾馆等装饰
聚氨酯系外墙涂料	聚氨酯树脂或聚氨酯树脂与其他树脂的混合物	表面光泽度高、附着力强,耐水性、耐酸碱腐蚀性好、耐低温	建筑物的防水、防腐和装饰建筑
复层涂料(水泥系 CE、硅酸盐系 Si、合成树脂乳液系 E、反应固化型合成树脂乳液系 RE)	两种以上涂层组成	具有两种涂料的优点	应用范围广泛
无机外墙涂料	碱金属硅酸盐或硅溶胶	耐候性好、耐沾污性好、耐水性好、耐碱、耐热	住宅、办公楼、商店、宾馆等

10.5.3 地面涂料

地面涂料的主要功能就是装饰和保护地面,使地面清洁美观,同时结合内墙面、顶棚及其他装饰,创造优雅的环境。地面涂料具有耐磨性、耐碱性好、耐水性好、抗冲击性好、施工方便等特点。

1. 聚氨酯弹性地面涂料

聚氨酯弹性地面涂料是以聚氨酯为基料的双组分溶剂型涂料。它由甲、乙两组分组成,涂膜具有优异的物理性能、极好的耐热性(200 ℃以上)、有很好的弹性,涂膜光亮丰满,装饰效果很好。它主要用于会议室、图书馆、放映厅等弹性装饰的地面,地下室、卫生间等防水装饰的地面以及工厂车间的耐磨、耐腐蚀等地方。

该涂料有如下一些特点:涂层固化后具有一定弹性,步感舒适;重涂性好,便于维修;涂层耐磨性很好,并且耐油、耐水、耐酸碱;涂布后地坪整体性好,装饰性好,清扫方便;施工较复杂。

2. 聚醋酸乙烯水泥地面涂料

聚醋酸乙烯水泥地面涂料是由聚醋酸乙烯水乳液、普通硅酸盐水泥、填料、颜料及各种助剂配制而成的,是一种有机/无机复合涂料,质地细腻,与水泥地面基层的黏结性好。

它适用于民用及其他建筑地面的装饰,可代替部分水磨石和塑料地面,特别适用于水泥旧地面的翻修。

3. 过氯乙烯地面涂料

过氯乙烯地面涂料是以过氯乙烯为主要成膜物质,并加入一定的增塑剂、颜料及助剂而成的涂料,常用于防化学腐蚀涂装、混凝土建筑涂料。过氯乙烯地面涂料的特点有:耐磨性、耐水性及耐化学侵蚀性好,在人流多的地面其耐磨性可达 1～2 年;施工干燥快,施工方便,常温下 2 h 可以全干,冬季低温时也可施工;重涂性好,施工方便;但在室内施工时,因有大量有机溶剂挥发,且易燃易爆,要注意通风、防火、防毒。

4. 聚乙烯醇缩甲醛水泥地面涂料

聚乙烯醇缩甲醛水泥地面涂料,又称“777 水性厚质地面涂料”,是以水溶性聚乙烯醇缩甲醛胶为主要成膜物质,与普通水泥和一定量的氧化铁系颜料组成的一种厚质涂料。它适用于公共及民用建筑水泥地面的装饰,可仿制成方格、假木纹及各种图案等。

10.6　建筑保温隔热材料

建筑中,把用于控制室内热量外流的材料称为保温材料,把防止室外热量进入室内的材料称为隔热材料,即对热流有显著阻抗性的材料或材料复合体称为绝热材料。绝热材料是保温、隔热材料的总称。

10.6.1　绝热材料

绝热材料主要用于建筑物的墙壁、屋面保温、热力设备及管道的保温、制冷工程的隔热,应具有较小的传导热量的能力。

1. 导热系数及影响因素

材料的导热性是指当材料的两个相对侧面间出现温度差时,热量从温度高的一面向温度低的一面传导的性质,通常用导热系数 λ 表示。导热系数是指单位厚度 1 m 的材料,当两相对侧面温差为 1 K 时,在单位时间 1 h 内通过单位面积 1 m² 的热量。建筑工程中对导热系数 λ 小于 0.23 W/(m·K) 的材料称为绝热材料,同时要求抗压强度不少于 0.3 MPa,表观密度不大于 600 kg/m³。

一般导热系数 λ 越大,导热性能越好,反之,则导热性能越差。导热系数与材料本身的组成与分子结构、材料的孔隙特征与表观密度、温度及热流方向、湿度等主要影响因素有关。

(1)材料的组成与分子结构

一般金属材料的导热系数最大,非金属次之,液体材料最小;同种材料中,结晶结构的导热系数最大,微结晶结构的次之,玻璃体结构的最小。

(2)材料的孔隙特征与表观密度

材料的孔隙率越大,材料的导热系数越少,在孔隙率相同时,孔径越大,孔隙间连通孔隙越多,导热系数越大;材料的表观密度越小,孔隙率就越大,导热系数就越小。

(3)材料的温度及热流方向

材料的导热系数随着温度的升高而增加。对于各向异性的材料,当热流平行于纤维方向时,受到阻力较小,导热性能越好;当热流垂直于纤维方向时,受到阻力较大,导热性能越差,如木材。

(4)湿度

材料受潮吸水,导热系数会增大;若受冻结冰,则导热系数会增加更多。

2.绝热材料的类型和用途

绝热材料按其化学成分分为无机绝热材料和有机绝热材料两大类。无机绝热材料主要由矿物质原料制成,不易腐朽生虫,不会燃烧,有的还能耐高温,多为纤维或松散颗粒制成的毡、板、管套等制品,或通过发泡工艺制成的多孔散粒料及制品。有机绝热材料主要用植物性的原料、有机高分子原料经加工而制成的有机绝热材料,多孔、吸湿性大、不耐高温、不耐久。绝热材料的主要类型及适用条件见表10.4。

表 10.4　绝热材料的主要类型与适用条件

	材料名称	特点	导热系数/(W·(m·K)$^{-1}$)	最高使用温度/℃	用途
无机绝热材料	矿渣棉纤维	轻质、不燃、绝热、电绝缘	0.044	≤600	填充材料
	岩棉纤维	轻质、导热系数小、化学稳定性好、不燃、不腐、吸湿性小	0.044	250~600	填充墙体、屋面、热力管道等
	岩棉制品	轻质、不燃、绝热、电绝缘	0.044~0.052	≤600	
	膨胀珍珠岩	轻质、不燃、保温无毒、吸水率大	常温 0.02~0.044 高温 0.06~0.17 低温 0.02~0.038	≤800	围护结构、低温和超低温保冷设备、热工设备
	水玻璃膨胀珍珠岩制品	导热系数低、吸声性能好、过滤效率高、不燃烧、耐腐	常温 0.056~0.093	≤650	保温隔热用
	膨胀蛭石	质轻、吸湿性好、化学稳定性好、不燃烧、耐腐蚀、施工方便	0.046~0.070	1 000~1 100	填充材料
	水泥膨胀蛭石制品	不燃、绝热、电绝缘	0.076~0.105	≤600	保温隔热用
	泡沫混凝土	多孔、轻质、保温、绝热、吸声	0.081~0.19		围护结构
有机绝热材料	软木板	具有不透水、无味、无毒等特性,并且有弹性,柔和耐用	0.044~0.079	≤130	吸水率小,不霉腐、不燃烧,用于绝热结构
	聚苯乙烯泡沫塑料	表观密度很小,隔热性能好,加工使用方便	0.031~0.047	70	屋面、墙体保温隔热等

10.6.2 吸声、隔声材料

吸声材料是指对入射声能具有较大吸收作用的建筑材料,室内采用适当的吸声材料,可以控制噪声,改善声波在室内的传播质量,保持良好的音质效果。吸声材料主要用于音乐厅、播音室、影剧院、大会堂等的内部墙面、天棚、地面等部位以及厂房噪声控制。

1.吸声材料的基本性质及影响因素

材料吸声性能的好坏,用吸声系数 α 表示,是指声波遇到材料表面时,被材料吸收和透过材料的声能与入射给材料的声能之比,即

$$\alpha = \frac{E_{吸} + E_{透}}{E_0}$$

(10.1)

α越高,吸声效果越好。对于一般材料,吸声系数 α 为 0~1。建筑上的吸声材料大多为轻质、疏松、多孔材料。吸声系数与材料本身的组成与分子结构、厚度、材料的表面特征有关,此外还和声音的入射方向和频率有关。

对于同一种多孔材料,增加材料的厚度和增大表观密度,对低频的吸声效果提高,对高频的吸声效果降低。材料的孔隙越多越细小,吸声效果越好。悬吊在空气中的吸声材料,可以控制室内的混响时间和降低噪声。因此,建筑工程中要求吸声材料必须多孔,并且相互连通的气孔越多越好;强度一般较低,应设置在墙裙以上,以免碰撞破坏;应不易虫蛀、腐朽,且不易燃烧;均匀分布在室内各个表面上,不应只集中在天花板或墙壁的局部。

2. 吸声材料的类型及应用

建筑工程上使用较多的吸声材料有无机类材料、有机类材料、纤维类材料和多孔类材料,具体见表 10.5。

表 10.5　吸声材料的类型与装置条件

类型及品种		厚度/cm	各种频率(Hz)下的吸声系数						装置情况
			125	250	500	1 000	2 000	4 000	
无机类材料	吸声泥砖	6.5	0.05	0.07	0.10	0.12	0.16	—	贴实
	水泥砂浆	1.7	0.21	0.16	0.25	0.40	0.42	0.48	粉刷在墙上
	石膏板(有花纹)	—	0.03	0.05	0.06	0.09	0.04	0.06	贴实
	水泥蛭石板	4.0	—	0.14	0.46	0.78	0.50	0.60	贴实
	石膏砂浆(掺水泥、玻璃纤维)	2.2	0.24	0.12	0.09	0.30	0.32	0.83	粉刷在墙上
	砖(清水墙)	—	0.02	0.03	0.04	0.04	0.05	0.05	贴实
	水泥膨胀珍珠岩板	2	0.16	0.46	0.64	0.48	0.56	0.56	贴实
有机类材料	软木板	2.5	0.05	0.11	0.25	0.63	0.70	0.70	贴实
	木丝板	3.0	0.10	0.36	0.62	0.53	0.71	0.90	贴实,钉在木龙骨上,后面留10 cm或5 cm的空气层
	胶合板	0.3	0.21	0.73	0.21	0.19	0.08	0.12	
	木花板	0.8	0.03	0.02	0.03	0.03	0.04	—	
	穿孔胶合板	0.5	0.01	0.25	0.55	0.30	0.16	0.19	
	木质纤维板	1.1	0.06	0.15	0.28	0.30	0.33	0.31	
纤维类材料	矿渣棉	3.13	0.10	0.21	0.60	0.95	0.85	0.72	贴实
	玻璃棉	5.0	0.06	0.08	0.18	0.44	0.72	0.82	贴实
	工业毛毡	3.0	0.10	0.28	0.55	0.60	0.60	0.56	紧靠墙面
	酚醛玻璃纤维板	8.0	0.25	0.55	0.80	0.92	0.98	0.95	贴实
多孔类材料	泡沫塑料	1.0	0.03	0.06	0.12	0.41	0.85	0.67	贴实
	泡沫玻璃	4.0	0.11	0.32	0.52	0.44	0.52	0.33	贴实
	泡沫水泥	2.0	0.18	0.05	0.22	0.48	0.22	0.32	紧靠墙粉刷
	吸声蜂窝板	—	0.27	0.12	0.42	0.86	0.48	0.30	贴实
	脲醛泡沫塑料	5.0	0.22	0.29	0.40	0.68	0.95	0.94	贴实

3.隔声材料

在建筑工程中将能减弱或隔绝声波传播的材料称为隔声材料。按声音传播的途径,隔声分为隔绝空气声和隔绝固体声。

隔绝空气声主要依据声学中的"质量定律",主要通过材料的反射起到隔声效果。材料的表观密度越大、质量越大,越不易受声波作用而产生振动,隔声效果越好。在建筑工程中,常用钢板、钢筋混凝土、空心砖等密度大的材料作为隔声材料,也可以在轻质或薄壁材料中辅以多孔吸声材料或夹层结构,如夹层玻璃。

隔绝固体声主要是隔绝通过固体的撞击或振动传播的声音,主要通过采用不连续结构处理即断绝其声波继续传递的途径从而起到隔声效果。在建筑工程中,常用毛毡、橡胶、软木、地毯等弹性材料衬垫在墙壁和承重梁之间、房屋的框架和墙壁及楼板之间或设置空气隔离层作为隔声材料。

 基础同步

一、填空题

1.热反射玻璃具有_____和_____的性能。

2.多孔材料吸湿受潮后,其导热系数_____,绝热性能_____。

3.建筑装饰所用的天然石材主要有_____和_____。

4.悬吊在空气中的吸声材料,可以控制室内的_____和_____。

5.常用的内墙涂料分为_____、_____和_____。

二、选择题

1.水泥型人造石材中通常用(　　)作为胶凝材料,而试验表明用(　　)其质量更为优良。

A.硅酸盐水泥、铝酸盐水泥   B.铝酸盐水泥、硅酸盐水泥

C.粉煤灰水泥、铝酸盐水泥   D.普通水泥、粉煤灰水泥

2.花岗石幕墙饰面板性能应进行复验的指标是(　　)。

A.防滑性   B.反光性   C.弯曲性能   D.放射性

3.钢化玻璃的特性不包括(　　)。

A.机械强度高   B.抗冲击性好

C.弹性比普通玻璃大   D.热稳定性好

4.吸声材料的要求是6个规定频率的吸声系数的平均值应大于(　　)。

A.0.2   B.0.4   C.0.8   D.1.0

5.在金属液面上成型的玻璃是(　　)。

A.浮法玻璃   B.镀膜玻璃   C.磨砂玻璃   D.压花玻璃

三、判断题

1.夹丝玻璃具有防火作用。　　　　　　　　　　　　　　　　　　　　　　　　　　(　　)

2.绝热性能好的材料,其吸声性能也一定好。　　　　　　　　　　　　　　　　　　(　　)

3.不论寒冷还是炎热地区,其建筑物外墙均应选用热容量大的墙体材料。　　　　　　(　　)

4.材料受潮或冰冻后,其导热系数都降低。　　　　　　　　　　　　　　　　　　　(　　)

5.任何材料都可以不同程度地吸收声音。　　　　　　　　　　　　　　　　　　　　(　　)

四、简答题

1.某绝热材料受潮后,其绝热性能明显下降,请分析原因。

2.泡沫玻璃是一种强度较高的多孔结构材料,但不能用作吸声材料,为什么?

3.乳液型涂料的性能特点是什么？

4.吸声材料与绝热材料的气孔特征有何差别？

5.简述选用何种地板会有较好的隔声效果。

1.泡沫玻璃是一种强度较高的多孔结构材料，但不能用于吸声材料，为什么？一般选用吸声材料的要求是什么？

2.广东省在某高档高层建筑中抽检，发现这些表面豪华、内部装修典雅的写字楼甲醛超标率达46.58%，请分析日常室内空气甲醛超标的原因。

项目 **11** 新型建筑材料

【知识目标】

1. 了解新型建筑材料的主要品种。
2. 了解几种新型建筑材料的性能及应用前景。

【技能目标】

了解新型建筑材料在建筑工程的选用。

【课时建议】

2 课时

11.1　新型建筑材料的发展简介

新型建筑材料是区别于传统的砖瓦、灰砂石等建材的建筑材料新品种,包括的品种和门类很多。从功能上分,有墙体材料、装饰材料、门窗材料、保温材料、防水材料、黏结和密封材料,以及与其配套的各种五金件、塑料件及各种辅助材料等。从材质上分,不但有天然材料,还有化学材料、金属材料、非金属材料等。

新型建筑材料是综合了化学、物理、建筑、机械、冶金等学科的新技术而发展起来的,一般具有以下特点:

(1)轻质

新型建筑材料主要由多孔、容量小的原料制成,如石膏板、轻骨料混凝土、加气混凝土等。轻质材料的使用,可大大减轻建筑物的自重,满足空间发展的要求。

(2)高强

一般常见的高强材料有金属铸件、聚合物浸渍混凝土、纤维增强混凝土等。新型建筑材料的高强度特点,在承重结构中可以减少材料横截面积,提高建筑物的稳定性及灵活性。

(3)多功能

新型建筑材料一般是指材料具有保温、隔热、吸声、防火、防潮等性能,使建筑物具有良好的密封性能及自防性能,如膨胀珍珠岩、微孔硅酸钙制品及新型防水材料等。

(4)应用新材料及工业废料

新型建筑材料原材料选用化工、冶金、纺织、陶瓷等工业新材料或排放的工业废渣、废液。这类材料近年发展较快,如内外墙涂料、混凝土外加剂、粉煤灰砖、砌块等。

(5)复合型

新型建筑材料运用两种材料的性能进行互补复合,以达到良好的材料性能和经济效益。复合型的材料不仅具有一定的强度,并富有装饰作用,如贴塑钢板、人造大理石、聚合物浸渍石膏板等。

(6)工业化生产

新型建筑材料采用工业化生产方式,产品规模系列化,如墙布、涂料、防水卷材、塑料地板等建筑材料的生产。

建筑材料科学是一门综合性的材料科学,它几乎涉及各行各业。因此,对它的研究生产及管理必须掌握有机化学、无机化学、表面物理化学、金属材料学等有关学科的知识,并融会贯通,才能不断地开拓新兴建筑材料的新品种。对于新型材料的施工及使用,必须充分了解它的性能特点、施工规范保养等知识,严格按科学方法施工,以使其特点得以充分发挥,保证建筑工程的质量。

11.2　几种新型建筑材料的性能及应用

11.2.1　高强轻质混凝土

1.高强轻质混凝土的定义

高强轻质混凝土(High-Strength Light Weight Concrete,HSLC)是指利用高强轻粗集料(在我国通

常称为高强陶粒)、普通砂、水泥和水配制而成的干表观密度不大于 1 950 kg/m³,强度等级为 LC30 以上的结构用轻质混凝土。从 HSLC 的定义可以看出,它除了和普通混凝土一样涉及粗、细集料、水泥和水以外,所不同的是还涉及表观密度(原称容重)的最大限值和最小的强度等级限值。

2.高强轻质混凝土在公路桥梁中的优势

随着科学技术的发展,桥梁逐渐向大跨度发展,这也使混凝土自重大的缺点更加突出,限制了桥梁跨度的进一步提高。HSLC 以其高强、轻质的特点,显然能够克服普通混凝土无法克服的自重过大的缺陷,实现桥梁跨度的进一步提高。因此,在桥梁结构向大跨、重载、轻质、耐久方向发展的今天,HSLC 是今后桥梁建设上主要使用的材料之一。HSLC 在桥梁工程中的优势主要体现在以下几个方面:

①减轻梁体自重,增大桥梁的跨越能力。

②减低梁高。

③提高桥梁的耐久性,延长桥梁的使用寿命。

④抗震能力好。

⑤降低工程造价。

3.高强轻质混凝土配合比设计

HSLC 配合比设计的任务在于确定能获得预期性能而又最经济的混凝土各组成材料的用量,它和普通混凝土配合比设计的目的是相同的,即在保证结构安全使用的前提下,力求达到便于施工和经济节约的要求。由于 HSLC 所使用高强陶粒的特性,它还不能像普通混凝土那样,用一个较公认的强度公式作为混凝土配合比设计的基础。虽然,国内外都有不少研究者提出了各种各样的强度公式,但都存在很大局限性,离实际应用还有很大差距。所以,现阶段主要还是通过参数的选择和简单经验公式的计算,最终经过试验的方法来确定各组分材料的用量。

(1)确定试配强度

根据我国《轻骨料混凝土技术规程》(JGJ 51—2002)的规定,HSLC 的试配强度可由公式确定。

(2)选择水泥品种和标号

一般为 32.5 以上的硅酸盐水泥或普通硅酸盐水泥。

(3)选择水泥用量

水泥用量是影响混凝土强度及其他性能最主要的参数之一,对 HSLC 来说,水泥用量的选择尤为重要,增加水泥用量固然可以使 HSLC 的强度提高,但也会使其密度增加。总的来讲,HSLC 的最大水泥用量不宜超过 550 kg/m³,当采用泵送施工时,最小水泥用量不宜少于 350 kg/m³。

(4)选择高强陶粒

HSLC 一般要选择密度等级大于 700、筒压强度大于 5.0 MPa、强度标号大于 30 MPa 的圆球形高强陶粒,且其各项指标应满足《轻集料及其试验方法 第 1 部分:轻集料》(GB/T 17431.1—2010)有关要求的人造高强轻集料。

(5)选择用水量和水灰比

HSLC 的用水量和水灰比,分净用水量和净水灰比及总用水量和总水灰比。所谓净用水量是指不包括高强陶粒 1 h 吸水率在内的混凝土用水量,其相应的水灰比则为净水灰比,在 HSLC 配合比设计中,一般用净用水量和净水灰比表示。HSLC 的用水量(或水灰比)不仅对硬化混凝土的性能有很大影响,而且还直接影响拌合物的和易性。

(6)砂率的选择

HSLC 的砂率是以体积比来表示的,即以砂的体积与粗细集料总体积的百分比来表示的。提高砂率,相关文献认为在一定的砂率范围内(18%~60%)是 HSLC 强度提高的一个主要因素(但有关砂率对 HSLC 的强度影响不大），且其弹性模量也有所提高。但随着砂率的提高，HSLC 的表观密度也逐渐增加。当 HSLC 的强度等级为 LC40～LC60，砂率为 40％左右时，混凝土拌合物的和易性最好。

（7）粗细集料用量

粗细集料用量是指配制 1 m³ HSLC 所需的高强陶粒和普通砂的密实体积，可参考《轻骨料混凝土技术规程》（JGJ 51—2002），用绝对体积法求出。

（8）掺合料等外加剂

由于 HSLC 的水泥用量与同强度等级的普通混凝土偏多，实践证明，为减少水泥用量，改善和易性和其他一系列的物理力学性能，在 HSLC 中加入适量的掺和剂，如硅灰、优质粉煤灰、磨细高炉矿渣、矿粉等，可获得很好的经济效益。一般在配制 LC50 及以下的 HSLC 时，掺加粉煤灰即可，当配制 LC50以上的 HSLC 则须掺加硅粉等。在使用掺合料的同时，必须使用高效减水剂，以减小用水量，降低水灰比。粉煤灰的掺加采用超量取代法，且在预应力 HSLC 中其取代水泥率不宜大于 10％～15％，而对于硅粉的最大掺加量，根据 ACI213 委员会报告《硅粉用于混凝土》的观点，1 kg 硅粉可取代 3～4 kg 水泥而不导致强度的降低。

从目前的研究来看，改良 HSLC 的配合比，采用双掺或多掺及复合掺加技术，即在加入高效减水剂的同时，根据混凝土性能的要求加入一种或几种（复合化）超细活性矿物材料，并加大掺入的比例，可以大幅度提高拌合料的工作性能，并对其物理力学特性有较显著的改善作用。

11.2.2　绿色高性能混凝土

绿色高性能混凝土（Green High Performance Concrete，GHPC）是未来混凝土技术发展的主要方向。绿色高性能混凝土，不仅具有高耐久性、高工作性、高强度和高体积稳定性等许多优良特性，最重要的一点还具有节能环保性，特别适用于高层建筑、桥梁以及暴露在严酷环境中的建筑结构。

其中绿色的含义包括以下 3 个层次的内容：

①最大限度地减少能耗大、污染严重的熟料水泥的生产与使用，充分利用工业废渣和其他资源。

②简化加工，尽量降低使用工业废渣及其他资源时的二次能源消耗。

③提高利用工业废渣和其他资源的科学水平。

绿色高性能混凝土真正使混凝土变为合理应用资源，保护环境，保持生态平衡，成为与环境极其友好、能造福子孙后代的建筑材料。绿色高性能混凝土为传统混凝土的未来发展注入了新的内容和活力，也提供了全新的机遇，其发展必将使混凝土材料的应用具有更广阔的前景和产生巨大的社会经济效益。因此它是混凝土发展的方向，是混凝土的未来。

技 术 点 睛

绿色高性能混凝土的开发

最早提出绿色高性能混凝土概念的是吴中伟教授。绿色高性能混凝土的提出在于加强人们对绿色的重视，加强绿色意识，要求混凝土工作者更加自觉地提高高性能混凝土的绿色含量，或者加大其绿色度，节约更多的资源、能源，将对环境的破坏减到最少，这不仅为混凝土和建筑工程的继续健康发展，更是人类的生存和发展所必需的。根据孙振平等人的研究，认为符合以下条件的才能称得上是真正的绿色高性能混凝土：

①所使用的水泥必须为绿色水泥，砂石料的开采应该以十分有序且不过分破坏环境为前提。此处的"绿色水泥"是针对"绿色型"水泥工业来说的。绿色型水泥工业是指将资源利用率和二次能源回收率均提高到最高水平，并能够循环利用其他工业的废渣和废料；技术装备上更加强化了对环境保护的技术和措施；产品除了全面实行质量管理体系外，还真正实行全面环境保护的保证体系；粉层、废渣和废气等

的排放几乎接近于零,真正做到不仅自身实现零污染、无公害,又因循环利用其他工业的废料、废渣,而帮助其他工业进行三废消化,最大限度地改善环境。

②最大限度地节约水泥用量,从而减少水泥生产中的副产品——二氧化碳、二氧化硫、氧化氮等气体,以保护环境。

③更多地掺加经过加工处理的工业废渣,如磨细矿渣、优质粉煤灰、硅灰和稻壳灰等作为活性掺合料,以节约水泥,保护环境,并改善混凝土耐久性。

④大量应用以工业废液,尤其是黑色纸浆废液为原料改性制造的减水剂,以及在此基础上研制的其他复合外加剂,帮助其他工业消化处理难以处治的液体排放物。

⑤集中搅拌混凝土和大力发展预拌商品混凝土,消除现场搅拌混凝土所产生的废料、粉层和废水,并加强对废料和废水的循环使用。

⑥发挥高性能混凝土的优势,通过提高强度,减小结构截面积或结构体积,减少混凝土用量,从而节约水泥、砂、石的用量;通过改善施工性来减少浇筑密实性能,降低噪音;通过大幅度提高混凝土耐久性,延长结构物的使用寿命,进一步节约维修和重建费用,减少对自然资源无节制的使用。

⑦对大量拆除废弃的混凝土进行循环利用,发展再生混凝土。

11.2.3 新型墙体材料

我国新型墙体材料发展较快,品种较多,主要包括砖、块、板,如黏土空心砖、掺废料的黏土砖、非黏土砖、建筑砌块、加气混凝土、轻质板材、复合板材等,但数量较小,在整个墙体材料中所占比仍然偏小。只有促使各种新型墙体材料因地制宜快速发展,才能改变墙体材料不合理的产品结构,达到节能、保护耕地、利用工业废渣、促进发展建筑技术的目的。

经过近30年来自我研制开发及引进国外生产技术和设备,我国的墙体材料工业已经开始走上多品种发展的道路,初步形成了以块板为主的墙材体系,如混凝土空心砌块、纸面石膏板、纤维水泥夹心板等,但代表墙体材料水平的各种轻板、复合板所占比重仍很小,还不到整个墙体材料总量的1%,与工业发达国家相比,相对落后40~50年,主要表现在:产品档次低、企业规模小、工艺装备落后、配套能力差。新型墙体材料发展缓慢的重要原因之一是对实心黏土砖限制的力度不够,缺乏具体措施保护土地资源,以毁坏土地为代价制造黏土砖成本极低,使得任何一种新型墙体材料在价格上无法与之竞争。1994年新税制实行后,对黏土砖生产企业仅征收6%的增值税,而不少新型墙体材料,尤其是轻质板材却要交纳17%的增值税务局,加剧了新型墙体材料发展的不利局面。针对这种情况,国家三部一局(建设部、农业部、国土资源部和国家建材局)墙材革新办公室积极指导各地大力开展墙体材料革新工作,结合各地实际情况,出台了多项改革政策,有力地促进了新型墙体材料的发展。

一、填空题

1. 新型建筑材料从功能上分,有_____、装饰材料、门窗材料、保温材料、_____、黏结材料和密封材料,以及与其配套的各种五金件、塑料件及各种辅助材料等。

2. 新型建筑材料一般具有以下特点:_____、_____、多功能、应用新材料及工业废料、复合型、工业化生产等。

3. _____是指利用高强轻粗集料(在我国通常称它为高强陶粒)、普通砂、水泥和水配制而成的干表观密度不大于1 950 kg/m³,强度等级为LC30以上的结构用轻质混凝土。

3. HSLC 配合比设计中水泥品种和标号一般为_____的硅酸盐水泥或普通硅酸盐水泥。

4. HSLC 的砂率是以_____来表示的，即以砂的体积与粗细集料总体积的百分比来表示的。

5. 绿色高性能混凝土，不仅具有高耐久性、高工作性、高强度和高体积稳定性等许多优良特性，最重要的一点还具有_____，特别适用于高层建筑、桥梁以及暴露在严酷环境中的建筑结构。

二、简答题

1. 什么是新型建筑材料，其特点是什么？

2. 绿色高性能混凝土中绿色的含义包括哪几个方面的内容？

从目前新型建筑材料的发展来看，绿色建筑在资源、能源和环境等方面对建筑材料有哪些要求？结合实际，谈谈你对绿色建筑材料的认识。

项目 12 建筑材料实验

> **【知识目标】**
> 1. 了解各类建筑材料实验的步骤。
> 2. 掌握各类建筑材料性能实验的方法。
>
> **【技能目标】**
> 掌握不同建筑材料实验的检测数据处理及在建筑工程的选用。

【课时建议】

20 课时

12.1　建筑材料的基本性质实验

12.1.1　堆积密度实验

1.试验目的

材料的堆积密度是指粉状或散粒材料(如砂、石等)在自然堆积状态下单位体积的质量(包括颗粒内部的孔隙及颗粒之间的空隙体积)。利用材料的堆积密度可估算散粒材料的堆积体积及质量,可考虑材料的运输工具及估计材料的级配情况等。

2.主要仪器设备

主要仪器设备有鼓风烘箱、毛刷、容量筒、天平、直尺、浅盘及标准漏斗。

3.试样制备

用四分法取 3 L 的试样放入浅盘中,将浅盘放入温度为 105～110 ℃的烘箱中烘至恒重,再放入干燥器中冷却至室温,分为两份大致相等的待用。

4.试验步骤

①称取标准容器的质量 m_1。

②取试样一份,经过标准漏斗将其徐徐装入标准容器内,待容器顶上形成锥形,用钢尺将多余的材料沿容器口中心线向两个相反方向刮平。

③称取容器与材料的总质量 m_2。

④试验结果计算。试样的堆积密度可按下式计算(精确至 0.01):

$$\rho_0 = \frac{(m_2 - m_1)}{V_0} \qquad (12.1)$$

式中　ρ_0——材料的堆积密度,kg/cm^3;

　　　m_1——标准容器的质量,kg;

　　　m_2——标准容器和试样的总质量,kg;

　　　V_0——标准容器的容积,m^3。

以两次试验结果的算术平均值作为堆积密度测定的结果。

12.1.2　体积密度实验

1.试验目的

材料的体积密度是指在自然状态下单位体积的质量。利用材料的体积密度可以估计材料的强度、吸水性、保温性等,同时可用来计算材料的自然体积或结构物的质量。

2.主要仪器设备

主要仪器设备有游标卡尺、鼓风烘箱、天平、直尺及干燥器。

3.试验步骤

(1)几何形状规则的材料

①测量尺寸,计算体积 V_0。将待测材料的试样放入 105～110 ℃的烘箱中,烘至恒重,取出置于干

燥器中冷却至室温。用游标卡尺量出试样的尺寸,试样为正方体或平行六面体时,以每边测量上、中、下3次的算术平均值为准,并计算出体积 V_0;试样为圆柱体时,以两个互相垂直的方向量其直径,各方向上、中、下测量3次,以6次的算术平均值为准,确定其直径并计算出体积 V_0。

②用天平称量出试样的质量 m。

③试验结果。计算材料的表观密度按下式计算:

$$\rho_0 = m/V_0 \tag{12.2}$$

式中　ρ_0——材料的表观密度,g/cm³;

　　　m——试样的质量,g;

　　　V_0——试样的体积,cm³。

(2)非规则几何形状的材料

①测量尺寸,计算体积 V_0。对非规则几何形状的材料(如卵石)等,其自然状态下的体积 V_0 可用排液法测定。在测定前应对其试样表面封蜡,封闭开口孔隙后,再用容量瓶或广口瓶进行测试。

②用天平称量出试样的质量 m。

③试验结果。计算公式同公式(12.2)。

12.2　水泥实验

水泥取样方法及试验条件规定:

(1)取样方法

①以同期到达的同一水泥生产厂家、同品种、同强度等级的水泥为一批(一般不超过200 t)。取样应有代表性,可连续取,也可从20个以上不同部位取等量样品,总质量不少于12 kg。

②试样应充分拌匀,通过0.9 mm的方孔筛,记录其筛余百分率及筛余物情况。将样品分成两份,一份密封保存3个月,一份用于试验。

(2)试验条件

①试验用水必须是洁净的淡水(一般用自来水),如有争议时应以蒸馏水为准。

②试验室温度应为(20±2)℃,相对湿度应不小于50%。养护箱温度为(20±1)℃,相对湿度应不小于90%。养护池水温为(20±1)℃。

③水泥试样、标准砂、拌和水及仪器用具的温度应与实验室温度一致。

12.2.1　水泥细度实验

1.试验目的和意义

水泥的凝结时间、强度、收缩等都与水泥的细度有关,因此水泥的细度是评定水泥质量的一个指标。普通水泥的水泥细度检验用负压筛法或水筛法,如果两种方法的检验结果有争议时以负压筛法为准。在此,主要讲述负压筛法,对水筛法作简单介绍。

2.水筛法

(1)主要仪器设备

①水筛及筛座。水泥细度筛如图12.1所示,采用边长为0.080 mm的方孔铜丝筛网,筛框内径125 mm,高80 mm。

②喷头。喷头直径为 55 mm,面上均匀分布 90 个孔,孔径为0.5~0.7 mm,喷头安装高度距筛网35~75 mm为宜。

③天平(称量 100 g,感量 0.05 g)、烘箱等。

(2)试验步骤

①称取已通过 0.9 mm 方孔筛的试样 50 g,倒入水筛内,立即用洁净的自来水冲至大部分细粉通过,再将筛子置于筛座上,用(0.05±0.02)MPa 压力的喷头水连续冲洗3 min。

②少量水将全部筛余物冲移至蒸发皿内,等水泥颗粒全部沉淀后,将清水倒出。

③蒸发皿放在烘箱中烘至恒重,称量筛余物。

(3)结果计算

将筛余量的质量克数乘以 2 即得筛余百分数,结果计算精确至 0.1%,并以一次试验结果作为检验结果。

图 12.1　水泥细度筛

1—喷头;2—标准筛;3—旋转托架;4—集水斗;

5—出水口;6—叶轮;7—外筒;8—把手

3.负压筛法

(1)主要仪器设备

①负压筛:采用边长为 0.080 mm 的方孔铜丝筛网,并附有透明的筛盖,筛盖与筛口应有良好的密封性。

②负压筛析仪:由筛座、负压源及收尘器组成,如图 12.2 所示。

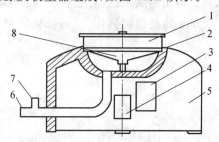

图 12.2　负压筛析仪示意图

1—0.045 mm 方孔筛;2—橡胶垫圈;3—控制板;

4—微电机;5—壳体;6—抽气口;7—风门(调节负压);8—喷气嘴

③天平。

(2)试验步骤

①检查负压系统,压力应为 4 000~6 000 Pa。

②称取过筛(0.9 mm 方孔筛)水泥试样 25 g,置于洁净的负压筛中,盖上筛盖并放在筛座上。

③启动负压筛析仪并连续筛析 2 min,在此期间如果有试样黏附于筛盖,可轻轻敲击筛盖使试样落下。

④筛毕取下,用天平称取筛余物的质量,精确至 0.05 g。

(3)结果计算

以筛余量的质量克数乘以 4,即得筛余百分数,结果计算精确至 0.1%,并以一次试验结果作为检验结果。

(4)试验记录(表 12.1)

表 12.1 水泥细度试验记录

项目	编号	水泥试样的质量/g	筛余量/g	筛余百分数/%	备注
测定方法	1				
	2				
结论	水泥细度				

12.2.2 水泥标准稠度用水量测定实验

1.试验目的和意义

凝结时间和安定性测定都与水泥的用水量有关。为了便于检验,必须人为规定一个标准稠度,统一用标准稠度的水泥净浆进行检验。该试验的主要目的就是为凝结时间和安定性试验提供标准稠度的水泥净浆,也可用来检验水泥的需水性。

水泥标准稠度用水量可用调整水量法或固定水量法测定,有争议时以调整水量法为准。

2.主要仪器设备

(1)维卡仪法(标准法)

①标准法维卡仪。标准法维卡仪如图 12.3 所示。标准稠度测定用试杆,有效长度为(50±1) mm,由直径为(10±0.05) mm 圆柱形耐腐蚀金属制成,滑动部分的总质量为(300±1) g。与试杆、试针联结的滑动杆表面应光滑,能靠重力自由下落,不得有紧涩和旷动现象。

②盛装水泥净浆的截顶圆锥试模。应由耐腐蚀的、有足够硬度的金属制模,其深(40±0.2) mm、顶内径(65±0.5) mm、底内径φ(75±0.5) mm 的截顶圆锥体。每只试模应配备一个大于试模、厚度大于等于2.5 mm的平板玻璃底板。

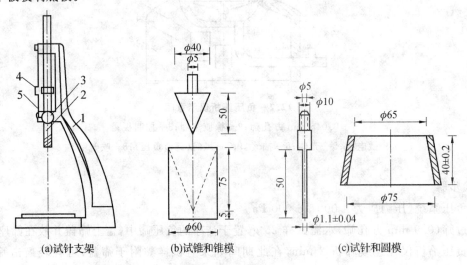

(a)试针支架   (b)试锥和锥模   (c)试针和圆模

图 12.3 标准法维卡仪

1—铁座;2—金属圆棒;3—松紧螺丝;4—指针;5—标尺

③净浆搅拌机:由主机、搅拌叶和搅拌锅等组成,搅拌叶片能以双转速转动,如图 12.4 所示,符合《水泥净浆搅拌机》(JC/T 729—2005)的要求。

④湿气养护箱:应使温度控制在(20±1) ℃,相对湿度不低于 90%。

⑤天平:称量精确至 1 g。

⑥烧杯或其他量水器:最小刻度为 0.1 mL,精度 1%。

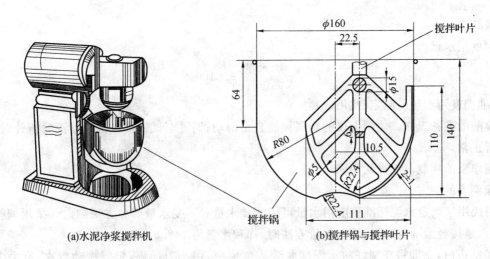

(a)水泥净浆搅拌机　　　　　　　　(b)搅拌锅与搅拌叶片

图 12.4　水泥净浆搅拌机示意图(单位:mm)

(2)试锥法(代用法)

①水泥净浆标准稠度测定仪:由铁座与可以自由滑动的金属圆棒构成,用松紧螺丝调整金属棒的高低。金属棒上附有指针,利用量程为 0~75 mm 的标尺指示金属棒下降距离。

②金属空心试锥:装于金属棒下,锥底直径 40 mm,高 50 mm;装净浆用的锥模上口内径60 mm,锥高 75 mm。

③净浆搅拌机:由主机、搅拌叶和搅拌锅等组成,搅拌叶片能以双转速转动,符合《水泥净浆搅拌机》(JC/T 729—2005)的要求。

④湿气养护箱:应使温度控制在(20±1) ℃,相对湿度不低于 90%。

⑤天平:称量精确至 1 g。

⑥烧杯:最小刻度为 0.1 mL,精度 1%。

3.试验步骤

(1)标准稠度用水量的测定(标准法)

①测定前准备工作。使维卡仪的金属棒能自由滑动,调整至试杆接触玻璃板时指针对准零点,搅拌机运行正常,水泥净浆搅拌机的筒壁及叶片先用湿布擦抹干净。

②取水泥试样 500 g,量取适量的净水。拌和水量,采用调整水量法时,可按经验初步确定加水量;采用固定水量法时,加水量为 142.5 mL。

③水泥净浆的拌制。用水泥净浆搅拌机搅拌,搅拌锅和搅拌叶片先用湿布擦过,将拌和水倒入搅拌锅内,然后在 5~10 s 内小心将称好的 500 g 水泥加入水中,防止水和水泥溅出。拌和时,先将锅放在搅拌机的锅座上,升至搅拌位置,启动搅拌机,低速搅拌 120 s,停 15 s,同时将叶片和锅壁上的水泥浆刮入锅中间,接着高速搅拌 120 s 停机。

④标准稠度用水量的测定。拌和结束后,立即将拌制好的水泥净浆装入已置于玻璃板上的试模中,用小刀插捣,轻轻振动数次,刮去多余的净浆,抹平后迅速将试模和底板移到维卡仪上将其中心定在试杆下,降低试杆直至与水泥净浆表面接触,拧紧螺丝 1~2 s 后,突然放松,使试杆垂直自由地沉入水泥净浆中。在试杆停止沉入或释放试杆 30 s 时记录试杆距底板之间的距离,升起试杆后,立即擦净,整个操作应在搅拌后 1.5 min 内完成。以试杆沉入净浆并距底板(6±1) mm 的水泥净浆为标准稠度净浆,其拌和水量为该水泥的标准稠度用水量 P(按水泥质量的百分比计)。

⑤试验结果。

标准稠度用水量为

$$P=\frac{加水量}{水泥试样量}\times100\%$$ (12.3)

(2)标准稠度用水量的测定(代用法)

①试验前的准备工作。使维卡仪的金属棒能自由滑动;调整至试锥接触锥模顶面时指针对准零点;搅拌机运行正常。

②水泥净浆的拌制与标准法相同。

③标准稠度的测定。

a.采用代用法测定水泥标准稠度用水量可用调整水量和不变水量两种方法测定。采用调整水量方法时,拌和水量按经验确定;采用不变水量方法时,拌和水量用 142.5 mL。

b.拌和结束后,立即将拌制好的水泥净浆装入锥模中,用小刀插捣,轻轻振动数次,刮去多余的净浆,抹平后迅速放到试锥下面固定的位置上,将试锥降至净浆表面,拧紧螺丝 1~2 s 后,突然放松,让试锥垂直自由地沉入水泥净浆中。到试锥停止下沉或释放试锥 30 s 时记录试锥下沉深度。整个操作应在搅拌后 1.5 min 内完成。

c.用调整水量方法测定时,以试锥下沉深度为(28±2)mm 时的净浆为标准稠度净浆。其拌和水量为该水泥的标准稠度用水量(P)(按水泥质量的百分比计)。如果下沉深度超出范围须另称取试样,调整水量,重新试验,直至达到(28±2) mm 为止。

d.用不变水量方法测定时,根据测得的试锥下沉深度 S(mm)按下式(或仪器上对应标尺)计算得到标准稠度用水量 P(%)。

$$P=33.4\sim0.185S$$

注意:当试锥下沉深度小于 13 mm 时,应改用调整水量法测定。即

$$W_{标}=P\times500$$ (12.4)

4.试验结果

①用调整水量法测定时,以试锥下沉深度为(28±2)mm 时的净浆为标准稠度净浆,其拌和水量与水泥试样质量之比为该水泥标准稠度用水量。如果试锥下沉深度超出上述范围,须另称试样,调整水量,重新实验,直到达到(28±2)mm 为止。

②用固定水量法测定时,根据测得的试锥下沉深度 S(mm),按下式计算标准稠度用水量 P(%):

$$P=33.4-0.185S$$ (12.5)

当试锥下沉深度小于 13 mm 时,应用调整水量法测定。

5.试验记录(表 12.2)

表 12.2　水泥标准稠度用水量试验记录

项目	编号	水泥试样的量/g	加水量/mL	距底板距离/mm	是否标准稠度	备注
调整水量法	1					
	2					
	3					
结论	标准稠度用水　　　　%					

12.2.3　水泥胶砂强度测定实验(ISO 法)

1.试验目的和意义

水泥作为主要的胶凝材料,其强度对结构混凝土的强度有决定性的影响。水泥的强度用标准的水泥胶砂试件 3 d 抗折强度和 28 d 的抗压强度来表示,并根据强度测定值来划分水泥的强度等级。

2.主要仪器设备

(1)胶砂搅拌机

采用 JJ-5 型号的行星式胶砂搅拌机。

(2)水泥电动抗折试验机

采用 DKZ-5000 型号的抗折试验机,如图 12.5 所示。

(3)胶砂振动台

采用 ZT-96 型号的胶砂振动台,如图 12.6 所示。

(4)试模

采用可装卸的三联试模,一次能制成的 3 条试件尺寸都为 40 mm×40 mm×160 mm 的试块。采用胶砂三联试模,如图 12.7 所示。

(5)压力试验机及抗压夹具

试验机最大量程以 200~300 kN 为宜,在较大的 $\frac{4}{5}$ 量程范

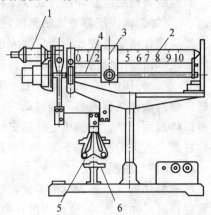

图 12.5　抗折试验机

1—平衡砣;2—主杠杆;3—游动砝码;
4—传动丝杆;5—抗折夹具;6—手轮

围内使用时,记录的荷载应有±1% 的精度,抗压夹具由硬钢制成,试件受压尺寸为40 mm×40 mm,加压面须磨平。

(6)刮刀、量筒、天平等

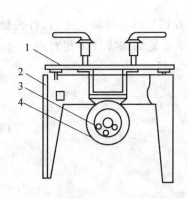

图 12.6　胶砂振动台

1—台面;2—弹簧;3—偏重轮;4—电动机

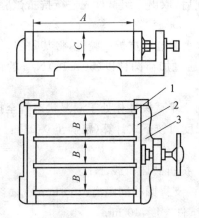

图 12.7　胶砂三联试模

1—隔板;2—端板;3—底座(A:160 mm;B、C:40 mm)

3.试验步骤

(1)称料

测定前将相关仪器设备准备到位后,按水泥与标准砂的质量比为 1:3,水灰比为 0.50,称取水泥 450 g,标准砂 1 350 g(1 袋),水 225 mL(W/C=0.50)。

(2)搅拌

先用湿布把锅擦拭干净,先试运转,符合要求后,停机(注意关闭电源),取下锅。把水加入锅中,再加入水泥,把锅放在固定架上(注意缺口对齐),旋紧后上升至固定位置。将标准砂倒入容量瓶内,然后

立即开动机器(一般采用自动挡),低速搅拌30 s后,在第二个30 s开始的同时均匀地将砂子加入(仪器设备会自动加砂)。把机器转至高速再拌30 s,停拌90 s,理论上在第一个15 s内用一刮具将叶片和锅壁上的胶砂刮入锅中。在高速下继续搅拌60 s。各个搅拌阶段,时间误差应在±1 s以内。搅拌完毕后,关闭电源,取下锅,同时将粘在叶片上的胶砂刮下并用湿布及时清洗仪器叶片和台面。

(3)成型

胶砂制备好后应立即进行成型。将拆卸下的空试模组装成一个完整的三联试块,用油刷涂刷模套一遍,注意每个内表层都要涂刷到位,但不能形成油层。将三联试块固定在振实台上并拧紧。用一个勺子直接从搅拌锅里将胶砂分两层装入试模,装第一层时,每个槽里约放300 g胶砂,用大播料器垂直架在模套顶部沿每个模槽来回一次将料层插平,接着振实60次,再装入第二层胶砂,用小播料器播平,再振实60次。关闭电源,从振实台上取下试模,用金属直尺垂直于试模模顶,从试模一端沿试模长度方向以横向锯割动作慢慢向另一端移动,一次将超过试模部分的胶砂刮去,并用同一直尺以近乎水平的情况下将试体表面抹平。在试模上作标记或加字条标明试件编号。将试件放置在振实台的某一位置,同时将粘在振实台上的胶砂刮下并用湿布及时清洗振实仪器和台面。

(4)养护与脱模

将成型好的试模送入标准养护箱(温度(20±1)℃,湿度大于90%)养护(22±2) h,然后取出脱模。注意脱模时反扣脱模,避免强力敲打脱模。硬化较慢的水泥允许延期脱模,但须记录脱模时间。试件脱模后应立即放入养护室的恒温箱水槽中养护,试件间应留有空隙,水面至少高出试件5 cm。注意脱模后三联试模应及时清洗干净。

(5)强度试验

①抗折强度试验。

a.各龄期试件,规定在24 h±15 min、48 h±30 min、72 h±45 min、7 d±2 h、28 d±8 h时间内进行强度试验。

b.到时间后,取出3组试件先进行抗折试验。测试前须先擦去试件表面的水分和砂粒,清洁夹具的圆柱表面。

c.先调试水泥电动抗折试验机,将其归零。将试件一个侧面放在试验机支撑圆柱上,试件长轴垂直于支撑圆柱,通过加荷圆柱以(50±10)N/s的速度均匀地将荷载垂直地加在棱柱体相对侧面上,直至折断。

d.保持两个半截棱柱体处于潮湿状态直至抗压试验。

e.抗折强度可按下式计算(精确至0.01):

$$R_f = 1.5F_f L / b^3 \tag{12.6}$$

式中 F_f——抗折破坏荷载,N;

  L——两支撑圆柱间距离,100 mm;

  b——试件宽度,40 mm;

  h——试件高度,40 mm。

②抗压强度试验。

a.抗折试验后的两个断块应立即进行抗压强度试验。抗压试验须用抗压夹具进行,试件的受压面为40 mm×40 mm。测定前应先清除试件受压面与加压板间的砂粒或杂质。测定时应以试件侧面作为受压面,并使夹具对准压力机压板中心。

b.加荷速度控制在(2.4±0.2)kN/s范围内均匀地加荷直至破坏。

c.抗压强度按下式计算(精确至0.1 MPa):

$$R_c = F_c / A \tag{12.7}$$

式中 F_c——抗压破坏荷载,kN;

A——受压面积（40 mm×40 mm＝1 600 mm²）。

4. 试验结果

（1）抗折强度试验结果

以 3 个试件的算术平均值作为抗折强度试验结果。当 3 个强度值中有一个超过平均值的±10%时，应剔除后再平均作为抗折强度试验结果。

（2）抗压强度试验结果

以一组 3 个棱柱体上得到的 6 个抗压强度测定值的算术平均值作为抗压强度试验结果。如果 6 个测定值中有一个超出 6 个平均值的±10%，就应剔除这个结果，而以剩下 5 个的平均值为结果。如果 5 个测定值中再有超出它们平均值±10%的，则此组结果作废。

5. 试验记录

（1）抗折强度试验记录（表 12.3）

表 12.3 抗折强度试验记录

试件编号	试件断面尺寸/mm	抗折强度/MPa	平均值/MPa	备 注
1				
2	40×40			
3				

（2）抗压强度试验记录（表 12.4）

表 12.4 抗压强度试验记录

试件编号	受压面尺寸/mm	破坏荷载/N	抗压强度/MPa	平均值/MPa	备 注
1					
2					
3	40×40				
4					
5					
6					
结论	水泥强度等级：				

6. 水泥试验结果评定

水泥试验的结果应根据所试验的水泥品种，参照相应的技术规范进行评定，并应具有明确的结论，见表 12.5。

表 12.5 水泥的抗压强度、抗折强度

品种	强度等级	抗压强度		抗折强度	
		3 d	28 d	3 d	28 d
硅酸盐水泥	42.5	≥17.0	≥42.5	≥3.5	≥6.5
	42.5R	≥22.0		≥4.0	
	52.5	≥23.0	≥52.5	≥4.0	≥7.0

品种	强度等级	抗压强度		抗折强度	
		3 d	28 d	3 d	28 d
硅酸盐水泥	52.5R	≥27.0	≥52.5	≥5.0	≥7.0
	62.5	≥28.0	≥62.5	≥5.0	≥8.0
	62.5R	≥32.		≥5.5	
普通硅酸盐水泥	42.5	≥17.0	≥42.5	≥3.5	≥6.5
	42.5R	≥22.0		≥4.0	
	52.5	≥23.	≥52.5	≥4.0	≥7.0
	52.5R	≥27.0		≥5.0	
矿渣硅酸盐水泥 火山灰硅酸盐水泥 粉煤灰硅酸盐水泥 复合硅酸盐水泥	32.5	≥10.0	≥32.5	≥2.5	≥5.5
	32.5R	≥15.0		≥3.5	
	42.5	≥15.0	≥42.5	≥3.5	≥6.5
	42.5R	≥19.0		≥4.0	
	52.5	≥21.0	≥52.5	≥4.0	≥7.0
	52.5R	≥23.0		≥4.5	

12.2.4 水泥安定性检验

1. 试验目的和意义

造成水泥体积安定性不良的主要原因有游离氧化钙过多、氧化镁过多和掺入的石膏过多。对于氧化镁和石膏含量,规定水泥出厂时应符合要求。对游离氧化钙的危害作用,则通过沸煮法来检验。安定性检验分雷氏法和试饼法两种,有争议时以雷氏法为准。

2. 主要仪器设备

(1)测定标准稠度所需的仪器

(2)雷氏夹

雷氏夹由铜质材料制成,如图 12.8 所示,当一根指针的根部先悬挂在一根金属丝或尼龙丝上,另一根指针的根部再挂上 300 g 砝码时,两根针尖距离增加应在 (17.5 ± 2.5) mm 范围内,当去掉砝码后针尖的距离能恢复至挂砝码前的状态。

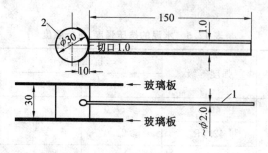

图 12.8 雷氏夹
1—指针;2—环模

（3）沸煮箱

沸煮箱如图 12.9 所示，有效容积为 410 mm×240 mm×310 mm，内设篦板及两组加热器，能在（30±5）min内将一定量的试验用水由室温升至沸腾状态并保持 3 h 以上。

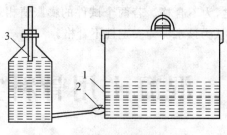

图 12.9　沸煮箱
1—篦板；2—阀门；3—水位管

（4）雷氏夹膨胀测定仪

雷氏夹膨胀测定仪标尺最小刻度为 0.5 mm，如图 12.10 所示。

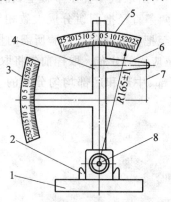

图 12.10　雷氏夹膨胀测量仪
1—底座；2—模子座；3—测弹性标尺；4—立柱；
5—测膨胀值标尺；6—悬臂；7—悬丝；8—弹簧顶扭

（5）标准养护箱、玻璃板等

3.检验方法

（1）试饼法

①将制备好的标准稠度的水泥净浆取出约 150 g，分成两等份，使之成球形，分别放在已涂一层薄机油的玻璃板上（100 mm×100 mm），轻轻振动玻璃板使水泥浆摊开，并用小刀由边缘向中间抹动，做成直径为 70～80 mm、中心厚约 10mm、边缘渐薄、表面光滑的试饼，放入标准养护箱内。

②标准养护（24±2）h 后，编号，除去玻璃板，检查试饼。在无缺陷的情况下将试饼置于沸煮箱的篦板上，调好水位和水温，接通电源，开启沸煮箱，在（30±5）min 内加热至沸腾并恒沸 180 min±5 min。

③沸煮结束后放掉热水，冷却至室温，目测未发现裂纹，用直尺检查平面无弯曲时，体积安定性合格；反之，为不合格。当两个试饼的判别结果有矛盾时，也判为不合格。

（2）雷氏法

①将两个雷氏夹分别放在已涂一层薄机油的玻璃板（质量为 75～80 g）上，再准备两块同样的玻璃板作盖板。

②将制备好的标准稠度水泥净浆装入雷氏夹的圆模内，轻扶雷氏夹，用小刀振捣 15 次左右后抹平，盖上玻璃板，送至标准养护箱。

③养护（24±2）h 后，除去玻璃板，测量每个雷氏夹两个指针尖端间的距离（A），精确至 0.5 mm，然

后将试件放在沸煮箱的篦板上,指针朝上,在(30±5)min 内加热至沸腾并恒沸 3 h±5 min。

④取出沸煮后冷却至室温的试件,用膨胀值测定仪测量雷氏夹两个指针之间距离(C),准确至 0.5 mm,计算膨胀值(C—A)。取两个试件膨胀值的算术平均值作为试验的结果。当结果不大于 5.0 mm 时,水泥安定性合格;反之,为不合格。若两个试件的膨胀值相差超过 4.0 mm 时,应用同一样品立即重做一次试验,再如此,则认为该水泥为安定性不合格。

12.3 混凝土用骨料实验

骨料试验取样方法及试验条件规定:

(1)取样方法

①在砂料堆上取砂样时,取样部位应均匀分布。取样前先将取样部位表层铲除,然后从不同部位抽取大致等量的砂 8 份,组成一组样品。将所取试样置于平板上,在潮湿状态下拌和均匀,并堆成厚度约为 20 mm 的圆饼,然后沿互相垂直的两条直径把圆饼分成大致相等的 4 份,取其中对角线的两份重新拌匀,再堆成圆饼。重复上述过程,直至把样品缩分到试验所需的量为止。

②在砂料堆上取石样时,取样部位应均匀分布。取样前先将取样部位表层铲除,然后从不同部位抽取大致等量的石子 15 份(在料堆的顶部、中部和底部均匀分布的 15 个不同部位取得)组成一组样品。试样也进行缩分。

(2)试验环境

实验室的温度应保持在(20±5)℃ 。

12.3.1 砂的颗粒级配实验

1. 试验目的和意义

通过砂子筛分试验,绘出颗粒级配曲线,并计算砂的细度模数,由此可以确定砂的级配好坏和粗细程度。砂的级配好坏和粒度大小,对于混凝土的水泥用量具有显著的影响。

2. 主要仪器设备

①标准筛:孔径为 150 μm、300 μm、600 μm、1.18 mm、2.36 mm、4.75 mm、9.50 mm 的标准筛以及底盘和盖各一个。

②天平(称量 1 kg,感量 1 g)。

③烘箱、摇筛机、瓷盘、容量、毛刷等。

3. 试样制备

按照规定方法取样,筛除大于 4.75 mm 的颗粒,用清水洗干净,将试样缩分,放在烘箱中于(105±5)℃下烘干至恒重,待冷却至室温后,取材料约 1 100 g,分为大致相等的两份备用。

4. 试验步骤

①称取烘干试样 500 g,精确到 1 g。

②将试样倒入按孔径大小从上到下组合套筛(附筛底)上,然后进行筛分。将套筛置于摇筛机上,旋紧,打开电闸和开关,摇 10 min;关闭电闸和开关,取下套筛,按筛孔大小顺序再逐个用手筛,底下放置金属托盘(注意砂子不能筛至金属托盘外面,筛 2 min 即可)。通过的试样并入下一号筛中,并和下一号筛中的试样一起过筛,按此顺序进行,直至各号筛全部筛完为止。

③称出各号筛的筛余量,精确至 1 g,试样在各号筛上的筛余量不得超过按下式计算出的量:

$$G=\frac{Ad^{1/2}}{200} \tag{12.8}$$

式中　G——在一个筛上的筛余量,g;

　　　A——筛面面积,mm^2;

　　　d——筛孔尺寸,mm。

超过时应按下列方法之一进行处理:

①将该粒级试样分成少于按式(12.8)计算出的量,分别筛分,并以筛余量之和作为该号筛的筛余量。

②将该粒级及以下各粒级的筛余混合均匀,称出其质量,精确至 1 g。再用四分法缩分为大致相等的两份,取其中一份,称出其质量,精确至 1 g,继续筛分。计算该粒级及以下各粒级的分计筛余量时应根据缩分比例进行修正。

5.试验结果

①计算分计筛余百分率:各号筛的筛余量与试样总量之比,计算精确至 0.1%。

②计算累计筛余百分率:该号筛的筛余百分率加上该号筛以上各筛余百分率之和,计算精确至 0.1%。筛分后,如果每号筛的筛余量与筛底的剩余量之和与原试样质量之差超过 1%时,须重新试验。

③砂的细度模数可按下式计算,精确至 0.01:

$$M_x=\frac{(A_2+A_3+A_4+A_5+A_6)-5A_1}{100-A_1} \tag{12.9}$$

式中　M_x——砂的细度模数;

　　　$A_1 \sim A_6$——分别为 4.75 mm、2.36 mm、1.18 mm、0.6 mm、0.3 mm、0.15 mm 6 个筛上的累计筛余率。

④累计筛余百分率取两次试验结果的算术平均值,精确至 1%。细度模数取两次试验结果的算术平均值,精确至 0.1。如果两次试验的细度模数之差超过 0.02 时,须重新检验。

⑤砂的实际颗粒级配除 4.75 mm 和 600 μm 筛挡外,可以略有超出,但各级累计筛余超出值总和应不大于 5%。

6.试验记录

①筛分试验记录见表 12.6。

表 12.6　筛分试验记录

筛孔尺寸/ mm	1			2			累计筛余平均值/ %
	筛余量/g	分计筛余/%	累计筛余/%	筛余量/g	分计筛余/%	累计筛余/%	
4.75							
2.36							
1.18							
0.6							
0.3							
0.15							
底盘							

②计算细度模数 M_x(精确至 0.01),评定砂的细度。

③根据各筛的累计筛余百分率,绘制筛分曲线,评定颗粒级配(绘图要求:根据细度模数用虚线绘出分区图,再用实线绘制筛分区线)。

12.3.2 砂的表观密度实验

1.试验目的和意义

测定砂的表观密度,以此评定砂的质量。砂的表观密度也是进行混凝土配合比设计的必要数据之一。砂的表观密度不小于 2 500 kg/m³。

2.主要仪器设备

①天平:称量 1 000 g,感量 0.1 g。

②容量瓶:容积为 500 mL,带有刻度线。

③烘箱、干燥器、金属托盘、料勺、毛刷等。

3.试样制备

将取回的试样用清水洗净,放在烘箱中于(105±5)℃下烘干至恒重,待冷却至室温后,取约 660 g,分成两份备用。

4.试验步骤

①称取烘干试样 300 g(G_0),精确至 0.1 g。将容量瓶注入 1/3 体积的水,将试样装入容量瓶,用手旋转摇动容量瓶(避免用力过猛,导致容量瓶开裂甚至破碎),使砂样充分摇动,排除气泡(注意容量瓶壁上不能有砂)。用吸耳球或滴管注入冷水至 500 mL 的刻度处,塞紧瓶塞,静置 30 min(理论上 2 h),擦干瓶外水分,称出其质量(G_1),精确至 1 g。

②倒出瓶内水和试样(注意倾斜倒,边倒边转动),洗净容量瓶,再向容量瓶内注入 15～25 ℃水(与第一步中水温相差不超过 2 ℃)至 500 mL 刻度处,塞紧瓶塞,擦干瓶外水分,称出其质量(G_2),精确至 1 g。

5.试验结果

计算试样的表观密度 ρ_0,按下式计算:

$$\rho_0 = \left(\frac{G_0}{G_0 + G_2 - G_1} - \alpha_1 \right) \times \rho_水 \tag{12.10}$$

式中　ρ_0——砂的表观密度,kg/m³;

　　　G_0——烘干试样的质量,g;

　　　G_1——试样、水及容量瓶的总质量,g;

　　　G_2——水及容量瓶的总质量,g;

　　　$\rho_水$——水的密度,1 000 kg/m³;

　　　α_1——水温对表观密度影响的修正系数。

表观密度取两次试验结果的算术平均值,精确至 10 kg/m³;如果两次试验结果之差大于 20 kg/m³,须重新试验。

6.试验记录(表 12.7)

表 12.7　砂的表观密度试验记录

测定次数	G_0/g	G_1/g	G_2/g	试样体积/cm³	表观密度/(g·cm⁻³)	平均值/(g·cm⁻³)
1						
2						

12.3.3　石子的表观密度实验(广口瓶法)

1. 试验目的和意义

石子的表观密度是指不包括颗粒之间空隙,但包括颗粒内部孔隙的单位体积的质量。

石子的表观密度与石子的矿物成分有关。测定石子的表观密度,可以鉴别石子的质量,同时也是计算空隙率和进行混凝土配合比设计的必要数据之一。广口瓶法可用于最大粒径不大于 37.5 mm 的卵石或碎石。

2. 主要仪器设备

①天平:最大称量 2 kg,感量 1 g。

②广口瓶:容积为 1 000 mL,磨口并带有玻璃片。

③筛(孔径 4.75 mm)、烘箱、搪瓷盘、毛巾、温度计等。

3. 试样制备

按规定取样并缩分,筛除小于 4.75 mm 的颗粒,然后洗刷干净放入烘箱中于(105±5)℃下烘干至恒重后,取略大于表 12.8 规定的数量,分为大致相等的两份备用。

表 12.8　表观密度试验所需试样数量

最大粒径/mm	小于 26.5	31.5	37.5
最少试样质量/kg	2.0	3.0	4.0

4. 试验步骤

①将试样装入广口瓶中。装试样时,广口瓶先注入 1/3 体积饮用水,应倾斜放置,将试样装入广口瓶中,用玻璃片覆盖瓶口或玻璃瓶塞盖好,以上下左右摇晃的方法排除气泡(注意动作要轻微晃动)。

②气泡排尽后,向瓶中添加饮用水,直至水面凸出瓶口边缘。然后用玻璃片沿瓶口迅速滑行使其紧贴瓶口水面或玻璃瓶塞垂直盖好。擦干瓶外水分后,静置 30 min,称出试样、水、瓶和玻璃片(或玻璃瓶塞)的总质量,精确至 1 g。

③将瓶中试样倒入搪瓷盘(注意边倒边缓慢倾斜广口瓶,禁止垂直倒或用力拍打广口瓶)。

④将瓶洗净并重新注入饮用水,用玻璃片紧贴瓶口水面或玻璃瓶塞垂直盖好,擦干瓶外水分后,称出水、瓶和玻璃片的总质量,精确至 1 g。

5. 试验结果

试样的表观密度 ρ_0 按下式计算:

$$\rho_0 = \left(\frac{G_0}{G_0 + G_2 - G_1}\right) \times \rho_{\text{水}} \tag{12.11}$$

式中　ρ_0——石子的表观密度,kg/m³;

　　　G_0——烘干试样的质量,g;

　　　G_1——试样、水、瓶及玻璃片的总质量,g;

　　　G_2——水、瓶及玻璃片的总质量,g;

　　　$\rho_{\text{水}}$——水的密度,1 000 kg/m³。

表观密度取两次试验结果的算术平均值,精确至 10 kg/m³;如果两次试验结果之差大于 20 kg/m³,须重新试验。对颗粒材质不均匀的试样,如果两次试验结果之差超过 20 kg/m³,可取 4 次试验结果的算术平均值。

6.试验记录(表12.9)

表 12.9　石子的表观密度试验记录

编号	试样质量 G_0/g	瓶、石子和水的总质量 G_2/g	瓶和水的质量 G_1/g	表观密度 ρ_0/(kg·m^{-3})	平均值 ρ_0/(kg·m^{-3})
1					
2					

12.4　普通混凝土实验

1.一般规定

混凝土拌合物应具有适应构件尺寸和施工条件的和易性,即应具有适宜的流动性和良好的黏聚性与保水性,以确保施工质量,从而获得均匀密实的混凝土。

2.取样规定

①同一组混凝土拌合物的取样应从同一盘混凝土或同一车混凝土中取样。取样量应多于试验所需量的 1.5 倍,且宜不小于 20 L。

②混凝土拌合物的取样应具有代表性,宜采用多次采样的方法。一般在同一盘混凝土或同一车混凝土中的约 1/4 处、1/2 处和 3/4 处之间分别取样,从第一次取样到最后一次取样不宜超过 15 min,然后人工搅拌均匀。

③在实验室制备混凝土拌合物时,实验室的温度应保持在(20±5)℃,所用材料的温度应与实验室温度保持一致。需要模拟施工条件下所用的混凝土时,所用原材料的温度宜与施工现场保持一致。

④实验室拌制混凝土时,材料用量应以质量计。称量精度:骨料为±1%,水、水泥、掺合料、外加剂均为±0.5%。

⑤从取样或制样完毕到开始做各项性能试验均不宜超过 5 min。

3.试验主要仪器

(1)搅拌机

搅拌机容积为 75~100 L,转速为 18~22 r/min。

(2)天平

天平最大称量 5 kg,感量 1 g。

(3)台称

台称最大称量 50 kg,感量 50 g。

(4)量筒

200 mL、1 000 mL 量筒各一个。

(5)容器

1 L、5 L、10 L 容器各一个。

(6)拌板和拌铲

拌板为 1.5 m×2 m 的钢板。

4. 混凝土试验拌和方法

(1) 人工拌和法

① 从恒温箱取出干燥的砂、石(未烤干的砂、石,应测定砂、石含水量),按所定配合比备料。

② 将拌板和拌铲用湿布润湿后,将砂倒在拌板上,然后加入水泥,用铲自拌板一端翻到另一端,如此重复,直至充分混合,颜色均匀。再添加石料,翻拌至均匀混合为止。

③ 将干拌合料堆成堆,在中间作一凹槽,将已称量好的水,倒入一半左右在凹槽中,注意勿使水流出,然后仔细翻拌,并徐徐加入剩余的水,继续翻拌,每翻拌一次,用铲在拌合物上铲切一次。从加水完毕时算起,至少应翻拌 6 次。拌和时间(从加水完毕时算起)应大致符合下列规定:

a. 拌合料体积为 30 L 以下时,4～5 min。

b. 拌合料体积为 30～50 L 时,5～9 min。

c. 拌合料体积为 51～75 L 时,9～12 min。

④ 拌好后应根据试验要求,立即先做坍落度试验,后成型试件。从加水时算起,全部操作必须在 30 min 内完成。

(2) 机械搅拌法

① 按试验前计算好的配合比备料。

② 搅拌前,要用相同配合比的水泥砂浆,对搅拌机进行涮膛,然后倒出并刮去多余的砂浆。其目的是让水泥砂浆黏附在搅拌机的筒壁上,以免正式拌和时影响配合比。

③ 开动搅拌机,向搅拌机内按顺序加入石子、水泥和砂。干拌均匀,再将水徐徐加入,全部加料时间不应超过 2 min。

④ 水全部加入后,继续拌和 2 min。

⑤ 将混凝土拌合物从搅拌机中卸出,倾倒在拌和板上,再经人工翻拌 1～2 min,使拌合物均匀一致。

⑥ 拌好后应根据试验要求,立即先做坍落度试验,后成型试件。从加水时算起,全部操作必须在 30 min 内完成。

12.4.1　混凝土和易性实验

混凝土拌合物和易性试验一般规定:

测定混凝土拌合物和易性最常用的方法是测定其坍落度与坍落扩展度或维勃稠度。对于高流态混凝土是以坍落度与坍落扩展度来反映拌合物的流动性。对于干硬性混凝土是以维勃稠度来反映拌合物的流动性,在此只介绍坍落度法。

1. 坍落度试验的目的和意义

坍落度是表示新拌混凝土稠度大小的一种指标,以它来反映混凝土拌合物流动性的大小。

本方法适用于骨料最大粒径不大于 40 mm、坍落度不小于 10 mm 的混凝土拌合物稠度的测试。

2. 试验设备

① 标准圆锥坍落筒。坍落度与坍落扩展度试验所用的混凝土坍落度仪应符合《混凝土坍落度仪》(JG/T 248—2009)中有关技术要求的规定,如图 12.11 所示。

② 弹头形捣棒。直径 16 mm、长 650 mm 的金属棒,端部磨圆。

③ 小铁铲、装料漏斗、钢尺及抹刀。

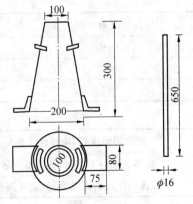

图 12.11　标准坍落度筒

3．试验步骤

①湿润坍落度筒、底板，在坍落度筒内壁和底板上应无明水。底板应放置在坚实水平面上，并把筒放在底板中心，然后用脚踩住两边的脚踏板，坍落度筒在装料时应保持固定的位置。

②取得的混凝土试样用小铲分3层均匀地装入筒内，使捣实后每层高度为筒高的$\frac{1}{3}$左右，每层用捣棒插捣25次。插捣应沿螺旋方向由外向中心进行，各次插捣应在截面上均匀分布。插捣筒边混凝土时，捣棒可以稍稍倾斜。插捣底层时，捣棒应贯穿整个深度，捣插第二层和顶层时，捣棒应插透本层至下一层的表面，浇灌顶面时，混凝土应灌到高出筒口。插捣过程中，如果混凝土沉落到低于筒口，则应随时添加混凝土。顶层插捣完后，刮去多余的混凝土，用抹刀抹平。

③清除筒边底板上的混凝土后，垂直平稳地提起坍落度筒。提高坍落度筒的过程应在5～10 s内完成，从开始装料到提坍落度筒的整个过程应不间断地进行，并应在150 s内完成。

④提起坍落度筒后，测量筒高与坍落后混凝土试体最高点之间的高度差，即为该混凝土拌合物的坍落度值。坍落度的测定如图12.12所示。坍落度筒提离后，如果混凝土发生崩坍或一边剪坏现象，则应重新取样另行测定，如果第二次试验仍出现上述现象，则表示该混凝土和易性不好，应予记录备查。

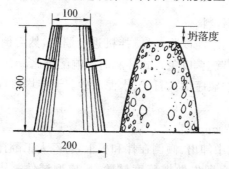

图12.12 坍落度的测定

⑤观察坍落后的混凝土试体的黏聚性及保水性。黏聚性的检查方法是用捣棒在已坍落的混凝土锥体侧面轻轻敲打，此时如果锥体逐渐下沉，则表示黏聚性良好；如果锥体倒塌、部分崩裂或出现离析现象，则表示黏聚性不好。保水性以混凝土拌合物稀浆从底部析出的程度来评定，锥体部分的混凝土因失浆而骨料外露，则表明此混凝土拌合物的保水性能不好；如果坍落度筒提起后无稀浆或仅有少量稀浆自底部析出，则表示此混凝土拌合物保水性良好。混凝土的砂率、黏聚性和保水性的观察方法分别见表12.10、表12.11和表12.12。

表12.10 混凝土砂率的观察方法

用抹刀抹混凝土面次数	抹面状态	判断
1～2	砂浆饱满，表面平整，不见石子	砂率过大
5～6	砂浆饱满，表面平整，微见石子	砂率适中
＞6	石子裸露，有空隙，不易抹平	砂率过小

表12.11 混凝土黏聚性的观察方法

测定坍落度后，用弹性头棒轻轻敲击锥体侧面	判断
锥体渐渐向下沉落，侧面看到砂浆饱满，不见蜂窝	黏聚性良好
锥体突然崩坍或溃散，侧面看到石子裸露，浆体流淌	黏聚性不好

表 12.12　混凝土保水性的观察方法

做坍落度试验在插捣时和提起圆锥筒后	判断
有较多水泥浆体从底部流出	保水性差
有少量水泥浆体从底部流出	保水性稍差
无水泥浆体从底部流出	保水性良好

⑥当混凝土拌合物的坍落度大于 220 mm 时,用钢尺测量混凝土扩展后最终的最大直径和最小直径,在这两个直径之差小于 50 mm 的条件下,用其算术平均值作为坍落扩展度值;否则,此次试验无效。

如果发现粗骨料在中央集堆或边缘有水泥浆析出,表示此混凝土拌合物抗离析性不好,应予记录。

⑦混凝土拌合物坍落度和坍落扩展度值以 mm 为单位,测量精确至 1 mm,结果表达修约至 5 mm。

4.试验结果

①如果坍落度不符合设计要求,就应立即调整配合比。

②当坍落度过小时,应保持水灰比不变,适当添加水泥和水;当坍落度过大时,则应保持砂率不变,适当添加砂与石子。

③当黏聚性不良时,应酌量增大砂率(增加砂子用量);反之,若砂浆显得过多时,则应酌量减少砂率(可适当增加石子用量)。

④根据实践经验,要使坍落度增大 10 mm,水泥和水各需添加约 2%(相当于原用量),要使坍落度减少 10 mm,则砂子和石各添加约 2%(相当于原用量)。

⑤添加材料后,应重新测坍落度。调整时间不能拖得太长,从加水时算起,如果超过 0.5 h,则应重新配料拌和,进行试验。

5.实验记录

(1)新拌混凝土原材料记录(表 12.13)

表 12.13　新拌混凝土原材料记录

试验温度:　　℃;试验相对湿度:　　%;　　试验日期:　　年　月　日　时

配合比	1 m³ 混凝土的材料用量						设计坍落度 /mm	(　　)石 最大粒径/mm
	水泥	砂	石	水	外加剂	矿物掺合料		
品牌等级								
用量/kg								
质量比								

配合比	拌和＿＿＿＿L混凝土的材料用量/kg					
	水泥	砂	石	水	外加剂	矿物掺合料
初步配合比						
第一次调整增加量						
第二次调整增加量						
合计						

(2)新拌混凝土稠度试验记录(表12.14)

表 12.14　新拌混凝土稠度试验记录

检测内容	实测坍落度/mm		实测坍落扩展度/mm		黏聚性		保水性	
检测频率	1	2	1	2	1	2	1	2
初步配合比								
第一次调整增加量时								
第二次调整增加量时								

(3)混凝土试拌后的材料用量

①试拌调整后的 1 m³ 混凝土各项材料用量(取整数):

水泥:＿＿＿＿kg;　　　　砂:＿＿＿＿kg;

石:＿＿＿＿kg;　　　　水:＿＿＿＿kg。

②混凝土基准配合比(质量比):

水泥:砂:(　　)石＝

水灰比:$W/C=$

外加剂(　　)＝

矿物掺合料(　　)＝

12.4.2　混凝土抗压强度实验

1.取样规定

普通混凝土力学性能试验以 3 个试件为一组,每组试件所用的混凝土拌合物,均应从同一拌和的拌合物中取得。

2.试件的尺寸、形状和公差规定

试件的尺寸应根据混凝土中骨料的最大粒径按表12.15选定。

表 12.15　混凝土试件尺寸选用

试件横截面尺寸/mm	骨料最大粒径/mm	
	劈裂抗拉强度试验	其他试验
100×100	19.0	31.5
150×150	37.5	37.5
200×200		63.0

参照 GB/T 50081—2002 及 GB/T 14685—2011

对于抗压强度试验和劈裂抗拉强度试验,边长为 150 mm 的立方体试件是标准试件,边长为 100 mm 和 200 mm 的立方体试件是非标准试件。

试件承压面的平整度公差不得超过 0.000 5d(d 为边长);试件相邻面间的夹角应为90°,其公差不得超过 0.5°;试件各边长、直径和高的尺寸的公差不得超过 1 mm。

3.试件制作

①根据混凝土拌合物的坍落度确定混凝土成型方法,坍落度不大于 70 mm 的混凝土宜用振动振实;大于 70 mm 的宜用捣棒人工捣实。检验现浇混凝土或预制构件的混凝土,试件成型方法宜与实际采用的方法相同。

②取样或拌制好的混凝土拌合物应至少用铁锹再来回拌和 3 次。

③采用振动台成型时,可将混凝土拌合物一次装入试模,装料时应用抹刀沿各试模壁插捣,使混凝土拌合物高出试模口。振动时试模不得有任何跳动,振动应持续到表面出浆为止,不得过振。刮除试模上口多余的混凝土,待混凝土临近初凝时,用抹刀抹平。

④采用人工插捣制作试件时,混凝土拌合物应分两层装入模内,每层的装料厚度大致相等。插捣应按螺旋方向从边缘向中心均匀进行。在插捣底层混凝土时,捣棒应达到试模底部;插捣上层时,捣棒应贯穿上层后插入下层 20～30 mm;插捣时捣棒应保持垂直,不得倾斜。然后用抹刀沿试模内壁插拔数次。每层插捣次数按在 10 000 mm² 截面积内不得少于 12 次;插捣后应用橡皮锤轻轻敲击试模四周,直至插捣棒孔留下的空洞消失为止。刮除试模上口多余的混凝土,待混凝土临近初凝时,用抹刀抹平。

4.试件的养护

①试件成型后应立即用不透水的薄膜覆盖表面。

②采用标准养护的试件,应在温度为(20±5)℃的环境中静置一昼夜或两昼夜,然后编号、拆模。拆模后应立即放入温度为(20±1)℃,相对湿度为 95% 以上的标准养护室中养护,或在温度为(20±2)℃的不流动的 $Ca(OH)_2$ 饱和溶液中养护。标准养护室内的试件应放在支架上,彼此间隔 10～20 mm,试件表面应保持潮湿,并不得被水直接冲淋。

③同条件养护试件的拆模时间可与实际构件的拆模时间相同,拆模后,试件仍须保持同条件养护。

④标准养护龄期为 28 d(从搅拌加水开始计时)。

5.材料试验机

①所采用试验机的精确度为 ±1%,试件破坏荷载应大于全量程的 20% 且小于全量程的 80%。

②应具有加荷速度指示装置或加荷速度控制装置,并应能均匀、连续地加荷。

③上、下压板应有足够的刚度,其中的一块应带有球形支座,以便于试件对中。

6.试验目的和意义

测定混凝土立方体试件的抗压强度。根据检验结果确定、校核配合比,并为控制施工质量提供依据。

7.试验设备

试验设备有压力试验机、金属直尺等。当混凝土强度等级大于 C60 时,试件周围应设防崩裂网罩。

8.试验步骤

①试件从养护地点取出后应尽快进行试验,以免试件内部的温度、湿度发生显著变化,将试件表面与上、下承压板面擦干净,测量尺寸,并检查外观,试件尺寸测量精确到 1 mm,并据此计算试件的承压面积。

②将试件安放在试验机的下压板上,试件的承压面应与成型时的顶面垂直。试件的中心应与试验机下压板中心对准,开动试验机,当上压板与试件接近时,调整球座,使接触均衡。

③在试验过程中应连续均匀地加荷,混凝土强度等级小于 C30 时,加荷速度取 0.3～0.5 MPa/s;若混凝土强度等级高于或等于 C30 时,则为 0.5～0.8 MPa/s。

④当试件接近破坏开始急剧变形时,应停止调整试验机油门,直至破坏,然后记录破坏荷载。

⑤试件受压完毕,应清除上、下压板上粘附的杂物,继续进行下一次试验。

9.试验结果

①混凝土立方体抗压强度应按下式计算,精确至 0.1 MPa:

$$f_{cu} = \frac{F}{A}$$

(12.12)

式中 f_{cu}——混凝土立方体抗压强度，MPa；

F——试件破坏荷载，N；

A——试件承压面面积，mm^2。

②取 3 个试件测值的算术平均值作为该组试件的强度值(精确至 0.1 MPa)。3 个测值中的最大值或最小值中如果有一个与中间值的差值超过中间值的 15%时，则舍去最大值和最小值，取中间值；如果最大值和最小值与中间值的差值均超过中间值的 15%，则该组试件的试验结果无效。

③混凝土强度等级小于 C60 时，用非标准试件测得的强度值均应按规定乘以尺寸换算系数(表 12.16)。当混凝土强度等级大于等于 C60 时，宜采用标准试件；使用非标准试件时，尺寸换算系数应由试验确定。

表 12.16　抗压强度换算系数

试件尺寸/mm	换算系数
100×100×100	0.95
150×150×150	1.0
200×200×200	1.05

10. 试验记录(表 12.17)

表 12.17　混凝土抗压强度试验记录

试件养护条件：养护温度_____℃，养护相对湿度_____%，龄期_____d，加载速度_____kN/s

编号	试件受压面尺寸/mm		受压面面积 A/mm²	破坏荷载 P/N	换算系数	3 d抗压强度 f_{cu}/MPa		28 d抗压强度 f_{cu}/MPa	
	a	b				测定值	平均值	测定值	平均值

12.5　砌墙砖实验

12.5.1　抗折强度实验

1. 试验目的

测定砌墙砖的抗折强度。

2. 试验仪器设备

材料试验机、抗折夹具、抗压试件制备平台、水平尺、钢直尺等。

3. 试验步骤

①非烧结砖试样为 10 块。按尺寸测量规定测量试样的宽度和高度尺寸各两个，分别取其算术平均值(精确至 1 mm)。

②抗折夹具下支辊的跨距为砖规格长度减去 40 mm，但规格长度为 190 mm 的砖，其跨距为160 mm。

③将试样大面平放在下支辊上，试样两端面与下支辊的距离应相同。当试样有裂缝或凹陷时，应使

有裂缝或凹陷的大面朝下，以 50～150 N/s 的速度均匀加荷，直至式样断裂，记录最大破坏荷载值 $P(N)$。

4. 试验结果计算与评定

$$R_c = \frac{3PL}{2BH^2} \qquad (12.13)$$

式中　R_c——抗折强度，MPa；

　　　P——最大破坏荷载，N；

　　　L——跨距，mm；

　　　B——试样宽度，mm；

　　　H——试样高度，mm。

试验结果以试样抗折强度或抗折荷载的算术平均值和单块最小值表示（精确至 0.1 MPa 或 0.1 kN）。

12.5.2　抗压强度实验

1. 试验目的

测定砌墙砖的抗压强度。

2. 试验仪器设备

材料试验机、抗折夹具、抗压试件制备平台、水平尺、钢直尺等。

3. 试验步骤

①将同一块试样的两半截砖断口相反叠放，叠合部分不得小于 100 mm，即为抗压强度试件。如果不足 100 mm 时，则应剔除另取备用试样补足。

②测量每个试件连接面或受压面的长、宽尺寸各两个，分别取其平均值，精确至 1 mm。测试件平放在加压板的中央，垂直于受压面加荷，应均匀平衡，不得发生冲击或振动。加荷速度以 2～6 kN/s 为宜，直至试件被破坏为止，记录最大破坏荷载 P。

4. 试验结果计算与评定

$$R_p = \frac{P}{LB} \qquad (12.14)$$

式中　R_p——抗折强度，MPa；

　　　P——最大破坏荷载，N；

　　　L——受压面（连接面）的长度，mm；

　　　B——受压面（连接面）的宽度，mm；

试验结果以试样抗压强度的算术平均值和单块最小值表示（精确至 0.1 MPa）。

12.6　钢筋实验

12.6.1　钢筋拉伸实验

1. 试验目的

测定钢筋的屈服度、抗拉强度、伸长率等技术指标，熟悉钢筋的抗拉性能。试验依据《钢筋混凝土用热轧带肋钢筋》(GB 1499.2—2013)。

2.试验仪器设备

万能试验机、游标卡尺、钢筋打印机等。

3.试验步骤

①将试件固定在试验机夹头内,启动试验机进行拉伸。

②测力度盘的指针停止转动时的恒定荷载或第一次回转时的最小荷载即为所求屈服点荷载。

③拉伸至试件被破坏,记录最大荷载。

④将拉断试件的两段在断处对齐,尽量使其轴线位于一条直线上,测量拉伸后标距两端点之间长度,计算其伸长率。钢筋拉伸试件如图 12.13 所示。

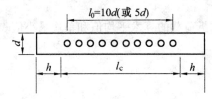

图 12.13　钢筋拉伸试件

l_0—标距长度;l_c—试样平行长度;h—夹头长度;d—试样原始直径

4.试验结果

①屈服强度(应计算至 10 MPa)为

$$\sigma_s = \frac{F_s}{A}$$

②抗拉强度(应计算至 10 MPa)为

$$\sigma_b = \frac{F_s}{A}$$

③伸长率 δ_{10} 或 δ_5(δ_{10} 或 δ_5 应精确至 1%)为

$$\delta_{10} \text{ 或 } \delta_5 = \frac{L_1 - L_0}{L_0} \times 100\%$$

如果拉断处到邻近的标距点的距离大于 $\frac{1}{3}L_0$ 时,可用卡尺直接量出已被拉长的标距长度 L_1(mm);如果拉断处到邻近的标距点的距离小于或等于 $\frac{1}{3}L_0$ 时,可用位移法求出已被拉长的标距长度 L_1(mm)。拉断处的长段所余格数为偶数时,$L_1 = AO + OB + 2BC$;拉断处的长段所余格数为奇数时,$L_1 = AO + OB + BC + BC_1$,具体如图 12.14 所示。

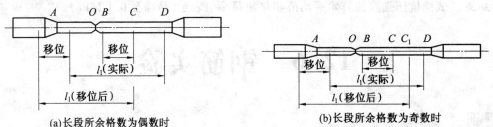

(a)长段所余格数为偶数时　　　　　　(b)长段所余格数为奇数时

图 12.14　位移法计算标距

④如果试件在标距端点上或标距外断裂,应重新做试验。

5. 试验记录（表 12.18）

表 12.18 钢筋拉伸试验记录

试样编号			
试样原始截面面积 S_0/mm			
试样原始标距 L_0/mm			
屈服强度	屈服荷载 F_s/N		
	屈服强度 σ_s/MPa		
抗拉强度	最大拉力 F_b/N		
	抗拉强度 σ_b/MPa		
断后伸长率	试件断后标距 L_1/mm		
	断后伸长率 δ/%		
断面收缩率	颈缩处最小断面积 S_1/mm²		
	断面收缩率 Z/%		

12.6.2 钢筋冷弯实验

1. 试验目的

通过弯曲试验，熟悉冷弯性能，了解钢筋在不利变形状态下的塑性。试验依据《钢筋混凝土用热轧带肋钢筋》(GB 1499.2—2013)。

2. 试验仪器与设备

万能试验机、游标卡尺等。

3. 试验步骤

①根据钢材等级选择弯心直径与弯曲角度，根据试样直径选择力并调整支辊间距。

②将试件置于试验机上，启动试验机，加荷至试样达到规定弯曲角度。弯曲试验示意图如图 12.15 所示。

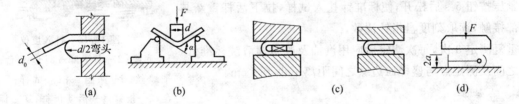

图 12.15 弯曲试验示意图

4. 试验结果

①试件不经车削加工，长度 $L=(5a+150)$mm（a 为试件厚度或直径）。

②以试件弯曲处的外侧面无裂缝、裂断、起层现象作为冷弯合格。

5.试验记录(表 12.19)

表 12.19　钢筋冷弯试验记录

试样编号	试件尺寸		弯心直径/d	支辊间距离 l/mm	弯曲角度 α/(°)	试验结果
	厚(或直径)a/mm	长 L/mm				
			——a			
			——a			

12.7　沥青实验

12.7.1　针入度实验

1.试验目的

测定沥青的针入度,掌握沥青黏性技术性质。

测定沥青技术标准,评定沥青牌号。

2.试验设备及仪器

针入度仪(图 12.16)、标准针、盛样皿、恒温水浴、温度计等。

3.试验步骤

①调节调平螺丝使针入度仪水平,将洁净的标准针固定在连杆中。

②将盛样皿从恒温水浴中取出,放入 25 ℃保温皿内,水面应高出盛样皿顶部 2 cm 以上。

③缓缓放下连杆,使针尖恰好接触在试样表面,拉下活杆与连杆顶部接触,调节刻度盘至零位。

④紧压按钮 5 s 后松开,使标准针扎入试样,拉下活杆重新与连杆顶部接触,读取刻度盘指针读数。

⑤重复测定 3 次,每次测定后应用汽油及脱脂棉清洗标准针,各测点之间及测定点与盛样皿边缘之间距离不小于 1 cm。

4.试验结果

①刻度盘指针读数即为针入度。

②以 3 次试验的平均值作为结果。

③3 次试验结果相差不得大于 3。

④结果精确至 1 度。

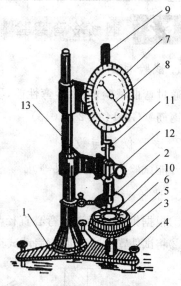

图 12.16　针入度仪

1—底座;2—小镜;3—圆形平台;4—调平螺丝;5—保温皿;6—试样;7—刻度盘;8—指针;9—活动齿杆;10—标准针;11—连杆;12—按钮;13—砝码

5.试验记录（表 12.20）

表 12.20　沥青针入度试验记录

测定次数	测定温度/℃	针入度/0.1mm	平均值/0.1mm	备注
1				
2				
3				

12.7.2　延伸度实验

1.试验目的

测定沥青的延度，掌握沥青塑性技术性质。

测定沥青技术标准，评定沥青牌号。

2.试验设备与仪器

延度仪（图 12.17）、延度试模、温度针、玻璃板、隔离剂等。

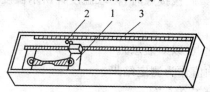

图 12.17　延度仪

1—滑板；2—指针；3—标尺

3.试验步骤

①将试模侧模退下，然后将试件放入延度仪水槽中，试模两端套在槽端及测板的金属柱上。

②水面高出试模顶面 25 mm 以上，水温（25±0.5）℃，测板指针对零。

③启动延度仪，测板移动试件拉断时读取指针在标尺上的读数。

4.试验结果

①指针在标尺上的读数即为试件延度（以 cm 表示）。

②以 3 个试件的平均值作为测定结果。

③平行测定 3 个结果与算术平均值的误差不超过平均值的±10%。

④精确至 0.1 cm。

5.试验记录（表 12.21）

表 12.21　沥青延伸试验记录

试样编号	测定温度/℃	延度/cm	平均值/cm	备注
1				
2				
3				

12.7.3 软化点实验

1.试验目的

测定沥青的软化点,掌握沥青温度稳定性技术性质。

测定沥青技术标准,评定沥青牌号。

2.试验设备及仪器

软化点测定仪(图12.18)、玻璃板、隔离剂等。

3.试验步骤

①将烧杯内沸水调至5℃,使水面略低于连杆深度标记。

②将试件置于测定架中圆孔中层圆孔内,套上定位器,然后将钢球置于定位器内,将测定架放入烧杯内,调整水面至深度标记。

③将温度计垂直插入测定架中心孔内,将烧杯放在带有石棉网的电炉或煤油炉上加热,开始加热3 min内控制升温速度为(5±0.5)℃/min。

④试样受热软化下坠,与测定架底板接触时,读取温度计所示温度值。

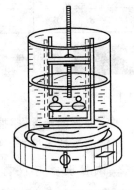

图12.18 软化点测定仪

4.试验结果

①温度计所示温度值即为软化点(以℃表示)。

②以两个试件试验结果的平均值作为测定结果。

③两个试件软化点之差不得大于0.5℃。

④精确至0.1℃。

5.试验记录(表12.22)

表12.22 沥青软化点试验记录

开始加热时介质温度/℃	软化点/℃		平均值/℃	备注
	1	2		

参考文献

[1] 游普元.建筑材料与检测[M].哈尔滨:哈尔滨工业大学出版社,2013.

[2] 杨金辉.建筑材料[M].西安:西安交通大学出版社,2011.

[3] 刘祥顺.建筑材料[M].北京:中国建筑工业出版社,2011.

[4] 李书进.建筑材料[M].重庆:重庆大学出版社,2010.

[5] 毕万利.建筑材料学习指导与练习[M].北京:高等教育出版社,2008.

[6] 郭秋兰.建筑材料[M].哈尔滨:哈尔滨工业大学出版社,2013.

[7] 毕万利.建筑材料[M].北京:高等教育出版社,2008.

[8] 黄学玉.建筑材料自学考试指导与题解[M].北京:中国建材工业出版社,2002.

[9] 注册建筑师考试辅导教材编委会.2013年一级注册建筑师考试教材(第四分册) 建筑材料与构造
    [M].北京:中国建筑工业出版社,2012.

[10] 全国一级建造师职业资格考试用书编写委员会.2014年一级注册建造师考试教材 建筑工程管理
    与实务[M].北京:中国建筑工业出版社,2014.

[11] 全国二级建造师职业资格考试用书编写委员会.2014年二级注册建造师考试教材 建筑工程管理
    与实务[M].北京:中国建筑工业出版社,2014.

[12] 邓钫印.建筑材料实用手册[M].北京:中国建筑工业出版社,2007.

[13] 中国建筑工业出版社.现行建筑施工规范大全[M].北京:中国建筑工业出版社,2009.

[14] 周明月.建筑材料与检测[M].北京:化学工业出版社,2010.